『计算式』城市仿真
探索与实践

盛洪涛 周强 汪勰 熊伟 等 著

華中科技大學出版社
http://press.hust.edu.cn
中国·武汉

图书在版编目(CIP)数据

"计算式"城市仿真探索与实践 / 盛洪涛等著. —武汉：华中科技大学出版社, 2022.11
ISBN 978-7-5680-8058-3

Ⅰ. ①计… Ⅱ. ①盛… Ⅲ. ①城市建设—计算机仿真—研究 Ⅳ. ①TU984

中国版本图书馆CIP数据核字(2022)第058515号

"计算式"城市仿真探索与实践 盛洪涛 等 著

"JISUANSHI" CHENGSHI FANGZHEN TANSUO YU SHIJIAN

出版发行：华中科技大学出版社（中国·武汉） 电话：（027）81321913
武汉市东湖新技术开发区华工科技园 邮编：430223

策划编辑：彭霞霞 责任监印：朱 玢
责任编辑：叶向荣 录 排：张 靖
封面设计：杨小勤

印 刷：武汉精一佳印刷有限公司
开 本：710 mm×1000 mm 1/16
印 张：17
字 数：339千字
版 次：2022年11月第1版第1次印刷
定 价：198.00元

序

党的十八届三中全会以来，以习近平同志为核心的党中央高瞻远瞩，放眼未来，提出了构建国家治理体系、提升治理能力现代化的战略方向，这也是我国第五个“现代化”，其意义巨大，影响深远。推进国家治理体系和治理能力现代化，正是城市运行管理、智慧城市建设与发展的内核要义。在这一战略引领下，各级政府部门和科研技术团队，理应胸怀新时代的大局，把握新时期的大势，紧抓新发展阶段的要求，找准工作的切入点和着力点，以信息化促进智慧化，以智慧化推动现代化，实现治理能力现代化。

在信息技术浪潮的推动下，大数据、人工智能、移动互联、云计算等新兴技术逐步进入城市治理领域。这为高并发的城市计算和高精度的城市感知提供了技术环境，也给城市治理现代化带来了新思路、新可能、新变化。

2018 年，武汉市自然资源和规划局启动了武汉城市仿真实验室的全面建设。计划在现有信息化基础上，以城市复杂性为出发点，谋划智慧化城市治理的顶层设计。旨在通过数据科学和城市计算，对城市进行精准感知、动态评估、规划推演和及时预警，不断促进城市规划、建设和管理的科学化、智能化。3 年多来，我们在智慧城市治理、建设方面，开展了一些前沿方法研究和业务实践，提炼和总结了一些经验，形成了“计算式”城市仿真框架。2021 年 7 月，武汉城市仿真实验室正式获批自然资源部重点实验室。

在建设过程中，我们深切感受到：为实现城市现代化治理，持续在以下几个方面花更大力气，推进计算式城市仿真工作。

（1）现代化的城市治理离不开信息化和数字化，既是对科技创新工作的考验和挑战，也是新的发展方向和机遇，应牢牢把握住这一方向，求真务实，久久为功。

（2）城市活动每天都在发生，如何精准感知、实时研判，是现代化治理的重要内容。既有的信息化基础为我们提供了数据获取渠道，但还需要加强顶层设计，打通数据渠道，实现数据应收尽收，应用不断提升，以实现精准感知和及时响应。

（3）基于计算式城市仿真推进智慧化城市治理是一项全新的课题。要勇于尝试，以应用牵引，在实践中打磨数字化能力，实现智慧化水平与城市共同成长。

（4）计算式城市仿真不是一项信息化工程，而是当前城市工作的新理念和新方法。需要多方协作，实现空间规划、地理信息、数据科学、综合交通、生态环境、软件工程和空间设计等领域的多学科交叉融合，用数字化思维去研究城市、管理城市。

士不可以不弘毅，任重而道远。计算式城市仿真还需一步一个脚印，以信息化促进智慧化，以智慧化迈向“现代化”。改革创新推进发展，科技创新启迪未来。这将为我们提供一个全新的未来。

盛洪涛

2021 年 10 月

前言

十九届四中全会提出“坚持和完善中国特色社会主义制度、推进国家治理体系和治理能力现代化”，并就此做出了近、中、远期的具体目标和任务安排。“推进国家治理体系和治理能力现代化”被称为我国“第五个现代化”。中央把推进国家治理体系和治理能力现代化摆在了非常突出的位置，颁布了一系列的精神指示和行动纲领，为创新城市治理工作指明了新方向，提出了新要求。目前，有关城市治理方面，有些城市已经做了一系列相关的探索与研究工作，如开展智慧城市、数字孪生城市和智慧大脑等方面的建设。本书从探索城市现代化治理的目标出发，总结、提炼并形成了加强信息化建设、推动城市现代化治理水平的探索与实践。重点从探索城市现代化治理体系出发，向读者全面展示面向城市治理的经验样本，深入分析其中的核心技术问题。其内容既可以为城市管理者和城市规划人员启发新型的工作思想，也可以为城市的治理能力现代化提供武汉的探索样本。

全书包括三大部分，即发展背景篇、理论探索篇和建设实践篇，共 8 章。第一部分是发展背景篇，包括两个章节。第 1 章绪论向读者展示城市发展、技术对城市发展的影响和当前城市发展面临的问题等背景；第 2 章介绍了城市治理与城市仿真的内涵，其中包括城市的内涵、城市治理的内容，以及城市仿真的含义。第二部分是理论探索篇，即第 3 章，是本书的核心部分，主要向读者细致讲解“计算式”城市仿真的总体架构、框架设计和技术支撑体系，为读者后续理解“计算式”城市仿真奠定知识基础。总体架构内容主要包括城市空间数据湖、城市仪表盘、未来预演室和城市大脑。空间数据湖的作用是对城市空间数据进行汇集与整理，城市仪表盘的作用是对城市进行评估与预警，未来预演室的作用是对规划进行模拟与仿真，城市大脑的作用是辅助管理与智慧决策。

第三部分是建设实践篇，主要介绍“计算式”城市仿真的探索与实践经验。其中第 4 章主要介绍了数据湖的作用、整体框架、数据资源梳理与数据治理体系构建，以及国土规划数据湖建设、可视化实践；第 5 章主要介绍了仪表盘的内涵、作用、指标体系的梳理与建设、内容框架建设，以及仪表盘实践介绍；第 6 章主要介绍了仿真模拟的作用、体系建设、未来预演室的建设内容，以及仿真模拟实践过程中形成的一系列仿真模拟模型；第 7 章主要对智慧决策体系及智慧决策应用场景构建过程做了详细介绍；第 8 章是全书的结语，从“计算式”城市仿真探索与实践的角度对全书内容进行简要总结之后，着重讨论了“计算式”城市仿真探索方向和城市治理的探索。

即便集合了多人的智慧和努力，本书的写作仍然略显仓促。加之，团队在“计算式”城市仿真领域持续探索与实践，本书在成稿之时，又有很多新的探索和实践成果，难以周全覆盖。再则，本书编写过程中难免有疏漏、错误之处，还望读者海涵，不吝告知，日后加以勘误，不胜感激。

目录 contents

发展背景篇

理论探索篇

建设实践篇

发展背景篇

此篇主要介绍了本书的背景，从城市的发展、技术的发展为城市发展提供新手段、新时代背景下城市发展要求等方面介绍了相关背景信息。

1 绪 论

1000 多年前，唐代大诗人李白写出“长安一片月，万户捣衣声”。在我们赖以生存的城市里，人与城市相互依存，相互促进，演进成了现代的城市文明。

1.1 城市的发展

人民是城市的创造者，城市也是人民生存繁衍的栖居地。城市的发展，伴随着社会发展和科技进步，其动力机制也在不断变化。

1.1.1 城市产生和发展的动力来源

城市是人类社会组织的基本形式，包含着重要的经济社会关系，已经成为当今社会发展不可或缺的重要载体。工业革命推动城市迅速发展，使得城市的功能日趋多样，城市的规模和体量也大幅度扩大与增长，成为城市经济的内在推动力。最初，生产力提高导致社会分工出现，人们得以实现聚居，而随着生产力水平的不断提高，又产生了商品生产、交换市场及行为主体商人，诞生了最初的城市。这一时期仍旧以农业和手工业为主要生产力，发展水平落后，城市规模也较小。随着生产力的进一步发展，新的生产方式取代落后的生产方式，工商业逐渐成规模化发展，城市进一步集中了资本、人力和生产资料，空间和各要素的聚集扩充对城市自身的基础设施及交通管理体系的建设也提出相应要求，现代城市在资本主义生产方式的促进下真正产生。

人是自然界的一部分，人与自然的关系是辩证统一的。人类并非自然的主宰者，而是要根据自然发展的规律，一切从实际出发，处理好人与自然的关系。一方面，人物质第一性、意识第二性的原理指导我们要尊重自然、敬畏自然；另一方面，自然界是人类生存、活动与发展的重要空间，人们在这一空间中充分发挥自身的主观能动性，从中获取生活资料和生产资料，不断满足自身发展的需求和对美好生活的向往。随着科技的进步与发展，人类在某种意义上 “征服”了自然，但也可能会遭受自然界无情的报复。“人民城市人民建，人民城市为人民”，是当前城市发展的中心思想。

因此，城市发展的根本动力是社会需要及由其不断推动的生产力的提高。生产和交换推动着社会需要的产生，社会需要的发展是推动城市向前发展的动力，生产力是社会和城市发展的根本动力。随着人们的需求不断增加，进一步促使生产力提高，成为城市发展和进步的主要动力。同时，这也促使人们发挥主观能动性去创造更先进的生产力，最大限度满足自身发展需求，也反哺社会，满足社会的需求，从而促进城市的发展。

1.1.2 世界城市发展的基本走向

根据不同阶段的生产力和社会分工形式，城市和乡村的发展可以划分为三个阶段。第一个阶段，社会分工不完备、生产力水平低，这时的城市和乡村基本没有差异，城市的发展在一定程度上依赖于乡村的发展。第二个阶段，城市与乡村的差异越来越显著，社会分工和管理精细化，城市生产力发展水平显著提升，这促进了城市快速地发展，形成了城乡二元结构。与此同时，随着资本主义产生与发展，城乡差异更加显著，促使二者快速发展为对立面，此时开始呈现城市繁荣、乡村凋敝的景象，这为“城市病”埋下了种子。第三个阶段，当生产力水平提升到更高层次时，社会分工完善，城市与乡村之间的差异逐渐消除，并迈向城市—乡村均衡发展融合之路。在马克思看来，未来生产力高度发达的共产主义社会是废除私有制、消灭剥削、消除城乡对立的社会，也就是实现城乡融合的社会，但是这需要长期的历史发展过程。

自工业革命开始以来，世界各国将重心转移至经济建设与生产发展上面，出现了大批的生产服务型建筑，然而又忽视了历史环境，这使得原有的城市环境受到了巨大冲击。第二次世界大战前后，现代主义运动在全球蔓延，实用性、美观性、象征性和防御性成了世界各国在城市设计领域关注的焦点，在过度强调功能的环境下忽略了人们内在的精神需求及心理需求，使得城市中的失落空间不断增加。人们开始意识到仅是物质上的满足是不够的，还需要归属感、安全感等心灵方面的满足。其中，反现代主义的最重要的代表之一简·雅各布斯在现代主义运动的影响下，对城市历史环境不断被破坏的现实情况产生强烈质疑，并主张建立“安全和愉悦”的城市空间环境。

1.1.3 我国城市的发展

自改革开放以后，我国进入了高速的城镇化阶段，经济高速发展、基础建设“遍地开花”的同时产生了一系列的矛盾与问题，如城市人口激增、城市资源短缺与分配不均衡、城市扩展的同时缺乏对自然和历史文化的重视，最终导致大量历史文化资源受到不同程度破坏、自然地貌和环境遭受严重污染与破坏。这使得传统文化难以延续，城市特色逐步消失，城市环境愈发恶劣。因此保护历史文化资源和自然环境显得尤其迫切，这就要求我们要把握城市历史过程与城市要素之间的有机联系，科学合理地推进城市建设。

党的十八大以来，习近平总书记就如何推进城市建设发表了一系列重要论述，引起了学界的共鸣。2013 年习近平总书记在中央城镇化工作会议上对城市建设工作进行全面部署。在 2015 年中央城市工作会议上，习近平总书记科学准确地提出“走出一条中国特色城市发展道路”的重大课题，可以说这是在基于几代中央领导集体智慧之上提出的时代发展追求。习近平总书记关于城市发展的论述涉及方方面面，诸如城市发展地位、前进方向、具体要求、方法路径等，对城市发展过程中出现的矛盾如何化解也提出宝贵建议，对当下和今后的城市发展之路有着深刻的理论指导和借鉴意义。

1.2 技术的发展为城市治理提供新手段

信息技术的发展促进了城市的发展，本节介绍信息技术为城市发展带来的影响。

1.2.1 信息技术进入泛在智能融合阶段

信息化的快速推进，促进了科学技术的快速发展，深刻影响了人类生产生活方式，加速了人类社会进入信息社会。信息化成为国家综合实力、发展战略和核心竞争力，以及各行业转型升级的重要动力。从某种程度上说，信息化加速了农业化、工业化和城镇化的发展进程，同时促进了这些行业的技术革新与提升。信息技术与工业、农业和城市的发展相融合，促进了农业化、工业化、城镇化、信息化和现代化的同步，从而提升了城镇化进程与发展的深度融合程度。

这些年来，互联网、云计算、人工智能等技术的涌现，推动移动通信进入新的发展阶段。如互联网人员数量急剧增多，网络消费人群急剧扩增，从以往固定、单一的人群逐步形成了“青少年—中年—部分老年人”的人群覆盖模式；新技术、新产品和新的应用模式，影响着人们生活、生产和社会活动。与传统的互联网或通信相比，当今移动通信呈现移动性（如电子商务、泛在网络）、定制化（如广告投放、精准营销）、社会性（如社交媒体）、数据庞大复杂等特点。随着云计算、大数据、边缘计算等计算模型的出现与应用，这些新特点又得到了进一步强化，最终实现全方位动态的感知、泛在全面的互联、智能融合的应用。

在全球化的影响下，信息技术进入新的变革与创新阶段，逐步向泛在化、智能化和绿色化的发展方向转变，传统的电子信息产业模式也面临着重大变革。同时，随着新的产业体系的萌芽与形成，全球化信息产业也将面临新的危机与机遇。互联网、移动通信、物联网等技术的崛起，使知识创新、产业创新进程加速，城市的信息化发展也呈现了新的高级形态——智慧城市。在这一背景下，工业互联网顺应历史和产业变革的脉络，有着巨大的发展潜力，特别是移动宽带、泛在网络的推广及普及带来的重大发展机遇。通过大力发展工业化、以工业互联网带动信息化的进步，逐步演变成信息化与工业化深度融合与发展的新方向，信息化成为产业转型与发展的必由之路。

工业互联网的发展推动了物联网、云计算等基础设施信息技术的发展，通过开展感知终端互联、社交网络等数据分析与应用，利于用户创新、全民创新、协同创新，形成可持续创新的模式。随着城市物联网基础设施的完善，基于传感技术的物与物互联、人与人互联的时代出现，新时代的城市逐步转型为万事万物互联的信息化形态。通过将新兴技术应用在医疗、交通、教育、消费、水务、物流和社区等服务平台，形成了一系列的智慧内容，如智慧应用、智慧服务、智慧医疗、智慧物流、智慧生活等。

1.2.2 信息技术对人、社会的变革影响

1. 移动互联网

进入 21 世纪以来，移动互联网成为发展最快、市场潜力最大的业务，与社会的发展有着各种各样的关联，改变了社会的生活生产和运营模式。预计到 2025 年底，全球移动用户总数将达到 60 亿，与 2016 年底用户总数约 20 亿相比，移动用户总数以每年约 4 亿人次增长，表明人们对移动通信的迫切需求。移动互联网已经渗透至人们生活、生产等各个领域，如餐饮、短视频应用、广告投放、手机支付、手机游戏等，深刻影响并改变着人们的社会生活方式。

在移动互联网的大环境下，移动网络的便捷性、低成本和智能化等优势，让城乡居民仅凭一部智能手机，带动各种智能家居、智能应用场景，使得智能成为不可阻挡的发展趋势，手机的移动应用将成为连接一切的核心。而在城市建设与规划中，“以人为本”是核心，更好地“汇力、汇智”，将大众的想法考虑到城市规划中，增加人们对城市的认同感。

未来，随着互联网服务形式的多样化，移动互联网的市场规模会进一步扩大，用户规模也会急剧增长，反过来推动移动互联网的发展，如移动办公等。随着云计算、大数据、物联网和边缘计算等技术的涌现与发展，数据年增长率急速增加。从人们的日常生活方式和生产需求来看，社交、电商、移动 APP、微信小程序、短视频、智慧传感器等产生了大量流量，以影音视频为主的数据形式，进一步促成了数据中心的范围延伸和数据的暴增。

2. 5G 和物联网技术

随着 5G 通信的落地应用，物联网的发展得到了更为全面的技术支撑。5G 成为智能传感器和设备全连接的整个架构体系的基础结构，未来它能够为整个架构体系提供对应的服务，实现无论何时何地都能提供无缝、连续、可靠、稳定的连接，提供万物互联的网络保障。

5G 具有覆盖广、连接广、高速率、低延时等特性，可为全息感知、数据驱动的智慧城市建设提供技术支撑。在城市基础设施建设过程中，当供电与网络宽带连接有了保障（如路灯），物联网传感器便成为城市物联网和基础设施建设最重要的载体部件，比如交通路

口采集视频的摄像头，三维数据流采集器，对城市噪声、污染物、水质和城市灾害等运营状态的传感器等。通过采用边缘计算、云计算等高新技术实现对海量多源数据的动态融合，实现对城市状态的感知与关联。

通过对城市工业、交通、教育、规划、人社、医疗等功能性要素的叠加，以及物联网传感器等硬件和一系列软件投入，未来政府对城市运营与治理会更加高效，同时也会让未来城市在运营阶段有更高的商业价值。5G 和物联网提供了海量的感知数据，通过对城市各类运行数据的处理、分析和挖掘，可以更好地探知城市的运行状态。5G 在城市各个领域的应用中，因其高速的网络传输速度，可以为物联网、其他感知传感器对城市运行状态的监测提供实时的数据传输通道，为智慧城市的建设提供“鲜活的数据”。

3. 云计算技术

对于一座城市，其发展程度越高，相应的产业发展体系及公共服务体系显得更为完备，这不仅依赖于有强大的物联网和移动互联网等基础设施支持，更加离不开云计算等前沿技术的支撑。云计算具备支持异构资源和多任务体系的能力，为智慧城市各种应用场景提供了强大算力，实现了资源的按需分配，促进了海量异构资源的整合与规模化。通过整合各类异构与分散的计算、存储和网络资源，为云计算数据中心提供了集中规模化的资源和强大算力，这使得云计算成为智慧城市基础设施建设网络架构的首要选择。

云计算、物联网、大数据等信息技术是当前智慧城市建设的重要技术保障体系。以社会民生服务（如教育、社保、医疗、就业、交通和企业服务等领域）为重点，开展面向智慧城市的社会服务云平台，通过技术提高了智慧城市的治理水平。一方面，当城市中多个部门和系统打通之后需要算力保证；另一方面，为了支持“让数据多跑腿”，需要弹性、可靠、有保障的算力。云计算技术可使城市之前沉淀的大量数据得到有效应用，为实现数据的治理与业务创新提供了保障。城市管理者通过智能水务、智能医疗、智能交通、智慧政务、智能燃气等业务应用平台之间的互联互通，各项信息的实时共享、高效传递和智能融合，从而提高城市事务的处理效率，真正做到让数据流动起来，让城市变得更加“聪明”。

1.2.3 信息技术提升智慧决策能力

在经济全球化的背景下，城市全球化的格局也逐步形成，城市发展面临着巨大的挑战，尤其人工智能、大数据、云计算等信息技术的突破与应用，对城市的运行、维护与管理提出了更严厉的要求，如面临新冠肺炎疫情政府如何快速定位患者的行动轨迹，城市某地发生渍水水务部门如何快速作出响应，等等。自 1978 年以来，中国城镇化发展迅速，截至 2020 年年底中国城镇化率高达 63%。城镇化加速了城市化的进程，反映了城市的发展情况，同时也为城市发展带来了更多的问题。如城市人群结构的变化（产生了市民、农民、流动人口），也带来了一系列的人口管理难题。随之到来的是城市病，如交通问题，城市布局问题，以及城市公共安全、事故灾害、医疗卫生和生态环境等一系列问题。

经过近些年信息技术的飞速发展，国内一些城市都启动了智慧城市建设，不仅涵盖范围大，涉及的领域也广。城市各行业大数据体系的建立、数据汇聚机制的建立、大数据的整合与治理体系也日趋完善，大数据建设工作已从建立各行各业数据标准、夯实基础、算力建设等基础内容向行业互联互通、大数据决策应用转变。在智慧城市建设中，运用信息和智慧技术构建智慧化的城市管理与运行模式，为城市中的人创造更为美好的生活，需要打破现有行业、部门数据、应用等壁垒，整合城市大数据资源，在大数据层面更高效、精准、迅速地响应城市管理与运营需求，形成并建立“用数据说话、用数据决策、用数据管理、用数据创新”的智慧城市模式，这也是建设的关键。

被国内外著名专家与学者评为人类十大突破性技术之一的人工智能，对世界和人类社会的发展产生了巨大的影响力。“大数据 + 人工智能”为城市提供了更加智慧的决策辅助，大幅度提升了城市综合性、整体性的协作能力，以及城市的精细化管理水平。“大数据 + 人工智能”推动新基建和智慧城市发展，通过新兴技术与各产业、各领域进行有效连接，推动各产业数字化发展，发挥人工智能作用。通过将大数据、人工智能与社会各行各业、政府部门业务相结合，实现了智慧交通、智慧物流、智慧教育、智慧金融、智慧社区和智慧医疗等领域的智慧化转型与升级，很大程度上解决了一系列的社会管理等问题。如人工智能与交通、公安结合，能有效缓解城市交通拥堵问题，通过以视频数据为基础，结合大数据、人工智能等信息技术，实现视频图像识别与跟踪，分析、提取、语义识别车辆车牌号、型号等信息，计算交通流量、道路占有率等数据，攻克智慧交通、智慧公安等关键技术，突破城市运行和安全等方面的瓶颈。针对暴雨等极端恶劣气候条件，结合雨量、天气预报数据，道路网、地下排水管网数据和建筑物等数据，建立安全韧性模型，模拟雨水在城市的流向，计算城市道路的排水和渍水情况，能够提前测算渍水点，为城市内涝排水提供事前预判；同时也能判别城市管网布局的合理性，为市政设施建设提供决策依据。在新冠肺炎疫情期间，基于手机信令数据、健康码数据等，利用大数据技术将手机信令等用户手机行为数据与健康码数据融合关联，就能实现对用户的行为轨迹进行精准定位，能够为疫情排查提供技术支持，同时为防控施策提供合理依据。

1.3 城市发展的新理念

从人类社会发展历史、城市建设历史方面，介绍城市发展阶段的内涵和理念。

1.3.1 城市发展阶段

对人类社会发展历史、城市建设历史的追溯和整理是一项复杂的工程，古今中外众多学者对人类社会发展历史、城市建设历史都发表过自己独到的见解，在某种程度上完善了城市发展脉络。这些学者根据科技变革对城市发展推动程度，将城市发展建设历史划分为不同的历史阶段，并探讨技术革命与城市空间演变、城市与乡村人口变迁的关系。

在人类社会发展演变、城市发展变革历史中，城市的发展阶段与产业结构的调整程度及社会经济的整体发展水平息息相关。人类社会经济的发展史与城市产业结构变化历史有着密不可分的关系，可以大致分为三个阶段：一是产业革命之前，农业经济时期的产业是以农业为主导的第一产业；二是产业革命之后，工业经济时期的产业主要是以工业为主导的第二产业；三是工业技术革命之后，知识经济时期的产业是以高新科学技术为主导的第三产业。结合城市发展、人类社会生活生产方式、科技革命的紧密关系，结合三个阶段发展变革的特征，探讨城市的发展历程及空间特色。城市发展划分阶段图见图 1.1。

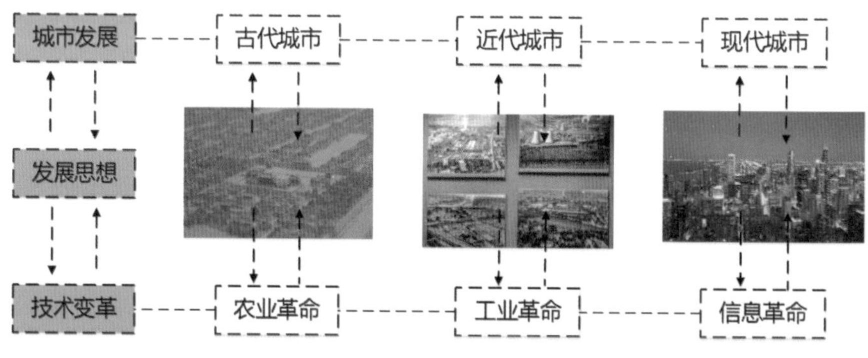

图 1.1 城市发展划分阶段图

1.3.1.1 农业革命与古代城市的发展

农业革命是人类发展历史上最早开始、历经最久远的革命，农业革命发展与成果的累积和技术的变革，使得人类对生产力的渴望上升到一个全新的高度，为 18 世纪工业革命的开展提供先行条件。农业革命的起始可以追溯到新石器时代，在长期演变进程中，农业革命经历了畜牧业、手工业、商业三次社会大分工，在人类社会由原始社会向奴隶社会过渡的过程中，城市的雏形逐渐成形。

社会生产的发展、新的社会关系的出现促进了生产效率的提升一并强化对外（野兽、其他部族、国家势力）防御能力，与此同时城市出现了，其主要的作用是防御。在经历万余年产业结构以农业为绝对主导的演化进程中，古代城市随着生产资料的累积，在规模和格局上持续发生着变化，但生产水平的缓慢提升，限制了城市空间的动态变化速度。德国传统城市缓慢增长模式见图 1.2。

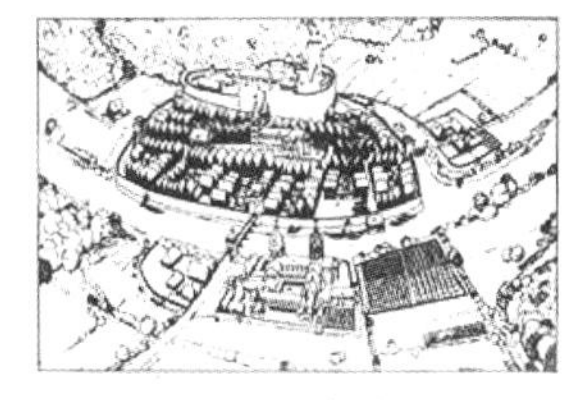

（a）1250 年状况

（b）1750 年状况

图 1.2　德国传统城市缓慢增长模式

农业革命时期人们对事物发展规律的认识更多地处于探索阶段，对事物发展规律认识的初级阶段需经历一段漫长的时间，由于生产力综合水平低下，科学技术对城市空间演变造成的实质影响作用较小，此阶段的城市空间形态更多地是由政治体制、城市选址、商品经济发展程度等因素决定。农业革命时期人与自然环境的关系可以概括成“利用自然”，即传统人居环境思想中“制天而用”的自然实践观。

1.3.1.2　工业革命与近代城市的发展

18 世纪 60 年代，由英国最先发起并持续至今的过渡革命。工业革命是一场实现了以机器生产代替手工业生产的科技革命。工业革命极大提升了生产效率，也促进了城市产业结构的调整，使得最初以农业为主导的产业结构，逐步被以工业为主导的产业结构代替，尤其是蒸汽机、煤、钢和铁等的出现加速了工业革命的发展，促使工业革命国家的生产效率在短期内飞速提升。

1640 年，英国资产阶级革命爆发，促进了其由封建社会转型为资本主义国家，开启了人类社会跨入近代化社会的大门。随后美国独立战争、法国大革命相继确立了资本主义制度，欧美等列强相继步入近代社会。此时此刻，中国正处于明清交界、清朝建国的年代，受制于“闭关锁国”的传统思想，处于封建社会的中国已与世界脱节。各国步入近代社会时间图见图 1.3 。1840 年，鸦片战争爆发，西方帝国主义强权侵略中国，打开了中国的世界大门，从此清朝转变为半殖民地半封建主义的中国，这一时期为中国近现代史的转折时期。在此期间，英国率先完成了工业革命，成为近代史上的第一个工业强国。中国虽比西方国家更早进入农业社会，但比西方国家晚了百余年才进入工业社会。

工业革命期间，科技进步成为城市发展及城市空间格局变化的最大推动力。城市规模与城市整体形态的质变，工业革命交通技术的发展使得城市空间进入机动化时代，支撑了城市空间的快速扩张。产业结构从农业经济逐渐跨进工业经济时代，生产水平空前提高，大量劳动力从乡村被吸引进城，围绕工业定居的居民区逐渐扩展，城市规模迅速扩大，城市空间开始以空前的速度向外扩张。19 世纪 70 年代，英国的城市化水平已突破 65%。城

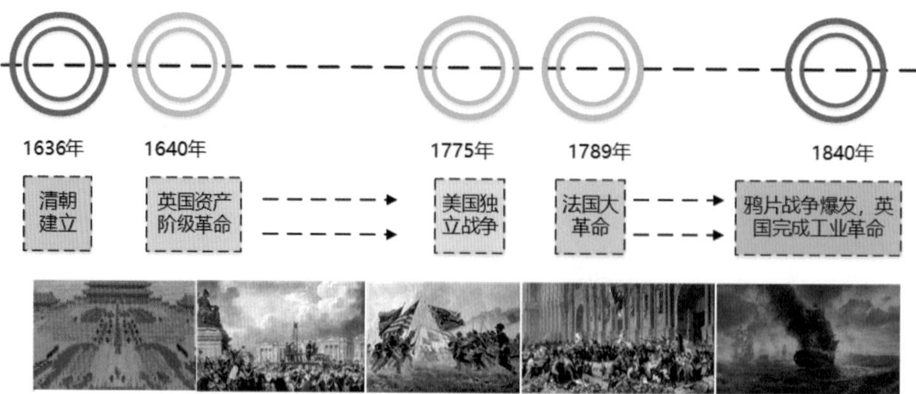

图 1.3 各国步入近代社会时间图

市化进程的发展，也促进了学者对城市规划理论进行探索，其中以“田园城市”为代表的城市发展理论受到了广泛关注，并为后续“有机疏散理论”“广亩城”“卫星城”等城市规划理论的发展提供思想启蒙。随着工业化水平的提升，这些城市规划理论体系也日臻完善，为 20 世纪 70 年代西方国家出现“郊区化”“逆城市化”现象提供了理论基础。城市空间形态开始由单一的“摊大饼”式扩展向以“飞地式发展”（20 世纪 60 年代巴黎母城与新城）和“轴向扩展”（哥本哈根“指状城市”）为代表的城市空间形态演变，城市整体空间格局基于科技的进步趋于多样性。

在工业革命期间，科技作为促进生产力的第一动力，在百余年的时间内使社会生产力得到飞跃提升，相较于历经万余年的古代城市，近代城市空间模式发生了颠覆性的变化。工业革命科技的变革在使农村人口向城市集中的同时，也令城乡小手工业者纷纷破产，城市的迅速成长使得城市的功能越来越集中和多样。在城市功能发生变革的同时，城市空间的发展也从单一水平方向延伸到三维空间，城市高度获得不断提升。人类不再局限于对自然环境的利用，而是通过科技创新改变自然环境来满足自身更高层次的精神需求，这是对工业革命期间利用科技改变社会生产生活方式的膨胀。人类对自然资源的索取与破坏行为使其逐渐遭到大自然的报复，这反过来又影响到现代社会人们对人居环境思想的态度。

1.3.1.3 信息革命与现代城市的发展

信息革命起源自军事领域。第二次世界大战之后，以美国、苏联为首的强国之间的角逐较量主要体现在空间信息技术、原子能技术和互联网技术等方面。这些科学技术革命被引入社会领域，加速了信息化社会的形成，同时促进了第二次、第三次工业革命的升级，数字信息革命成为继工业革命之后又一次对人类生产生活方式及城市组织结构带来重大调整的变革。互联网技术与其他行业、领域相结合，通过创新颠覆了传统领域的发展方式。

自 1957 年苏联发射第一颗地球卫星至今六十余年间，空间技术的发展在满足军事需求之外，对人类的生产生活方式也带来了巨大的影响，电视、天气预报、GPS（global positioning system, 全球定位系统）和 RS（remote sensing，遥感系统）等信息技术都与人造卫星息息相关。1971 年，第一台微型计算机诞生，PC 计算机得以进入普通家庭并迅速普及，数字信息时代互联网以迅雷不及掩耳之势改变着人们的生活观念。空间与互联网两大技术的发展从本质上提升了城市的运作效率，体现在城市空间上，主要表现为在虚拟空间冲击之下，城市原有实体空间的衰败。城市的建设也让人们感受到现代城市发展中诸多问题的产生，1933 年，国际现代建筑协会（CIAM）在雅典会议上制定了一个“城市规划大纲”，即著名的《雅典宪章》，其关于城市功能分区的思想一直影响着现代城市规划理论与实践。随着时代的发展，某些思想已不适应当前时代的发展需求，这就促成 1977 年《马丘比丘宪章》的诞生，分区住房、环境污染治理、历史遗产保护等人文价值核心思想被提出，国际城市规划一系列宪章、纲领的更新预示着现代城市建设步入崭新的轨道。

现代城市的发展一方面由于技术革新改变了人们的生活观念，另一方面由于环境问题、城市发展阶段等原因，人们的世界观、人生观和价值观开始发生了转变，由以往的以城市发展为主、忽略环境的发展模式转变为认识到人与自然和谐相处的重要性，如在城市规划理论中愈发凸显了生态建设、环境保护等理念。在社会整体生产力达到一定水平之后，人对其与自然环境关系的价值观念成为主导城市发展趋势的重要因素，未来城市空间将会在新技术及人文价值观二者共同作用下呈现出新的模式。

1.3.2 创新型城市

1.3.2.1 产生背景

经济全球化的发展推动了现代城市经济逐步迈向全球化的进程。现代城市经济的投入已由传统劳动力、资本等要素转型为信息、人力资源、知识和技术等生产要素。为谋求在新的世界格局中保持优势地位和国家的发展，很多国家相继提出了构建创新型城市的目标。

欧美国家在 20 世纪末和 21 世纪初相继在创新型城市建设上做了一系列的探索。20 世纪 90 年代，美国率先发表《创新型市县伙伴关系》的报告，总结了很多城市通过开展创新型项目探索创新型城市的建设模式，并形成了一系列可供参考的建设经验；21 世纪初，2001 年芬兰赫尔辛基市政府也开展了一些探索，主要是通过与高校合作，共同设立“创新型城市计划”，旨在激发城市创造力、塑造城市的创新精神；2002 年英国政府委托知名高校开展“欧洲非首都城市的城市复兴特征”的研究项目，旨在探索和促进核心城市的创新型转型与发展。欧美国家的一系列举措极大促进了创新型城市的探索与建设，同时激发了世界范围内其他城市的探索热情，随后世界上部分城市的建设成效卓著，如新加坡、东京等。

1.3.2.2 概念及特征

1. 创新型城市的概念

创新型城市是一种新型城市形态，需要深入探索其内涵与意义。创新是指建立新的生产方式，实现生产要素的新组合。结合世界上先进创新型城市建设的经验，以及国内外学者对创新型城市的理论探索，可将创新作为一种科学方法论和实践论，并将其应用至城市建设实际中。创新是城市发展的重要战略，通过将创新思想应用到城市中，可以整合形成科技创新、产业创新、管理创新、制度创新和服务创新等要素，发展形成城市主导的创新发展战略，有助于提高城市的综合竞争力和城市创新力。

2. 创新型城市的构成要素及特征

因城市的历史、地理位置等因素的差异性，不同城市的社会形态、经济基础也不相同。这在一定程度上决定了城市创新要素上的差异性。

1）城市产业创新能力

产业是城市经济发展的支柱，城市产业的增长是城市产业成长的过程，也是产业发展、调整和转型的升级过程。产业创新能力包括产业结构调整、新兴产业培育、夕阳产业淘汰等，其中产业的创新能力决定城市的增长潜力。以新加坡为例，2005 年全球竞争力报告显示其排名第三。究其原因，是近 10 年来，随着知识经济时代的到来和经济全球化加剧，全球制造业竞争加剧，以制造业为主要产业的新加坡受到了强烈的冲击。新加坡政府适时提出了以知识经济为基础，以创新为动力，发展国家创意创业，将创意产业与传统制造业并举，打造创新型城市，提升了城市的创新能力和综合竞争力。这让新加坡一举跃为亚洲创新枢纽，成功转型为创新型城市。

2）城市科技创新能力

科学技术是第一生产力，也是城市现代化进程巨大的推动力。科技创新能力具体体现在知识创新、技术创新、成果转化创新、科技管理创新等方面。在世界城市发展过程中，通过科技创新推动城市产业结构转型，并成功依靠科技实现城市崛起的案例有很多，如韩国大田这座城市成功依靠科技创新推动经济发展和城市转型，一举变成“亚洲新硅谷”。通过将大学科技创新成果进行转化，形成产、学、研、用一体化的高科技科学城，改变了原本土地贫瘠、资源匮乏的局面，成功依托高校的建设及科技创新促成了城市的产业结构调整和区域经济的发展，并构建了一座创新型城市。

3）城市管理创新能力

管理创新是顺应社会发展潮流，跟上时代步伐的重要举措。城市管理创新包括体制创新和政策创新，直接体现是废除或废止阻碍城市发展的相关政策及体制机制，且适时提出并制定符合城市发展方向、满足城市发展需求的一系列政策与措施。在当今创新型城市中，就有不少城市通过制定一系列的管理创新政策，促进了城市向创新型城市转型，如日本东京。从 2000 年开始，日本东京通过制定并颁布一系列减免税收、设立研发储备金、基础性原创领域、增设专项科研税款贷款等利于高新技术企业和信息产业发展的政策与措施，通过这些管理创新政策与机制促进了这座城市向创新型城市的加速转型。

4）城市服务创新能力

服务创新能力是城市形象与魅力的内在动力，服务能力的创新也是吸引现代化生产要素的重要举措。城市服务创新主要包括服务理念、创新的服务方式、服务水平等内容，如利用科学技术提高城市的营商环境利于吸引投资者，通过改变城市旅游服务能力来吸引旅游消费者。城市服务创新具体体现在以政府为主的公共服务，包括城市规划、城市产业结构调整、基础设施建设等，以及以行业协会或企业为主的消费服务。

1.3.3 数字城市

1.3.3.1 产生背景

1998 年 1 月 21 日，美国率先提出了“数字地球”，引起了国内地理学者的广泛讨论，并逐步认识到“数字地球”战略有助于推动社会经济、环境资源可持续发展和信息化建设的重要策略。1999 年 11 月底，国内学者在北京召开了首届国际“数字地球”大会，随之而来，与“数字地球”相似的概念铺天盖地、层出不穷，引起了学界和业界对“数字地球”的广泛讨论。2000 年，国家测绘局提出构建“数字中国”基础框架是当前及今后时期的主要任务。同时，一些省份正式立项启动“数字”工程建设，作为特定时期经济技术发展的重要战略，一时之间数字城市的立项成了行业热点。

2000 年 5 月 14 日，时任中国建设部部长俞正声参加“二十一世纪数字城市论坛”时，与参会学者共同商讨中国城市数字化大计，并在开幕式致辞指出，“数字城市”是对城市发展方向的描述，是指网络技术、数字技术、信息技术等在城市生活各方面的应用。通过建设数字城市能够加强对城市建设中违法行为的约束或制止。中国信息产业部信息化推进司司长宋玲说，融入全球化浪潮的首要与必要条件是实现城市信息化，国务院信息化领导小组现已制定了一套衡量信息化水平的比较体系，来实现这一目标。

2012 年 9 月，时任国土资源部党组副书记徐德明在测绘地理信息发展论坛中介绍，目前我国已在数字城市建设中取得了重要成果，并在全国 270 多个地级城市推进数字城市建设，其中 125 个已建成并投入使用，数字城市成果在 60 多个领域广泛应用。城市交通的智能管理与控制，如通过实时监测交通运行状态，及时调整交通通行策略；城市资源的监测与可持续利用，如通过遥感技术手段解译遥感影像，提取城市资源的状态；城市生活的网络化与智能化，如在 2020 年新冠肺炎疫情期间，通过开发健康码平台实现对人群行为的监测，为新冠肺炎疫情防控提供精准施策，等等。2017年我国地级以上城市基本完成了数字城市的建设。

1.3.3.2 概念及特征

“数字城市”是“数字地球”的重要组成部分，是国家重点发展战略，在社会发展过程中对城市建设、经济发展和人民生活带来巨大的便利。也有学者将“数字城市”看作一个包含很多系统的巨复杂系统，其内容组成复杂，边界难以确定。如城市信息化水平达到什么程度才能将其看作“数字城市”。“数字城市”的建设主要包括以下三个部分。

1. 信息基础设施

信息基础设施是建立数字城市的重要组成部分，包括网络宽带、移动通信等网络设备设施，以及计算机服务系统等。

2. 数据

如何更好衡量“数字城市”的信息化水平？需要通过数据来反映。进入21世纪以来，信息技术的发展，人类的生活和生产等方式大部分都与空间位置息息相关，如人们的出行等行为都离不开空间信息。仅有网络通信、基础建设还难以满足数字城市建设的需要，对于各类基础空间数据的收集、存储成了建设数字化空间的重要基石。

3. 人

人是“数字城市”的重要组成部分，是“数字城市”的管理者和使用者。管理者通过制定一系列的“数字城市”相应机制和规范，才能促进“数字城市”发挥实际效益，并应用至各行各业，促进城市管理的提质提效。随着世界经济的全球化，经济与IT等软硬件技术的发展，城市经济也因“信息产业”发展快速增长。只有让更多的人参与到“数字城市”的建设中来，才能让“数字城市”发挥其潜在的价值，确保资源不被浪费，产生更多的社会经济效益。因此，“数字城市”建设不仅需要管理者参与，还需要广大企业和城市居民参与。只有企业、市民应用“数字城市”才能让其产生巨大的效益，才能够促进城市管理者维护、升级和完善“数字城市”，反过来促进“数字城市”更好地辅助管理者管理城市，促进经济的良性发展和辅助政府决策，真正发挥“数字城市”的实际功效。

“数字城市”是城市发展到某一阶段的重要产物，其建设也是一个循序渐进的过程。当前“数字城市”的建设主要局限在政府管理部门，为城市管理者和决策者提供城市管理决策服务。但是，这只是“数字城市”的某一项职能，对城市的参与者（如企业、社区和个人）考虑还不够。因此，“数字城市”的建设亟须通过运用信息技术进行进一步升级，能够促进城市信息产业的发展，也能为企业带来转型升级的可能，有助于形成城市新的经济增长点。在现代城市建设的进程中，“数字城市”有助于发挥城市管理者与个人、与企业的联系，促进城市走向现代化，在精神文明建设中也有着重要作用。

1.3.4 智慧城市

1.3.4.1 产生背景

2015 年 12 月 16 日，第二届世界互联网大会在浙江省嘉兴市乌镇举行，大会以“互联互通、共享共治、共建网络空间命运共同体”为主题。中共中央总书记、中国国家主席习近平出席大会，并发表主旨演讲，提出全球互联网体系变革的原则，包括尊重网络主权、维护和平安全、促进开放合作、构建良好秩序等原则，以及提出共同构建网络命运共同体的五点主张。这一理念推动了网络经济的快速高效发展，让基础设施建设更加完善，对维护稳定繁荣的网络安全空间具有重大意义。此外，在中共十八届五中全会上提出的五大发展理念让人们对智慧城市的理解更加深刻，并对智慧城市的建设提出了更高的要求。面对智慧城市所遇到的种种困难和要求，国家互联网信息办（网信办）对此进行了深入的调查和研究，对于现如今发展状况做了全面总结。

2015 年年底，网信办联合国家发改委等 26 个组织制定《新型智慧城市发展报告 2015—2016》，对智慧城市提出了新的定义，共同建设新型智慧城市。新型智慧城市应为社会大众服务，在网络空间安全友好的基础上，实现数据共享，城市管理井然有序，不断改革创新，促进城市的健康高效发展，使得国家和城市协调发展，共同进步。

智慧城市的概念十分宽泛，现阶段还在持续完善的过程中，没有统一的评价标准，主流定义主要从城市和技术两个角度进行描述。从城市角度来分析，智慧城市结合了创新型城市、可持续发展城市等概念的特点，形成了智慧城市这个新概念。

1.3.4.2 概念及特征

1. 智慧城市的概念

1990 年，在美国旧金山召开国际会议，会议主题是“智慧城市、快速系统、全球网络”，讨论了新一代通信信息技术在城市建设重点的应用，以及如何推进城市可持续发展等内容。2009 年，IBM 公司提出“智慧城市”概念，认为智慧城市是运用各种信息和通信技术，感知和整合各种城市运行数据，通过分析与挖掘，为民生、城市服务等各种需求做出智慧的响应。IBM 公司对“智慧城市”内涵的理解更多偏向于新一代信息技术对城市发展的影响和潜在动力。在学界对于“智慧城市”的理解认为，智慧城市是以知识经济、资源集约、节约配置为目标，借助现代化信息技术促进人与环境的可持续发展，形成具有可持续发展意义的城市建设模式。

智慧城市的建设目标有三点：一是使人民生活更加美好，提升民生水平，逐步解决“城市病”问题，构建环境宜居、舒适的城市；二是促进可持续发展，包括经济、人口、资源、环境的可持续发展，推动经济优质发展、转型升级，推动新兴产业发展和绿色的经济发展模式，同步构建人与环境、自然协调可持续的发展模式；三是管理更高效，从城市的方方面面体现云技术、大数据、物联网等信息技术的应用，推动城市各个发展阶段的精细化管理，提升政府的服务水平和社会化管理。

2. 智慧城市的特征

智慧城市具备四大特征：全面透彻的感知与探测、泛在的互联、智能融合与应用，以及可持续的智能创新。

1）全面透彻的感知与探测

利用传感器技术，实现对城市建设、管理等全方面的感知与实时监测。借助遍布城市的传感器感知设备和智能设备，共同组成“物联网”，智能识别、全方位感知，促进智慧城市各个系统高效运转。

2）泛在的互联

通过光纤宽带、5G、无线网络技术，实现城市中泛在的人与人、物与物的全面互联、互通，为城市运营管理提供所需的基础条件。同时，通过“物联网”与互联网的互联对接，促进各类感知数据、互联网数据的智能融合。

3）智能融合与应用

基于云计算、AI、大数据等技术，实现对海量感知数据的存储、计算、集成管理，大大提升决策支持能力。通过相关技术的融合，推动数据运用到城市关键系统，基于数据挖掘和 AI 方法实现全方位的数据融合应用，达到城市运行的最佳状态。

4）可持续的智能创新

注重以人为本、市民参与、社会协同的开放创新模式，推动协同创新、开放创新、大众创新。

1.3.5 可持续发展城市

1.3.5.1 产生背景

在工业化、城镇化的进程中，城市以资源高消耗、破坏生态环境等为代价，换取了经济高速发展，满足了自身的物质需求，这种粗放式的经济发展方式导致环境污染、人类生存环境恶劣、资源短缺和身体健康水平下降等问题，同时为自然环境带来了巨大的压力。目前，在占全球陆地面积 3% 的城市土地上，居住着世界 50% 以上的人口，城市愈发面临空气污染、资源短缺、土地匮乏等“城市病”。

1987 年，世界环境与发展委员会提出了“可持续发展”概念，并将其定义为在满足自身发展的情况下，不对后代人满足需要的能力构成危害的发展。世界卫生组织也提出，城市的可持续发展是在资源最少开发的前提下，促进城市高效、创新的发展。2004 年，《政府工作报告》中，再次提出以人为本、全面协调可持续发展。2016 年，联合国启动《2030年可持续发展议程》，目标是促进城市可持续发展。2019 年 11 月 25 日，住房和城乡建设部发布了《生活垃圾分类标志》，目标是通过养成良好的垃圾分类习惯，促进城市的绿色可持续发展。

1.3.5.2 概念及特征

1. 可持续发展的概念

可持续发展是一个综合性的概念，包括资源环境可持续、经济可持续和社会可持续发展三个方面。其以自然资源的可持续利用为基础，以经济可持续和高质量发展为前提，以谋求社会全面进步为目标，实现人类社会在每个时期资源、经济和社会的协调发展。

2. 可持续发展的特征

1）资源环境可持续发展

资源环境可持续发展是通过改变现有的经济发展模式，改变以往“高消耗、高投入、高排放”的资源利用方式，在建立市场机制调节的基础上，开发资源综合利用技术，实现资源与经济、社会的可持续发展。

2）经济可持续发展

经济可持续发展主要是运用生态学指导人类活动，以对资源的高效利用和循环利用为目标，通过改变经济发展方式和发展能力、注重经济产业的优化调整，实现社会、经济与环境的可持续发展。

3）社会可持续发展

社会可持续发展是指在人自身的发展的基础上，既满足当代人的需求，同时又不对后代人构成威胁的发展模式，也是在满足本地发展需求基础上，不对其他地区的发展造成损害，推动资源安全，推动新兴工业化、新型城镇化，促进社会和谐，实现资源、环境、经济与人的可持续发展。

1.4 城市发展面临的问题

如马斯洛需求层次理论中指出，人的需求层次存在显著的差异性，构成了不同的等级或水平，国内外一些经济学者认为该理论也适合于解释社会经济的发展。从工业革命开始，在科学技术的推动下，社会经济快速发展的同时，城市急剧膨胀，引发了一系列的城市发展问题和“城市病”。

1.4.1 自然环境破坏引发的问题

在全球气候变化的宏观背景之下，城市自然灾害威胁进一步加深，据世界卫生组织的调查，全球气候变暖与人类活动存在直接关系，气候的变化反之也对人类生存环境和自身健康产生影响。工业化过程中对资源的过度消费，以及对自然环境的破坏，导致城市自然灾害频发。

1. 生态环境破坏带来的问题

工业化水平短期内快速提升的代价是环境资源承载力的过度消耗及生态环境的破坏，环境污染使得人类生存防护伞——大气臭氧被分解稀释，有害气体的增加致使全球气温上升、水体污染、生物多样性锐减、沙尘与雾霾等环境问题频发，因环境污染引发疾病的概率急速增长。环境污染问题引起生态系统服务功能衰退，影响土地生态安全，威胁区域的可持续发展。

2. 人类生存环境愈发恶劣

在工业化进程中，人类无序过度的开发造成城市空间布局失控、交通拥堵、耕地和水资源过度消耗等问题。人口急剧增长聚集、城市规模无序扩张、工业园区遍地开花，不仅侵占了大量的耕地资源，也不断挤压生态用地。土地生态安全问题不仅对生态环境带来严重的影响，如土地盐碱化导致土地难以被利用，而且影响人类的健康生活，如土地利用方式的改变造成了人们与自然界病毒接触机会变大，人类感染疾病风险变高，这些问题都严重制约着人类社会的可持续发展。比如，到冬季时节，我国众多大城市备受雾霾天气困扰，空气污染问题成为政府关注、广大民众热议的重要话题；北方城市沙尘暴天数不断增加；南方城市内涝严重等。环境气候破坏导致的土地沙漠化越来越严重。天气雨量不均衡，使全球粮食的供应日趋紧张化。由于温度逐年提高，海水逐步涨高。据统计，仅北京市近十年间癌症的发病率增长56.35%，其中有1/5为肺癌患者，癌症作为至今没有有效治疗手段的疾病已经逐渐成为21世纪人类健康的最大威胁。全球面临的严峻环境情况见图1.4。

图 1.4 全球面临的严峻环境情况

1.4.2 城市发展中的“城市病”

伴随着工业化的进程加快，城市建设和规模集聚扩张，急速城镇化带来了一系列的“城市病”，成为困扰经济社会健康发展和可持续化发展的严重障碍，如引发了城市交通拥堵、城市空间分化、城市社会贫富分化等问题，见图 1.5。

(a) 贫富分化

(b) 交通拥堵

(c) 住房拥挤

图 1.5 城市发展中的“城市病”问题

1. 城市交通拥堵问题

城市急速发展，城市居民对出行品质的要求变得越来越高，城市居民的汽车保有量飞速增长，由此带来了城市交通拥堵和空气污染问题。根据交通拥堵大数据分析，对交通拥堵的原因进行深入剖析发现，城市交通拥堵除了因为城市汽车数量急剧增加以外，与城市交通结构和交通管理等因素有关。交通拥堵导致了城市居民的交通出行成本急剧上升，如往返在就业与居住之间的通勤时间成本及费用成本急剧增加，这造成了能源的浪费、空气的严重污染和汽车排放物导致的全球变暖等负面结果。

2. 城市空间分化问题

工业革命的变革加速了农村人口向城市集聚，人口结构、城市的功能结构变得愈发集中和多样。工业革命的科技力量，促使城市的空间结构和模式发生了翻天覆地的变化，如城市空间由单一的平面空间伸展到三维空间，即高楼大厦的涌现提升了城市空间高度，城市工作空间、生活空间越发集中化。城市空间的过度分化也演变成了现代城市普遍存在的问题，城市空间上的分异造就了城市空间内部发展的不平衡，也加剧了城市在其他方面的分化。

3. 城市社会贫富分化问题

经过一系列社会发展变革，人类社会始终由财富和地位来划分其阶级等级，尤其在资本主义发展阶段，资本家的贪婪使得人类的财富更多地集中到少数人的手中。随着社会发展的不平衡，社会阶层等级越来越分化，贫富差距愈发严重。当前我国还处于社会主义初级阶段，最终要达到共产主义社会，仍需消除不平等的分工、不平等的财富分配方式。

1.4.3 城市发展的理念误区

在城市发展进程中，人类经历了农业革命、工业革命和信息革命等发展阶段。在不同的发展时期，社会主要发展动力、城市利益和因人而异的价值观都给城市带来过高速发展，直接或间接导致了一系列城市问题，这限制了未来城市健康有序的发展空间。如在工业革命时期，城市过度扩展、以能源消耗为基础的城市发展模式带来了环境污染、生态遭受破坏和能源资源过度消耗等问题。就当前我国现状，简要总结了如下两个城市发展的理念误区。

1. 城市发展对技术变革的过度依赖

“技术是一把双刃剑”已成为一个共识，科技进步带动下全球范围内的工业革命，在促进社会生产力发展的同时，也对整个地球生态系统造成无法挽回的破坏。从 18 世纪中叶工业革命开始，直至 20 世纪 70 年代，联合国人类环境会议开展以后，“环境保护”这一术语才被广泛采用，引起了世界范围内的共同关注。自第一次工业革命发起至今两百余年间，超过八成时间都处于对自然环境予取予求的失衡状态中。科技发展的负面影响不仅体现在生态系统破坏方面，还涉及对人伦、道德等人性问题的思考，过往对科技进步的盲目自信需要引起当今人类共同反思。

2. 传统人居环境思想的剥离

中国传统人居环境思想主要崇尚“天人合一”，目的是让人与自然、社会达到和谐相处的局面，其中所承载的众多自古以来流传下来的生存智慧，共同组成了我国传统文化的一部分。这与生态文明建设的精神相一致。反观当今社会生态破坏、文化断层，乃至道德缺失等种种表现，都是对传统人居环境思想的剥离，乃至丢弃，未来社会的普遍人文价值观亟须得到转变。

1.5 新时代背景下城市发展要求

土地是人类生存与发展最根本的物质基础，是人类生产生活的重要空间载体。人类社会发展的历程在土地上最直观的体现就是对土地的利用与改造，从农业社会、工业社会到信息化社会，不同时期人类对土地的要求、发展都不一样，如农业社会以传统种植为主，工业社会对土地上的各种能源资源进行开采，信息化社会的城市呈多样化发展，包括从地上空间到地下空间的利用。对土地的改造与利用深刻反映了城市的工业化与城镇化进程。自改革开放以来，我国一直处于高速的城镇化发展阶段，发展速度快、规模大，促进了我国进入工业化时代。1978—2021 年，我国城市数量由 193 座增加到 727 座，城镇人口从 1.72 亿增加到 9.019 亿，人口城镇化率从 17.92% 提升到 63.89%。科学是第一生产力，为我国工业化发展提供了强劲的动力，促进了城市经济的发展，改善了人们的生活水平。然而，在高速发展的同时，工业化与城镇化也带来了一系列的问题，人类活动的加剧，城市不合理的开发与扩展方式，土地资源的过度开发，资源环境保护，粮食安全和居住环境等问题层出不穷，这为土地资源的集约节约利用、城市的可持续发展带来了巨大的阻挠。由于“城市病”愈演愈烈，相关事件频发，这严重制约了城市的健康发展、社会经济的可持续发展，为社会带来了一系列问题，也严重威胁到人类的生存环境。如我国大多数城市都饱受雾霾的困扰，空气污染问题严重；在北方，每逢冬季都会面临沙尘暴的威胁；在南方，每逢夏天，城市内涝问题严重。以往重经济、“摊大饼”的粗放式经济增长模式破坏了土地生态，影响了生态环境和人类的生存空间，制约着人类社会的可持续发展。

面对日益严峻的生态环境形势，维护生态安全、建设生态文明也受到了国家的高度重视，多项国家政策也相继出台。2012 年，党的十八大报告将生态文明建设提到了前所未有的战略高度，提出把生态文明建设放在突出地位，并对生态文明建设做了总部署，将其与经济建设、政治建设、文化建设、社会建设一并纳入中国特色社会主义事业现代化“五位一体”的总体布局。2014 年 3 月，《国家新型城镇化规划（2014—2020 年）》正式发布，提出了“以人为核心”的新型城镇化道路，明确强调生态文明，着力推进绿色发展、低碳发展、循环发展，创建安全、生态和高效的城市生活环境，切实推进生态文明建设，维护生态安全。2015 年 9 月，《生态文明体制改革总体方案》发布，该方案是从国家战略的高度对生态文明建设进行的顶层设计，从生态文明体制改革的目标、制度建设、制度保障多个层面进行了全方位部署，从保障国家生态安全、改善环境质量的角度出发，以解决生态环境领域突出问题为导向，完善资源的节约利用和保护管理制度，建立节约集约用地激励和约束机制，树立发展和保护相统一和空间均衡理念，推动人口、经济、资源、环境的平衡发展，维护生态平衡，形成人与自然和谐发展的现代化建设新格局。

《国家新型城镇化规划（2014—2020 年）》提出了以城市群为主体形态，各等级规模城市协调发展的指导思想，为我国广大城市走新型城镇化道路指明了方向。建设生态文明、维护生态安全已成为我国全面建成小康社会阶段的一个重要战略，也进一步反映了生态保护在城镇化进程中的重要程度，为开展新型城镇化背景下生态环境保护、维护区域生态安全，提供了指导性依据。

1.5.1 新型城镇化的提出

1.5.1.1 城镇化

城镇化自 18 世纪被提出以来，受到了不同学科、不同领域学者的关注，因学科背景的差异性，对城镇化的概念和理解也有显著差异性。早期人口学家以人口流动为视角，普遍认为城镇化是人口从乡村向城镇汇集、城镇人口的规模和比重不断变大的过程；经济学家以经济产业结构变化为视角，普遍认为城镇化是指以往的乡村经济模式向城镇经济模式转变的过程，主要体现在产业结构从第一产业（如农业、林业、畜牧业等）向第二、三产业转变（如建筑、冶金和金融业等），并且逐步以第二、三产业为主导结构；地理学家以城市空间发展和结构变化为视角，认为城镇化是城市空间结构变化与城市规模扩张的过程。

城镇化是指伴随国家或地区社会生产力、科学技术和产业结构的调整，以农业为主的传统乡村社会逐步转向以工业和服务业为主的城市型社会，也是生活生产方式、文化观念、社会经济结构转变的历史过程。城镇化是人类社会历史发展与演变的过程，是现代化的必由之路。推进城镇化有助于解决“三农”问题，对建设社会主义现代化的现实意义重大且历史意义深远。城镇化的内涵有四个方面特点。

1. 人口城镇化

从人口学角度，城镇化是农村人口向城镇人口转移的过程，同时城镇人口规模和比重增加。目前人口城镇化有两种方式：一种是农村人口转移到城镇中，转变为城镇人口；另一种是由城市扩展或新设城镇，原先乡村转变为城镇，原有乡村人口随之转变为城镇人口。人口城镇化是城镇化的核心，也是以人为本，推进以人为核心的城镇化的关键，是打破传统城乡二元结构的重要举措，也有助于提高城镇生活质量水平。

2. 土地城镇化

随着人口城镇化、乡村转变为城镇或新设城镇，城镇的数量、人口、建成区面积和土地规划方式的转变，城镇需要更多的用地来容纳人口，这造成了城镇用地规模的大幅度扩展。土地城镇化也让城镇开发边界和空间结构发生改变，也促进了产业结构的调整。

3. 经济城镇化

伴随着人口、土地城镇化，乡村生产要素逐步流向城市，带动了固定资产投资和促进了消费需求的增长。在信息技术高速发展的同时，城镇的生产要素发生改变，由传统的劳动力、资本逐步转变为知识、信息、人力资源等先进生产要素，促进了产业结构由传统农业向工业、服务业等产业转变，推动了城市经济发展。这也造就了农村人口向城镇集聚。

4. 社会城镇化

人口、土地、经济城镇化加速了城镇化在各个社会层面的转变，影响了人们的社会方式，包括生活方式、生产方式、价值观念等方面，这也是人们思想、观念与社会制度的一种转变和升级。当社会结构由乡村向城镇演变时，城市经济社会发展也会走向新的时代。

1.5.1.2 新型城镇化

我国是人口多、底子薄、耕地少、资源不足、环境承载力脆弱的国家，这决定了我国必须走高质量的发展之路。在经济、社会、文化和空间结构等方面，以生态文明思想为指导进行国土空间规划和生态环境建设，成为新时代城镇化建设的选择。新型城镇化是相对于传统的城镇化概念而言，是城镇化在我国发展的必然趋势、新阶段和新里程。新型城镇化是中国城镇化道路的新选择。

党的十八大报告首次提出新型城镇化，十八届三中全会进一步明确了我国新型城镇化发展道路，并指出新型城镇化之路的核心是以人为核心；2013 年中央城镇化工作会议召开，会议指出人的问题是新型城镇化工作的关键，并明确要求新型城镇化发展要尊重自然、顺应自然的理念。这标志着我国的新型城镇化之路已由理论转化为实践，并且趋于完善与成熟。

相比于传统的城镇化，新型城镇化有着显著差异。一是在发展理念上，新型城镇化体现人的无差异性，侧重为人服务的功能；传统城镇化侧重人口的迁移，造就了城乡二元差异性。二是在根本目的上，新型城镇化为人民谋福祉，而传统城镇化更多是为了城市发展。三是在战略上，新型城镇化消除城乡二元结构，目的是让乡村居民和城市居民一样。

新型城镇化体现在六个方面的转型。一是城乡关系的转型，从城市优先发展转变为城乡一体化融合、区域均衡协同发展模式；二是城镇发展模式的转型，从追求数量和规模转变为质量和效益提升的模式；三是发展生态化的转型，从轻环保转变为高度重视生态环境；四是资源高消耗的转型，从高能耗转变为资源高效配置和低能耗的转型；五是交通机动化的转型，从放任式向集约化转变；六是社会发展的转型，从少数人先富向社会和谐发展与共同富裕的模式转变。新型城镇化的探索是立足在中国特色城镇化发展道路上，按照城乡统筹、合理布局，坚持大中小城市和小城镇协调发展，改善居住环境，提高城市管理水平。

新型城镇化是新时期我国城镇化建设与发展的重要方向，是在传统的城镇化的基础上，站在新的起点，以五大发展理念作引领，按照新型城镇化的核心——人的城镇化，注重乡村人口与城镇户籍人口融合的城乡一体化均衡发展，更加重视城乡居民公共服务的均等化，如医疗保障、社会保障等，来提升人民群众的幸福感。新型城镇化是传统城镇化的新阶段，在发展理念、产生背景、发展目标、推进主体、推进方式、发展道路等方面与传统城镇化有根本区别。在人、产业、资源、环境关系方面，新型城镇化更加注重人的发展，注重城市产业结构的调整、资源的高效率配置，以及尊重自然、顺应自然的发展规律。新型城镇化追求内涵式的转型发展、区域均衡协同的发展、人与自然和谐共处的健康发展模式。

1.5.2 新型城镇化内涵、本质与核心

新型城镇化强调人是城镇化进程的核心，促进城乡一体化融合、均衡协调发展和优化城市发展空间布局，提高人口素质、城镇居民的生活水平和生活质量，实现人的城镇化，来增强人民的幸福感。

首先，新型城镇化的目标是增强人民的幸福感、提高人民生活的质量，从以城市规模式发展为主，转变为注重人民群众的需求、人民群众的福祉。其次，新型城镇化的目标是使城市居民与农村居民都能享受到现代物质文明和精神文明，促进迁移人口与城镇人口的有机融合，旨在破除城乡存在的差异，实现城乡一体化融合与协调发展。再次，新型城镇化坚持区域统筹、大中小城市与城镇协同发展，同时提升城市承载力，促进城市群优质发展。实现新型城镇化区域统筹和城乡协调发展：一是改变以往的城乡发展模式，加速城乡居民融合，提升城镇与乡村居民的生活质量，保证就业、生活等方面的公平公正；二是从功能上、生态上实现区域城镇体系的互补，坚持生态保护优先的原则，加强土地资源、水资源、能源等自然资源的节约集约利用，强化生态修复和环境质量提升，形成绿色、低碳的生活生产方式，构建可持续的良性生态安全格局。

以人的城镇化为核心，可促进农村人群融入城市社会，同步促进城乡工业化、农业化的协调发展，实现城乡一体化。新型城镇化发展模式的集约化以合理供给城市用地、提高城市土地集约化为目标，科学合理规划城市，提高城市的发展质量，提升国土空间开发与建设水平；追求大中小城市的协同化发展，以城市群为主，促进城镇规模的合理发展；进一步破解城乡二元结构和城乡差异问题，推进城乡接合部协调发展，促进农业转移人口融入城市和人口市民化，提高城镇化水平和质量。新型城镇化的本质是农业人口向城镇的空间转移，以及与城市户籍人口的深度融合，核心是实现人的城镇化。

1.6 小结

城市是人类社会发展历史与科学技术发展的见证，从古代城市、近代城市再到现代城市，从农业革命、工业革命再到信息革命时代，城市的发展离不开科技的发展。随着城市进入现代城市阶段，以资源消耗、环境污染的发展方式带来了一系列的“城市病”，如资

源短缺、空气污染、生存环境恶劣和社会问题，让现代城市遭受着与其文明程度不对等的磨难。

科技是第一生产力，也是探索社会文明和推动社会发展的重要助力，为城市可持续发展、人的发展、资源的可持续发展和社会的可持续发展提供了技术手段。数字城市、智慧城市和可持续发展城市等适宜社会发展的概念提出，标志着人类社会在新的时代背景下在城市社会发展方向选择上迈出了重要的步伐。尤其，智慧城市的建设促进城市的健康高效发展，使得城市发展与国家要求相协调。在城市发展进程中，走新型城镇化道路是我国现代化的城市发展探索，从人、资源、社会等角度，全面阐释了经济发展、资源利用、环境保护、人与社会和谐的城镇化模式，为当前中国的城镇化指明了方向。

2 城市治理与城市仿真

在新时代城市发展的背景下，剖析城市内涵、城市治理和城市仿真。

2.1 城市内涵

从城市的释义和解读、城市的构成及城市的特征三个方面，阐述城市的内涵。

2.1.1 城市释义与解读

城市，在不同的学科，有不同的定义和解释，通常在经济地理学中从空间属性和经济属性方面对城市进行解读。日本地理学家山鹿城次认为城市是地域上各种活动的中枢，“城市是一个巨大的人口集团密集的地域，它以第二、第三产业为主并与之相依存，同时，作为周边的地方中心，进行着高级的社会经济文化活动，是具有复杂的利益目标的各种各样的组织的地方”。

也有其他学科基于自身需要对城市的定义进行描述。从地理学角度，城市是发生于地表的一种普遍宏观现象，是有中心性能的区域焦点，是国民经济与劳动人口的投入点和结合点；从建筑学角度，城市是空间和社会构成的整体，是一个复杂的建筑工程综合体；从统计学角度，城市是与大规模人口及独特的组织制度和生活方式相联系的集合体。

从不同角度总结不同学科对城市的定义来看，城市包含建构筑物、自然环境、土地资源等空间实体，也包括公共服务、人文交往、生产生活等社会活动，可以将城市看成是人类集中开展经济、政治、文化、社会生活的载体，城市是一个自我组织、自我调节的复杂“巨系统”，是自然、城、人形成的共生共荣的“综合体”。

2.1.2 城市的构成

自城市产生以来，对城市发展和演变规律的研究就开始了，但是研究过程很艰难，因为城市是个综合体，是由成千上万的要素构成的巨系统，我们看到和感知的各种城市现象只是各种相关要素自身变化并相互作用、相互影响而呈现出来的表象。所以，我们要想真正把握城市发展规律，必须首先研究城市的构成，了解城市的每一个构成要素的发展规律，以及各要素之间的相互影响关系。既要研究城市的细分要素和基本构件，又要研究城市整体功能和综合效应，必须兼顾“整体论”和“还原论”的视角。

从“整体论”的方法看，以城市基本构成要素来分析，城市构成有古典式的三要素，即统治机构（宫廷、官署）、手工业和商业区、居民区，以及现代派的三要素，即产业构成、人口、职能。以物质形态来分析，城市构成包括物质要素，如工业、交通运输、仓储等生产性设施，居住建筑、公共建筑、园林绿化等生活性设施，以及为城市生产、生活服务的道路、给水、排水、防洪、供暖、供煤气、电力、电信等市政公用设施，还包括山水林田湖草等自然资源和阳光、空气、土壤、水体等生态环境；也包括非物质要素，如经济、社会、文化、政治、管理，等等。

从“还原论”的方法看，城市构成更为复杂。笔者试图以系统工程的办法和城市治理的需要，将城市构成细分成人口社会、产业经济、国土规划、公共服务、综合交通、市政设施、环境保护、空间形态八大类，每大类又被进一步细分为中类、小类。例如，将“国土规划”大类细分为自然资源、城乡建设、历史文化、园林绿化等中类，又将“城乡建设”中类细分为用地规模、空间布局、建设强度等小类，将“空间布局”再细分为空间结构、空间形态、空间绩效等，无限细分下去。这样的分类纯粹是基于国土空间规划治理的基础数据、大数据和专业模型建设的需要。

2.1.3 城市的特征

1979 年，钱学森先生在学术界第一次提出巨系统的概念，他在论述社会系统工程时指出，这是包括整个社会的巨系统，其涵盖范围之大和复杂程度之高是一般系统，甚至是大系统所没有的。后来他又不但深化完善巨系统概念，从简单巨系统到复杂巨系统，最后提出了“开放复杂巨系统（open complex giant system）理论”，并把整体论和还原论结合起来，形成了钱学森先生独特的系统论方法。城市也是一个开放的复杂巨系统，也必须用系统论方法来研究和审视，才能科学地分清城市的层次结构，细化城市的构成要素。

1. 巨大

现代城市，特别是中国城市，建成面积动辄几百平方千米，甚至是上千平方千米。2014 年，中国政府调整城市规模划分标准，将城市规模划分调整为五类七档，并增设超大城市一档，将城区常住人口 1000 万以上的城市设定为超大城市。随着城市蔓延和连绵，城市区域化、区域城市化越来越明显，城市也走向巨型化、超大化。

2. 开放

城市虽为人而生，但一旦形成就成为大自然界的一部分，与周围的山水、田野、村庄，以及风云、土壤等融为一体，城市与城市周围环境之间存在着密切的、永不停歇的人类聚散、物质流动、能量交换、属性转变关系。所以，城市天生就是开放的，如果封闭就会立即成为死城。

3. 复杂

城市作为一个巨系统，包含种类繁多的子系统、千千万万的子子系统。有物质的，如公共设施体系、道路交通体系、公园绿地体系、湖泊体系等；也有非物质的，如经济产业体系、人文社会体系、公共管理体系、社会服务体系等。各种、各层次的系统组成了复杂的城市系统。因为系统不同，所以世界上没有任何相同的两个城市，这就决定了城市的复杂性。有人统计，如果开展城市管理工作，可能会涉及上千种各类城市因素。

4. 多变

组成城市系统的每个体系都有自己独特的组成要素，每个要素都有自己独特的运行规律，运动是绝对的、永不停息的，所以每时每刻城市都在发生物理变化和化学变化，加之城市是无限开放的，城市内外要素不断交换，导致城市千变万化，奇幻莫测。

5. 矛盾交织

城市系统的复杂多变性必然导致城市内各种矛盾问题纵横交织，各种要素互相影响，各种利益相互冲突。有宏观层面的矛盾，如生活需求与物质缺乏，人口增长与交通拥堵，经济增长与环境恶化；也有微观层面的矛盾，如街道风向与建筑朝向，日照间距与建筑高度，变电站、公共厕所等邻避设施布局与社区居民对生活环境的诉求等。

6. 动态平衡

不管城市系统如何复杂，城市规律如何多变，各种系统要素的变化都会产生叠加效应，最终城市会形成一个动态平衡和相对静止的城市景象，呈现在我们面前。这种动态平衡的结果给了我们研究、把握和治理城市的机会。

2.2 城市治理

面临新时代城市中的诸多问题，城市治理成为新时代的挑战。本节介绍了城市治理问题、城市治理的顶层设计、城市治理的现实需求，以及现代化城市治理的内容。

2.2.1 城市治理问题

正是城市的开放性、复杂性及巨型多变、矛盾交织等特征，给城市治理工作带来极大的挑战。

难以预测城市发展方向。当下，中国城市正面临着多重发展战略机遇的叠加期和城市发展转型的挑战期，城市功能完善与品质提升交汇、主城更新与新城拓展并行，各类“城市病”也日趋显现并亟待破解。城市的发展与转型关系到城市功能、城市品质与市民福祉，涉及经济、社会与民生等各个领域，开发建设热点在城市中心、边缘、远郊都有可能发生，城市建设的供给侧和需求侧都在发生着深刻的变化。作为城市治理的重要内容，城市人口规模、空间拓展方向、用地结构和需求等，越来越难以精准预测和量化管理，对城市现状和未来的判断变得越来越困难。

难以控制城市发展过程。中国城市建设和发展的主导要素由市政府向市场转移后，城市建设的融资渠道大大拓宽，投资主体逐步多元化，带来城市建设需求和投资回报更加复杂，城市发展面临多变性和不可确定性，规划目标常常偏移，建设活动难以模拟，城市发展难以进行全过程的监控、维护、干预和修正。

难以承担建设试错成本。城市建设的投资量大、建设周期长、影响范围广。一项工程的投资往往是几亿、几十亿，甚至是上百亿元。特别是一座城市的布局结构、拓展方向、产业导向等，任何决策失误，不但使城市经济受损，还会对城市未来造成重大影响，严重的会耽搁城市发展时机。城市建设的不可逆转性，使城市难以承受高额的试错成本。

难以系统管理城市信息。城市信息是支撑城市治理和决策的动力源泉，但是在大数据、互联网盛行的今天，城市信息还存在片段化、孤岛化问题，治理手段还比较简单，数据用得少，有些单位和部门各自为政，数据和信息是被动记录、被动拥有，有的数据还不全、更新不及时，有的信息缺乏逻辑关联、缺乏计算分析，信息的价值没有得到充分体现，难以满足城市治理需要。

城市的快速发展对城市管理者提出了更高、更严格的技术要求，城市管理不能局限于“定性推导”“盲人摸象”和“拍脑袋”的方式。随着信息技术的突飞猛进，大数据、人工智能成为研究和应用的热点。各种新类型数据和新来源数据，极大地拓展了城市工作者的视野。随着大数据量化分析和研究的不断推进，城市治理正在发生深刻变化，城市治理的现代化建设成为中国城市建设和发展的必然选择。

2.2.2 城市治理的顶层设计

基于对现代治理重要性的前瞻认识，早在 2013 年 11 月，十八届三中全会首次提出“推进国家治理体系和治理能力现代化”这个重大命题，将推进国家治理体系和治理能力现代化作为全面深化改革的总目标。2014 年 3 月，习近平同志在参加十二届全国人大二次会议时强调“社会治理是一门科学，要着力提高干部素质，把培养一批专家型的城市管理干部作为重要任务，用科学态度、先进理念、专业知识去建设和管理城市”。

2015 年 8 月，国务院印发的《促进大数据发展行动纲要》提出，“要用大数据推动经济发展、完善社会治理、提升政府服务和监管能力。在未来 5~10 年实现打造精准治理、多方协作的社会治理新模式”。2015 年，中央城市工作会议明确提出了“创新、协调、绿色、开放、共享”的新时期发展理念，要求城市发展更加注重尊重客观规律，统筹规划、建设、管理，提高城市精细化管理能力，坚持创新发展方式。

2016 年 5 月，习近平同志在中共中央政治局会议强调，“必须一件一件事去做，一茬接一茬地干，发扬‘工匠’精神，精心推进，不留历史遗憾”。2017 年 2 月，习近平同志在北京考察城市建设时还强调，“统筹生产、生活、生态，立足提高治理能力，抓好城市规划建设”。2017 年底，习总书记在政治局学习时强调，“要建立健全大数据辅助科学决策和社会治理的机制，推进政府管理和社会治理模式创新，实现政府决策科学化、社会治理精准化、公共服务高效化”。为创新城市治理提出了新要求、新方向。

2018 年 6 月，习近平同志考察威海时要求，城市要向精致城市方向发展。他还要求“城市管理要像绣花一样精细。越是超大城市，管理越要精细”“要建立健全大数据辅助科学决策和社会治理的机制，推进政府管理和社会治理模式创新，实现政府决策科学化、社会治理精准化、公共服务高效化”“一流城市要有一流治理。提高城市管理水平，要在科学化、精细化、智能化上下功夫”。

2019 年 10 月，十九届四中全会提出“坚持和完善中国特色社会主义制度，推进国家治理体系和治理能力现代化”，并就此做出了近、中、远期的具体目标和任务安排。将“治理能力现代化”明确为中国第五个“现代化”，这是 1964 年以来中央提出的“四个现代化”的首次升级，表明中国最高决策层的高度重视和建设决心。

中共十八大以来，中央把推进国家治理体系和治理能力现代化摆在了非常突出的位置，颁布了系列的指示精神和行动纲领，为创新城市治理工作指明了新方向、提出了新要求。

2.2.3 城市治理的现实需求

大数据和信息技术水平的提升为项目提供了强大技术支撑。目前的科技发展与技术积累，为现代化城市治理提供了可能性。尤其是大数据技术和城市量化学科的出现，为规划工作提供了新的技术方向。通过实时大数据的计算，可以感知城市运行体征，精准解读城市状态；通过数学模型的推演，可以模拟建设活动的实施效果；尤其是大数据提供了以人为本的空间观测途径，使规划工作能够更加准确了解人群活动、分析人群需求，找寻规划应对，最终实现规划目标。

大数据与量化研究正对城市工作产生深刻影响。数据科学和量化方法是落实城市治理能力和治理体系升级和现代化要求的必然趋势，国内外以数据科学驱动的城市研究开始崛起。国外，MIT（麻省理工学院）、UCL（伦敦大学学院）、ETH（苏黎世联邦理工学院）

等全球知名高校和一些先进城市在以数据科学驱动的城市研究方面起步较早，在城市治理方面的应用经验丰富。尤其需要关注的是，麻省理工学院 2018 年开设城市科学本科专业，将城市规划和计算机科学结合，来研究和解决城市问题，是全球首个通过现代信息技术去研究城市的学科。国内，通过数据科学研究城市起步较晚，但近些年受到广泛关注，并大力研究、建设，如杭州城市大脑、上海城市生命体征、数字雄安等。

新的历史时期和新的城市发展阶段需要创新驱动跨越式发展。从国家管理趋势看，“放管服”“四办”等行政审批改革需要新的技术方法加以支撑。为落实国务院“放管服”行政审批改革要求，武汉在全国率先提出并施行“马上办、网上办、一次办”的改革举措。按照这一要求，武汉市国土规划系统也开展了规划行政审批改革，行政许可效能得到大幅提升，未来还需要系统性创新，通过更加精准化、快速化的工作机制作支撑，既要实现各项工作提质增效，同时也要保护工作人员避免失误。

推进城市治理现代化建设也是武汉市国土规划系统自身变革的需要。目前武汉进入新的高质量发展时期，未来一段时间，将是武汉定型城市基本骨架、奠定城市终极蓝图的关键时期，任何策划、规划、计划的失误，都将对城市未来造成重大影响。武汉市自然资源和规划局作为城市治理的一线部门，在市属单位中拥有的数据资源最多，涉及的行政流程最长，所以我们需要按照城市治理赋予国土空间规划的新职责和新目标，提前谋划开展城市治理的顶层设计工作，通过技术创新来提升治理能力，对城市规划建设进行系统的认知、把握和引导，通过数据科学和信息技术来研究城市，让城市规划、建设、管理从定性化向定量化、科学化转变，大幅提高城市管理的科学性、准确性和实用性，让规划和决策更科学，让未来的城市工作更加智慧。

开展城市治理现代化建设工作也有基础条件。从武汉市国土规划系统看，经过多年的信息化建设和科研创新，已经积累了大量时空数据资源，并开始了大数据方面的探索。在此基础上开展城市治理现代化建设，一方面，将有助于进一步发挥现有积累资源的作用，逐步从数据积累走向数据应用。通过构建开放的城市仿真实验室，以应用为导向，有利于进一步整合全局信息资源，提升科研能力，促进形成全局规划工作的新局面。另一方面，基于大数据的城市治理现代化建设也有利于在全国国土规划行业创新中占据一席之地。北京、上海、杭州、广州等城市，以及部分学术团体和科研机构为了应对当下的转型与挑战，启动了大数据、城市生命体征方面的研究创新工作。武汉国土规划部门必须开创性、前瞻性地开展相关工作，力争在行业技术创新中占据一席之地。

2.2.4 现代化城市治理的内容

如前文论述，城市治理的内容很宽泛，本书从国土规划的角度表述现代化城市治理的主要内容。

能集成。汇集各类空间地理信息、城市基础数据和各种大数据，以及社会经济发展数据和城市规划建设管理数据。

可感知。运用数据思维，通过多源数据的融合与增值，构建空间数学模型，模拟复杂城市系统，感知城市运行状态，提供城市治理支撑。

能模拟。通过数据信息整合和城市规律模拟，对城市进行整体性、综合性的研判和宏观管理，对城市进行更加系统、细致的认知，达到科学治理效果。

可预测。根据对城市发展规律的研究和模拟，精确预测规划建设方案实施效果，准确研判未来城市发展趋势。

能控制。通过对城市建设活动的预测和评估结果，对阶段目标和分项目标适时进行细化、优化和合理调校，实施城市建设的过程控制。

可引导。城市治理的目标是引导城市向理想、科学的未来方向发展，让其能够与自然、与人和谐发展，实施更精准、更科学、更高效的城市治理。

2.3 城市仿真

一般认为“仿真”是根据专业运行规律建立模型，呈现实际系统中发生的过程，并通过对系统模型的实验来研究存在的或设计中的系统，所以仿真又称模拟。从 20 世纪中期开始，计算机技术的进步为仿真提供了便利条件，使计算机仿真得到突飞猛进的发展，因为计算机仿真的经济性、便捷性、快速化等特点，仿真技术已开始在水利工程、飞机制造、建筑设计、建设施工等方面得到广泛应用。

而“城市仿真”是将城市作为对象，建立虚拟城市，来模仿城市运行。鉴于前文所述的，城市是一个开放的复杂巨系统，影响城市运行的专业要素众多，各要素的运行规律千差万别，而且各要素之间还存在叠加效应，所以从城市整体层面开展城市仿真工作，更为困难，少有尝试，大多是聚焦在城市某一个专业领域，比如交通拥堵、日照间距、碳排放等。武汉市自然资源和规划局决定成立武汉城市仿真实验室工作专班，启动城市仿真技术研究，开展一项全新的极具挑战性的探索工作。

城市仿真是以城市量化研究为出发点，通过多源数据的融合与增值，构建空间数学模型，模拟复杂城市系统，感知城市体征，监测城市活动，支持城市管理。对于城市工作来说，构建智慧化的科学研究平台、技术创新平台和决策支撑平台，可以从规划源头和管理决策两个角度，模拟城市运行状态，为规划师、管理者、决策者提供研究城市的量化工具，对提高规划水平、提升治理能力，具有重要意义。谋划建设城市仿真实验室，就是希望利用数字仿真技术，推动城市规划建设管理精细化，从而让城市治理工作更前瞻、更全面、更理想、更科学。

理论探索篇

此篇主要向读者细致讲解“计算式”城市仿真的总体架构、框架设计和技术支撑体系，为读者后续理解“计算式”城市仿真奠定知识基础。

3 “计算式”城市仿真理论框架

3.1 武汉在城市治理方面的探索

针对未来城市治理和城市仿真实验室的定位和目标，探讨未来城市仿真的发展态势或建设模式。由此引出“计算式”城市仿真。

3.1.1 城市仿真实验室的定位

武汉城市仿真实验室，是按照城市治理赋予国土空间规划的新职责和新目标，以支撑智慧管理和科学决策为目的，运用数据科学进行感知城市、把握城市、引导城市的一项体系性创新工程。为决策者，提供城市空间治理的智慧平台，统筹空间资源调配，支撑重大项目决策，形成高效的空间治理能力；为管理者，提供项目建设管理的预判方法，及时提醒、预警和预案，支撑人工干预，制定政策，引导城市健康有序发展；为研究者，提供研究城市空间的系统化、量化工具，以及丰富的空间分析方法，帮助研究者精准认知城市阶段特征，对规划方案进行预演和评估，支撑更加科学、理性的规划（工具）体系构建；为公众，提供城市公开数据，吸收市民真知灼见，众筹智慧，走向共同治理。

开展仿真实验室的建设，促进数据价值的发挥，对城市进行感知、把控和引导，做到全空域统筹、全用途管理和全流程治理。

感知城市。系统性开展衡量城市自然资源和发展特征的数据计算，构建展示和理解城市空间现象的数据平台。

把控城市。创新性开展多维度、全要素的城市未来场景测试，建立研究城市发展规律的空间平台。

引导城市。动态性开展智能的、开放的城市综合治理决策系统建设，建立人机交互的智慧决策平台。

建设城市仿真实验室，就是搭建各级政府管理和治理的平台，让城市决策者、管理者、科研人员和广大公众，利用平台，对城市进行仿真和感知，提前科学管理，让城市更智慧，让社会更进步，让人民更舒适。

3.1.2 城市仿真实验室的内容

可以实现信息集成和资源共享。实验室构建了以地理空间信息为基础的全市数据库，实现多元数据的叠加融合、统计分析，实现数据增值。包括全市各部门的社会经济及城市管理与服务数据、自然资源与空间地理信息、国土空间规划编制与审批信息、各类建设项目与工程设施的实施信息、各种实时监控监测信息，以及相关领域的大数据。实验室将各数据统一化、规则化和可视化，使数据之间实现自我关联和相互关联，可自由流动，便于统计分析、叠加运算，为规划师、管理者、决策者提供研究城市的量化工具。

可以感知城市体征和运行状况。为及时了解和量化城市运行状况，解读城市生命体征，实验室初步建立了城市建设评估指标体系，从资源环境、空间规划、行政许可、资产利用、历史风貌、生活品质、运行效率及经济社会等方面，梳理建设指标清单。实验室利用计算机的强大数据处理和量化分析能力，将各类数据转化为可视化的城市指标，形成城市体征的监测体系，对城市建设活动进行统计、分析、描述和动态检测，判断各项指标的正常水平，向城市决策者、管理者及时主动反馈。

可以组织综合评估和方案比选。实验室通过建立的指标体系和基础数据库，通过多源数据的叠加与模型计算，对城市开展综合评估，建立“城市仪表盘”，以此为基础，模拟城市活动，预演各类活动可能产生的城市未来变化。例如，可以按年度进行规划实现率评估，从土地资源、用地功能和建筑功能三个层级，对城市进行综合体检，评估城市空间资源的调配与使用是否存在错位，评估城市可利用资源潜力。实验室也可以利用模拟和评估结果，对城市规划、城市设计、工程建设等实施方案进行优劣比选，提供管理参考。

可以开展实时监测和自动预警。按照“模块化、集成式”拼装建设模式，实验室将整个城市细分为单一要素的研究单元（城市细胞），根据各要素构建专业数字模型和演算方法，建立建设对标指数库和预警响应机制，通过实时大数据的动态计算，对各要素产生的影响进行实时监测和自动预警，以便对城市活动的过程和面临的问题进行准确的预控、适时优化，以及调校阶段目标和分项目标，保证规划建设总体目标的落实。

可以模拟实施效果和支撑决策。实验室计划建立支撑城市治理的规划、建设、管理的决策支持系统，包涵对城市运营状况的分析、方案优劣量化对比、未来可能结果的预测、重大决策影响的分析，以及城市状态快速响应等，为城市决策者提供参考，让城市决策从源头上做到更理想、更科学、更全面、更前瞻，实现城市的智慧治理。

如果未来能在城市仿真实验室的操作系统里，把城市当作一个复杂的对象，把数据当作硬件，把计算当作软件，把管理当作操作，通过数据计算来精准感知城市状态，通过空间分析来把握城市规律，通过决策预演来引导城市的发展，这样将会给城市治理工作带来很大的帮助。

3.2 “计算式”城市仿真构想

3.2.1 关于城市计算的理想

要实现上述目标，对城市这一复杂系统进行“计算式”仿真模拟，需要从城市本身或者更高层面出发，去获取、汇聚、融合、掌控城市级的基础数据、计算方法、应用场景等方面的综合能力。与此同时，还要在这些能力的基础上，将城市作为有机的、富有生命力的生态系统，对城市各方面的运行状态进行感知，对城市运行规律进行研究与掌握，对城市问题进行及时预警，对管理决策进行支撑与动态反馈。

因此，首要任务是解决用来感知、描述城市所需城市级数据的生产、存储、管理与维护更新等问题，找到合理的数据组织与融合方式，将我们现实工作中堆叠式的、杂乱的、无序的数据进行整合，使之相互之间产生关联关系，让数据像人体血液一样流动起来并自我迭代更新，形成立体的、关联的、有序的数据资源体系。以此来支撑各类计算方法、模型、模块的运算，在城市计算中实现价值发掘与提升。

拥有感知城市状态、描述城市现象的数据，是进行“计算式”城市仿真工作的第一步。如何对复杂的城市系统进行全面的认知和计算，是接下来的重要课题。对复杂的事物而言，人们认知和了解它的最常用、最直接的方法是将其以大化小、逐步分解，对每一个局部进行研究理解后，实现对整体的理解。通过这种方法，可以将复杂的事物分解成若干相对容易理解的、小的个体进行研究，再将分解后的若干小的个体进行关联，以此对复杂系统进行全面把控。对城市系统来说，也可以用类似“分而治之”的思想来进行研究。在对复杂的城市系统进行“计算式”城市仿真时，可以按照工程学原理，将城市“拆解”成若干简单要素，再根据这些简单要素的运行规律对其进行逐一模拟，并建立数学模型，最后将相关的基础数据带入数学模型，实现对简单要素的“计算式”模拟仿真。在对城市进行“拆解”时，可以从多角度进行分解。例如，从资源的角度，将城市分解为山、水、林、田、湖、草、沙、人、车、房、设施等若干要素；从城市功能的角度，将城市分解为社会经济、公共服务、综合交通、市政设施、土地利用、生态环境等若干要素。然而，城市的要素并不是孤立存在的，众多要素相互之间存在着直接或者间接的关联。因此，在数字世界里面更加真实地对复杂的城市系统进行模拟仿真，找到单一要素的关联关系并通过数理逻辑进行连接，使之相互影响、相互作用和相互融合，是一项更加具有挑战性的工作。

“计算式”城市仿真的最终目的，是要更加智慧地解决城市问题。因此，将城市数据和各类城市计算的单要素或多要素模型合理地应用于城市规划、建设与管理的各个方面，让城市工作更加科学有效，更加现代化，也是实现“计算式”城市仿真的一个重要环节。

在这一环节，需要结合城市工作，构建起不同的应用场景，将描述城市的各类数据、数学模型进行组合，形成各类支撑工具、模块、系统或者平台。例如，我们可以针对城市的安全和韧性，特别是防洪排涝工作，构建起应用场景以支撑科学的、现代化的决策。在这一场景构建过程中，第一步是收集城市防洪排涝的有关数据，包括地下管网及其专业信息数据、城市地面铺装和透水信息数据、降雨的雨形和雨量数据、城市基础高程数据、河湖水域及其水位数据、城市常年渍水点数据等，为城市计算提供基底；第二步是按照雨水降落、被地面吸收、汇集、抽排等的全过程，构建起各个环节的数学模型，包括水动力模型、一二维水网模型、管网水动力模型、地标径流模型等，模拟雨水降落、汇集和抽排全过程，并与实际情况进行比对调校；第三步是根据应用需求，构建起合适的应用场景，包括城市渍水风险预警和提前应对、城市排水管网规划方案模拟优选、城市排水管网建设计划自动生成等场景，以此提升城市排水防涝工作的科学水平，提前感知并降低城市风险。

3.2.2 武汉多年来信息化基础

1. 测绘水平

武汉市测绘目前已成为武汉城市建设的基础工作，其水平一直处于全国前列。通过基础测绘规划并实施，支撑经济建设、国防建设、社会发展、生态保护，以及经济社会可持续发展。武汉市已建立全国统一的测绘基准和测绘系统，按年度或季度进行航天航空摄影，对城市变化进行识别并更新 1 ∶ 2000 地形图。每年测制和更新国家基本比例尺地图、影像图和数字化产品，以此为基础建立并更新基础地理信息系统。武汉市建立了武汉 2000 大地坐标系，使得变形面积占市域面积的比例由 26% 缩小到 6%，系统地解决武汉市地图面积变形的问题。于 2018 年启动的建筑调查工作，详细调查了建筑的基底面积、建筑面积、建筑用途、建筑年代等属性，可为各类数据的叠加分析和城市模拟与仿真提供坚实基础。通过跨界融合，测绘在更多领域发挥更重要的作用，如迎军运会城市环境综合整治提升三维全景巡查系统协助全市重点保障线路及重点片区的环境整治，三维仿真系统和指挥调度系统为整个军运会开幕式调度指挥起到了保驾护航的作用。

2. 地理信息水平

武汉市规划系统历来重视信息技术的研究与运用，在信息化建设及数据库的建设、维护和使用上成效显著，积累了大量的数据，为规划编制与管理提供了可靠的技术支撑。

1）规划编制与管理数据

经初步统计，从 2006 年 2 月至 2015 年 8 月间，共完成约 1301 项次规划成果的入库。数据类型以规划编制成果为主，为武汉市规划事业积累了宝贵的规划资料。目前，构建了“武汉市国土和规划资源中心”，资源中心将数据分为基础地理、调查评价、规划编制、规划管理、土地管理、房屋征收、执法监察、外部资源 8 大类、130 项数据资源。此外，综合“一张图”按照业务将数据资源分为基础地理、调查评价、规划编制、规划管理、土地管理、房屋征收、地质环境管理、执法监察、国情普查、遥感影像 10 大类，128 项数据资源，数据量达百 G 级。

2）调查监测数据

完成了“三规”修编基础信息平台的构建，平台从宏观、中观及微观等多层面，建立了全面涵盖规划所需、权威反映全市发展状况、全员共建的数据服务，在此基础上形成全局共享的现状数据库，构建服务全局的基础服务平台。此外，基础地理数据库主要由测绘院完成，主要由“五图六库”组成。其中，“五图”指工程地质系列图、三维地图、全景地图、影像地图、线划地图；“六库”指地理国情普查信息库、地名地址信息库、岩土勘察信息库、地下管线信息库、规划信息测量库、土地测量信息库。调查监测数据见图 3.1。

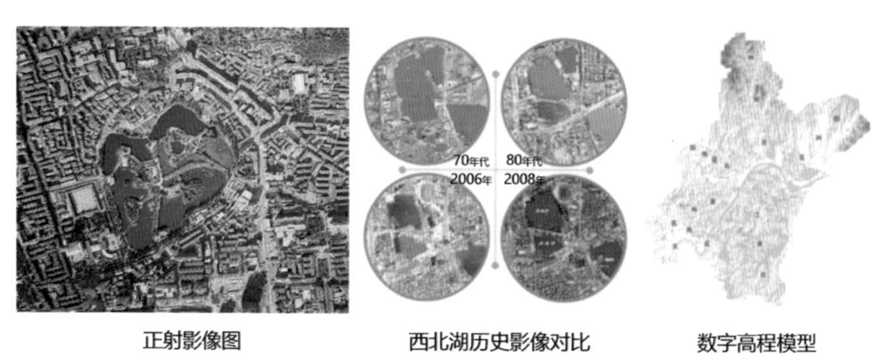

图 3.1 调查监测数据

3）综合交通数据

通过与公交公司、出租车运营公司的合作，以公交刷卡数据、浮动车 GPS 数据为基础，建立了武汉市的交通大数据平台，分析我市道路交通流动轨迹、拥堵情况等问题，为城市治理提供数据服务。

目前，系统成果应用于道路交通运行状况连续监测、极端天气或节假日交通分析、重大基础设施交通运行评估、交通政策实施效果分析、交通组织改善与拥堵点段治理、常规公交线网优化调整与换乘优惠方案研究、轨道交通线网规划与建设规划等众多方面。系统对交通运行现状的描述使得预测模型得到良好的参数标定，进一步支撑量化分析，辅助科学决策。同时通过系统应用与服务，与武汉市交通运输委员会、武汉市公安局交通管理局、武汉地铁集团有限公司、武汉市公共交通集团有限责任公司、新闻媒体等形成了良好的合作基础。路网运行智能化分析系统见图 3.2。

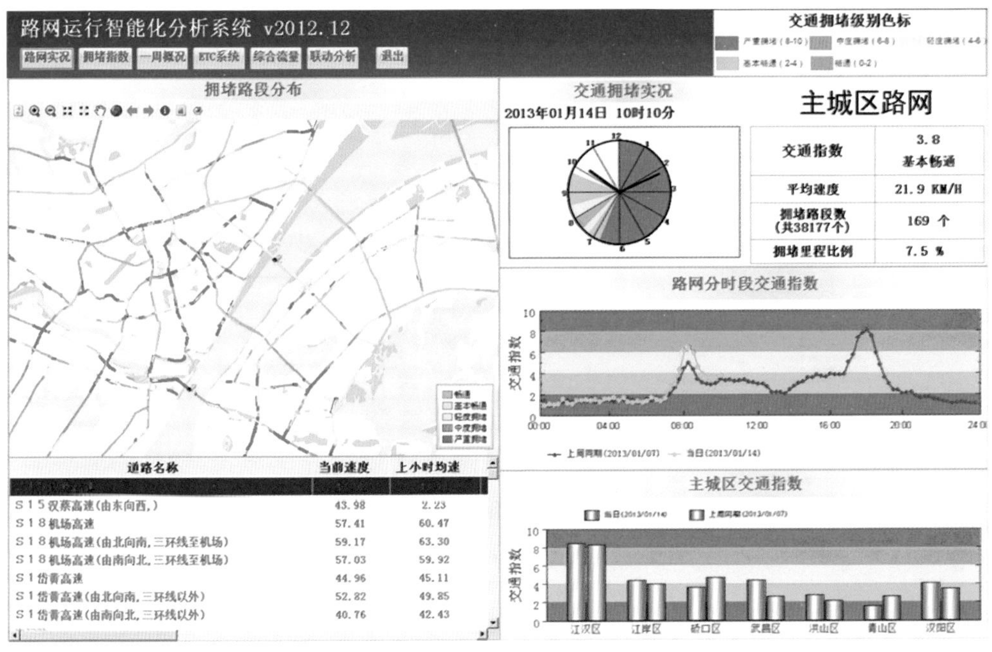

图 3.2 路网运行智能化分析系统

4）土地管理数据

在土地管理数据方面，开展了武汉市土地利用综合管理信息系统研发、应用工作。一是借助武汉市土地资产 5 年清理为契机，根据土地业务全生命周期流程，梳理形成了项目计划、报批、启动储备、储备完成、供应和利用六个环节。由于基准地价类、业务类、土地储备类、土地供应类、土地利用类和规划类六大类数据在业务上、时间上具有关联关系，并且通常上一业务环节数据是下一业务环节办理的依据，采用统一的数据编码与分类方法对这些数据从业务逻辑上、时间线上、空间上建立关联关系，促进土地业务和规划业务的顺利开展。同时，结合相关的政策法规、技术规范、上级批复指示、会议纪要等作为业务审批重要依据，共同提效政务服务。二是基于空间信息服务，将基础地理信息、规划管理信息、土地利用信息、测绘调查信息、第二次城镇地籍调查、2020 年土地利用变革调查、规划编制类数据等服务集成，促进信息的交换与共享。三是通过与部、省、区级系统平台进行对接，及时获取土地管理部门的土地项目信息，促进信息的互动与共享，实现对数据的及时、实时更新，确保数据的准确性、规范性和现势性。土地利用综合管理信息平台见图 3.3。

经过长期的信息化建设，已经形成了一系列的专题系统和平台，为实现城市仿真提供了坚实的基础。

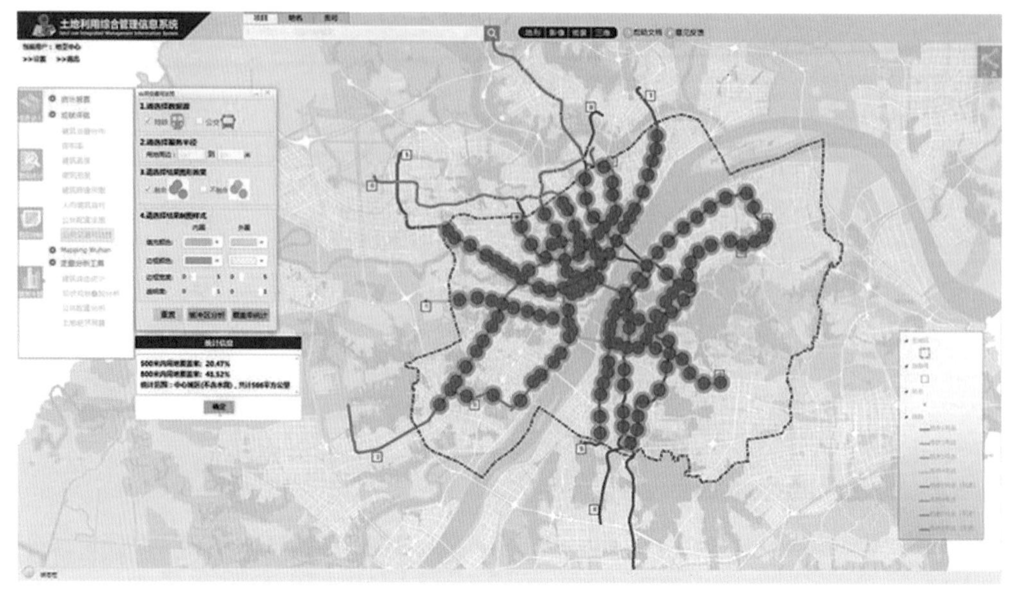

图 3.3 土地利用综合管理信息平台

3. 规划工作水平

近年来，大数据、物联网、云计算、人工智能等技术的高速发展及区块链等新技术的不断涌现，成为推动中国国土空间规划变革的关键因素。在当前转型发展的背景下，城市总体规划编制也面临变革和转型，而以 " 互联网 +" 和大数据为主导的信息化浪潮正席卷全球，为实现城市总体规划转型提供了有力的技术支撑。新来源数据在推进规划行业变革方面的作用值得高度关注和肯定。人工智能、机器学习和大数据方法通过对广泛来源的信息搜集、整合、分析和处理的优势，对基于个体空间行为监测的海量信息数据进行群体、整体空间行为的分析、判别，集成和预测能力，有利于从技术上保障城乡规划倡导的“以人为本”理想和理念的具体实现。

习近平总书记在中共中央政治局第二次集体学习时强调，要运用大数据提升国家治理现代化水平。顺应社会经济发展新趋势和空间治理能力现代化建设的新要求，从智慧规划和城市治理的视角，需要综合考虑国土空间规划编制和实施，需要利用大数据、物联网和人工智能等手段构建“智慧国土空间规划”挖掘城市的规律，分析探索规划方案，辅助探索新型的规划模式，更好服务“智慧国土”的建设。

运用大数据提升国家治理现代化水平。大数据时代的城市规划不仅仅是数据的信息化，更是从土地、经济活动的规划向基于个人的规划发展，从静态的蓝图式的规划向动态的、过程式的规划发展。从“人”出发，深入挖掘数据背后的居民行为模式与制约机制，将大数据落实于城市规划实践，才能充分发挥大数据在城市研究与规划中的重要作用。要建立健全大数据辅助科学决策和社会治理的机制，推进政府管理和社会治理模式创新，实现政府决策科学化、社会治理精准化、公共服务高效化。要以推行电子政务、建设智慧城市等为抓手，以数据集中和共享为途径，推动技术融合、业务融合、数据融合，打通信息壁垒，形成覆盖全国、统筹利用、统一接入的数据共享大平台，构建全国信息资源共享体系。为了更好地落实国家大数据部署战略，应从各个行业搜集新来源数据，丰富规划基础数据库，更好地提升治理现代化水平。

1）规划编制工作从粗放向精细转型

在城市治理和空间转型的背景下，传统扩张式的城市发展已经不能适应当下武汉所处的历史发展阶段，同时，传统的物质空间规划将向以人为本的规划转变，规划工作者将需要更加关注人的时空特征变化等微观层面的活动对城市空间设施的影响与需求，从而进行更加精细化的规划，达到主城区的功能优化和品质提升目标。

2）规划工作从定性向定量转变

城市及其区域是一个开放的特殊复杂的巨系统。从某种角度来说，城市像人体一样是一个具有强大生命力的有机整体，城市内的各个部件之间通过相互影响、相互协作来维持着城市的正常运转。作为城市规划工作者，应该像医生掌握人的体检报告一样，通过各项量化指标，准确掌握城市各个方面的“体征”报告，才能准确对城市存在的问题“对症下药”，以期“药到病除”。

3）规划方法从传统向智慧转型

研究空间数学模型，对复杂的城市系统进行量化模拟，通过多源数据的叠加与计算，用数据对城市开展综合评估，用图形化的界面和数据化的指标，量化城市运行状态，模拟城市规划、管理和实施等活动，预演各类活动可能产生的城市未来变化，探索更加智慧的规划工作方法。

4）监测预警系统构建

以“三图四审”专业模块为主要内容，建设了资源环境、空间规划、土地管理、经济社会等 8 个方面，1000 余项指标，建立了计算方法、计算模型，形成了实验室算法库，完成近 200 项指标的量化计算。根据应用需要，组合形成国土空间规划监测评估、城市竞争力等专题应用场景及指标，如自然资源利用效率评估指标、国家园林城市评估指标、城市竞争力评估指标等。

5）智慧工具开发建设

研发了“机审”、“图审”、设计条件自动提取、机器辅助选址等系列规划审查智慧工具。“人工智能”的研究运用，不但使审批工作快捷准确，而且减少人工误判、人为干预，支撑武汉市规划高效管理工作。比如，“机审”工具可在 2 分钟内完成用地规划审查，“图审”

工具可在 5 分钟内完成 10 万平方米建筑规划方案审查，条件提取工具可在 10 秒左右提取出规划建设要求。智慧工具大幅提高了审批管理效率和科学性，压缩了行政许可时限。一年内，实验室“机审”完成了 20 余项规划编制项目和 50 余项建设项目的辅助审查工作。

总体来说，当前规划变革时期，信息技术飞速发展，数据资源不断积累，扩张型规划逐步向收缩型、存量型规划转变，需要更加精细的、定量的规划来准确指导城市建设与综合治理。

3.2.3 技术的快速进步

1. 多源数据的融合能力

信息化时代，大数据融合处理面临海量数据信息提取的矛盾、多元化信息与数据关联共享的矛盾，以及多样化数据格式与业务应用等矛盾愈发突出。在互联网、物联网和大数据时代，数据量和复杂程度将呈几何级上升，数据类型更加复杂，来源更广泛，关联性更强，价值度更高，融合处理的难度也相应增大。融合处理需重点加强数据的标准化建设，满足各层次数据使用需求，确定数据的类型和标准，按照统一的建设规范、技术体制和接口标准，为多源数据融合处理奠定坚实基础。

解决多源异构数据组织、融合与关联的关键技术需要发现数据之间关系，如不同来源空间数据的同名关系、同一句话中的指代关系或其他业务关系等。基于大数据的机器学习、关联分析和自然语言处理方法，大数据本身具有低价值密度特点，通过大数据的关联分析，通过对海量、异构、杂乱无章的数据进行信息抽取、提取，得到有效的信息，如地名地址、业务信息等。

多源大数据融合模型根据模型特征的尺度，可以从像素级、特征级和决策级进行融合，实现多模态下数据的匹配与融合。

（1）像素级融合主要是指对原始数据进行关联与处理，提取原始信息中心的重要信息特征。但是，其对原始数据的依赖性大，关联和融合的结果与原始数据的质量息息相关，一旦原始数据误差较大，就会造成特征提取偏差过大。像素级融合又称为数据级融合。目前，像素级融合广泛应用于工业目标识别、多源图像分析处理、疫情溯源、规划选址、图像智能识别、多目标定位等领域。

（2）特征级融合是在像素级融合基础上的扩充，主要是对数据信息特征融合，通过算法或统计方法提取相关特征再开展提取融合的模式，比如频率、能量等信息。特征级融合不仅降低了数据融合难度，而且提高了融合效率，在相关性分析上保证了结果的准确性。但是，其容错性低，难以适应海量的数据量处理。特征级融合目前常用算法包含深度学习算法、卡尔曼滤波算法、条件聚类算法及时间序列分析算法等。

（3）决策级融合主要是针对数据处理后的结果进行融合，通过采用一系列算法或模型对信息进行有效处理，融合后产生统一的优质决策。其不仅保障了决策数据的可靠性，还具有很好的容错能力，但是无法运行较大的数据量，原始特征信息较少。

通过大数据融合模型优缺点对比可以看到，像素级融合的融合难度最大，不仅存在实时性、容错性较差等缺点，而且对传感器信息数据要求较高，但其能保留较多的特征信息，使结果更具有说服力；而特征级融合既弥补了数据级融合的缺点，又没有降低其融合的精度，优点是对原始的数据进行提取和处理，不仅节约了计算时间，而且降低了数据量，但与像素级融合相比，数据精度下降了；与其他模型相比较，多源异构大数据决策融合在通信量、通信数据线路及容错性方面具有相对优势。按照数据—关联—增值—应用—数据的闭环，重新构建新的数据组织模式，以时间和空间维度的联系出发，在横向上以时间为线索，在纵向上以空间为线索，在数据之间建立有效链接，从数据层层叠叠走向互相关联，实现数据价值的提升，为国土空间规划的全生命周期传导提供支持，实现"机器代人"并促进更加精细化和智能化的规划管理，为提升现代化城市治理水平打好基础。

2. 城市级数据的计算能力

随着互联网快速发展，用户量不断增加、业务类型层出不穷，从用户体验、政务效能上对计算能力的要求越来越高。比如，难以预估"双 11"购物节用户量和业务需求的情况、政务服务领域关于不动产登记业务的情形。在"物联网 +"时代，用户数据、用户行为数据、专业领域业务等数据爆发式增长，如何提供更加高效、灵活、便捷的信息服务满足用户和业务需求，成为各行各业的数据难题。新问题、新需求层出不穷，无时无刻不在推动着城市计算能力的突破和技术的迭代。

面临数据爆发式的增长、海量计算效率和存储的问题，为了提升计算性能，很多公司或企业采用分布式的方案来解决数据的一致性、通信、容灾、任务调度等问题。随着计算机硬件和软件的技术突破，计算机计算能力得到了提升，相继出现了分布式计算、集群计算和云计算等高性能计算架构。

分布式计算是通过将大计算任务拆分为若干小任务并部署到若干机器上去，提高大计算量的计算效率。集群计算是通过集群服务自动地将故障状态切换为常态，其主要原理是如果集群中的一部分发生故障，不会影响系统的整体性能。集群可以支撑硬件、存储资源和新机器的快速扩容，提高了集群硬件的扩展性。

云计算是从集群计算演变而来的，集群计算是通过将多台机器进行物理连接，在执行任务时被转发至物理服务器上。云计算利用虚拟化技术将物理服务器拆分成多个虚拟机，进而构建虚拟机集群，以更好满足多变的计算需求，通过对基础设施的资源的动态负载均衡、动态分配与管理，提高服务器的物理、网络和计算资源的利用率。云计算通过高速网络，将大量独立的计算单元相连，提供可扩展的高性能计算能力，主要特点包括资源虚拟化、服务按需化、接入泛在化、部署可扩展、使用可计费。

云计算资源规模庞大，服务器数量众多并分布在不同的地点，同时运行着数百种应用，如何有效管理这些服务器，保证整个系统提供不间断的服务是巨大的挑战。云计算系统的平台管理技术能够使大量的服务器协同工作，方便地进行业务部署和开通，快速发现和恢复系统故障，通过自动化、智能化的手段实现大规模系统的可靠运营。云计算平台也称为云平台，是指基于硬件资源和软件资源的服务，提供计算、网络和存储能力。云计算平台可以划分为 3 类：以数据存储为主的存储型云计算平台，以数据处理为主的计算型云计算平台，以及计算和数据存储处理兼顾的综合型云计算平台。

虚拟化技术是一种资源管理技术，通过将各类实体计算资源进行抽象、虚拟、集成，打破了物理上组态限制和现有资源的架设方式，为用户提供了比原有方式更好的应用资源。在实际的生产环境中，虚拟化技术主要解决了老旧硬件的重组重用、高性能物理硬件的高效利用问题，抽象和透明化了底层的硬件基础设施，最大化利用了物理硬件。

海量数据管理技术主要是 Google 的 BT(Big Table) 和 Hadoop 团队开发的开源数据管理模块 HBase。BT 是一个大型的分布式数据库，与传统的关系数据库不同，它把所有数据都作为对象来处理，形成一个巨大的表格，用来分布存储大规模结构化数据。Google 的很多项目使用 BT 来存储数据，包括网页查询、Google Earth 和 Google 金融。这些应用程序对 BT 的要求各不相同：数据大小（从 URL 到网页，再到卫星图像）不同，反应速度不同（从后端的大批量处理到实时数据服务）。这些计算框架为海量城市级的数据计算提供了技术支持，使得计算式城市仿真架构理念得到了科学支撑。

3. 并行计算、边缘计算等多种能力的发展

1）并行计算

近年来计算机已经深入居民生活的各个领域，物联网和移动应用的普及，人们日常生活中会产生各种各样的数据。自 2019 年以来，国家推行工业互联网平台建设，生产制造企业各个自动化设备均在实现互联互通，为了实现设备的健康管理等，每日需要采集海量设备和生产相关数据，每天处理的数据达到了 TB 级。通过对大数据的深入挖掘，识别和形成大数据的处理规则，可以使大数据在业务中、应用中更好地提供数据支撑和辅助决策。

传统计算机处理器体系结构存在限制，因此计算器处理计算能力遇到瓶颈。尤其是大数据、物联网等新型技术的迅速发展，对计算机的算力需求剧增，传统单核的处理器难以满足人们对计算机性能的需求。随着应用场景需求的多样化，云计算、边缘计算及各种智能设备接入物联网，使得计算机网络与软硬件面临的问题多样化，促进了处理器向多样化

发展，也加速了计算机体系结构的异构化。随着 IBM 微机体系结构的普及，以 CPU 为核心的计算架构逐步成为主流。随着人们对计算机性能需求的不断增长，多处理器的同构计算机系统及单处理器的多核心并行计算机系统应运而生，后来发展为“处理器 + 加速器”等异构并行计算机系统。使用大数据分析技术，可以协助人类快速发现事物的常规，正确把握事物发展的方向，为满足自身利益做准备。

并行计算模型是并行计算的核心，数据存储是关键，数据是基础。计算机原理的发展，促使多核技术逐步成为大数据处理的主流技术，多核技术是将多个内核集成到一个处理器内部，每个内网分别完成不同的计算任务，这便使得每个 CPU 均可完成多个计算任务，从而加大不同内核之间的使用效率，让计算机的计算能力得到大幅度提升。目前，多核技术已经成为主流方向。对于多核计算机，其计算密度比较高，并且并行处理能力非常强，在相同的状态下所使用的功率更加低，能够满足实际的需求。并行计算是以计算模型为载体的，计算性能的优劣取决于模型搭建的优劣，因此，需要对计算模型进行深入研究和分析，对模型进行不断的优化，提升大数据处理过程中的效率，使人们可以充分享受大数据为人们生活和工业生产带来的便利。

2）边缘计算

随着各种计算和存储资源越来越贴近用户，移动端的业务需求多样化，这促进了现有移动计算模式的转型与变革。边缘计算是通过在网络边缘开展计算任务的一种计算模型，主要操作对象是物联网边缘和云服务的数据。边缘数据中的“边缘”是指从数据源到云计算中心之间的任意计算资源、网络资源和存储资源。通过对网络边缘空闲计算资源和存储资源的利用，边缘计算为密集型计算任务和延迟型计算任务提供更多的计算能力，在网络边缘给用户提供服务，避免长距离的网络消耗和数据传输，为用户提供及时快速的响应。边缘计算模型适用场景扩展到无线接入网络 RAN（radio access network）等。将新型的无线网络技术与面向服务的“边缘云”体系结构进行结合，显著提高用户的服务质量和服务体验，为终端应用程序、内容提供商和第三方运营商提供更好的服务。

随着物联网技术的发展，越来越多的智能设备走进家庭场景，让用户的生活变得更加便捷和舒适。当种类繁多、功能细分的智能设备通过网络进行连接和控制时，为了解决网络延时、数据安全等诸多问题，基于边缘计算的智能家居成为未来趋势。在感知方面，边缘节点和终端节点最大的不同之处在于其泛在感知能力。泛在感知根据无线信号的传播、反射和散射特性，分析信号的传播路径，从而对用户行为或周边环境进行监测。作为边缘节点的手机和无线路由器都能发送和接收信号，具备泛在感知能力。相比于接触式感知，泛在感知无须用户佩戴特定设备，因而让用户倍感舒适，易为用户接受。将边缘计算应用到自动驾驶领域将有助于解决自动驾驶汽车在环境数据获取和处理上所面临的问题。边缘计算在交通、智能家居、自动驾驶领域的应用，为计算式城市仿真实现提供了先进案例基础，也为“计算式”仿真开展、任意场景的仿真模拟与计算提供了算力支撑。

3.2.4 城市整体感知和观测基础

城市系统的复杂特性决定了城市的规划工作是随城市发展与运行状况长期调整、不断修订、持续改进和完善的复杂的连续决策过程。从学科的特点来看，城市规划（或者国土空间规划）是一门涉及面非常广泛的综合学科，既包含工程、水文、地质、气象、环境等自然科学，也包含文化、教育、科技、卫生、商业等社会科学。因此，需要依托国土空间规划学科来研究城市，因其与其他学科相比具有天然的优势。

在新的时代背景下，我国新的“五级三类”国土空间规划体系基本形成。新的国土空间规划体系分层级、分类别构建了国土空间规划的管控体系，对于系统性认知、解构城市形成了完整的顶层架构。从层级概念来看，该体系构建了国家、省、市、县、乡镇“五级”结构，以便从不同的尺度对城市这一复杂系统进行分级梳理与解剖。从分类角度来看，该体系形成了总体层面、控制性层面和专项层面“三类”结构，以便从不同角度出发对城市空间进行逐一解构，分而治之。

本书有关章节已经阐述了开展“计算式”城市仿真及解构城市的基本思路和方法，即“分治法”（将复杂的问题分而治之，逐一解决，以达到解决复杂问题的目的）。基于这一思路，“计算式”城市仿真工作已经从国土空间规划的角度，选取了构成城市系统的若干单要素进行了研究与探索，以此积累城市单要素的规律模拟、空间数学模型构建等经验。例如，以城市的教育、医疗、体育、文化、绿地等公共设施等要素为研究对象，完成了10余项单要素的仿真模拟。在单要素的仿真模拟过程中，从空间资源的供需关系出发，逐一分析并摸清了每项要素的运行规律，梳理形成单一要素的空间计算方法和数学模型。以此为基础，将各类要素的现状数据代入模型，进行实践验证、调校与仿真实验，确保模型运行结果与实际相匹配。最后，将单一要素的数学模型进行工程开发，形成可以模拟要素真实运行环境的软件工具，以此实现对单要素的仿真模拟。

在“计算式”城市仿真的各个环节中，开展数据汇集是最基础也是最重要的工作之一。所有的数学模型和空间计算，都离不开基础数据的支撑。为了支撑“城市计算”，本书提出了城市“数据湖”的框架，以及以三图（现状底图、规划蓝图、实施动图）为引领的数据治理体系。无论是传统的城市数据，还是新来源的互联网数据、智慧数据等大数据，均按照这一框架和体系开展数据的升级、治理与接入，以便参与各种数学模型进行计算。按照这一原则和思路，数据汇集模块已经从人口社会、经济产业、国土空间、公共服务、综合交通、市政设施、资源环境、空间形态等10个方面，开展了260多项基础数据的升级与接入，并已经投入公共服务设施、排水防涝、碳排放等专业模型的计算之中，发挥实际作用。

开展“计算式”城市仿真的重要目的是要将研究成果投入城市治理工作，为城市的管理者与决策者提供科学支撑。“计算式”城市仿真工作在这一环节也进行了一定的探索，从城市管理决策的角度出发，将上述数据、指标、模型进行整合后，形成了城市规划、管理与实施等城市活动的决策场景，通过数据计算形成“三张清单”（“正效应清单”“负效应清单”和“成本清单”），为决策者提供全方位、科学的数据支撑。其中，“正效应清单”包括就业岗位、GDP 产出、财税收入、公共服务设施能力等；“负效应清单”包括能耗物耗、环境污染、碳排放等；“成本清单”包括资金投入、建设周期和配套设施建设等。经过模拟计算、方案比对和方案综合评判，可以实现由定性决策向定量决策的转变。

3.3 总体架构

国土空间规划是以生态文明为基础，以以人为本为核心，而智慧化的国土空间规划实现离不开技术应用和制度创新。以此，提出智慧国土空间规划总体架构，见图 3.4。

首先，智慧国土空间规划应立足于生态文明建设，遵循人与自然、社会和谐发展的自然规律，优先保护生态空间，统筹国土空间的开发和保护，支持国土空间的高质量发展。包括以资源环境承载能力和国土空间开发适宜性评价为基础，明确空间管控底线和管制分区，界定国土空间的发展潜力和规模；合理利用自然资源，修复和建设生态系统；从国土空间的层面整体把握资源开发格局，分区管理，合理控制开发强度。

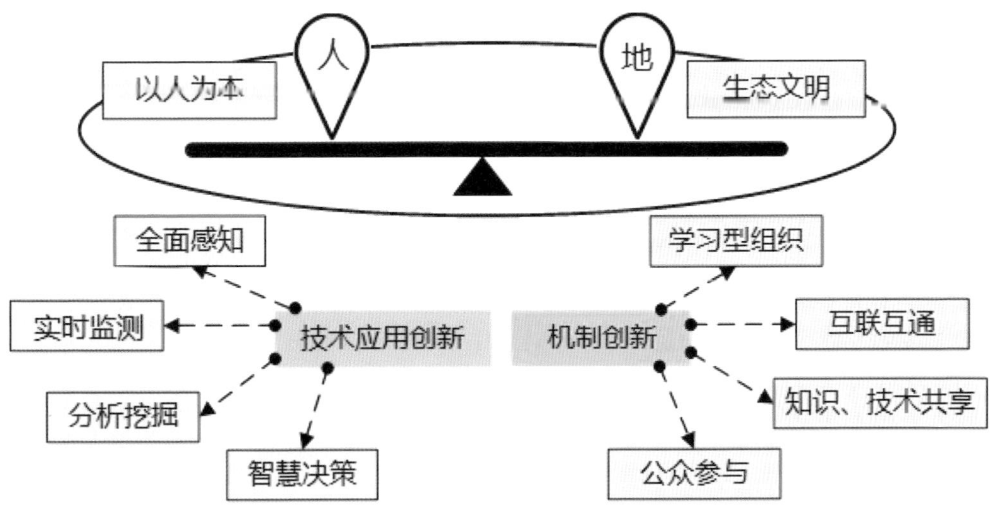

图 3.4 智慧国土空间规划总体框架

其次，“以人为本”是智慧国土空间规划的核心。应坚持以人为本的原则，在国土空间规划的各项业务环节中充分体现人的主体需求。第一，应在国土空间规划编制过程中，充分运用位置、情感、行为活动等大数据，来挖掘居民活动及空间特征，探索整合、分析多源数据，满足多元化人本需求的国土空间规划编制方法。第二，应在国土规划建设与管理过程中，体现“公众参与、多元协作” 的理念，提升公众参与度，及时接受社会各界的意见和监督，提高国土规划建设与管理的透明程度。

再次，技术应用和制度创新是智慧国土空间规划的两大重要支撑。新技术的综合应用是推动国土空间规划智慧化必不可少的动力，应从全面感知、实时监测、综合分析、智能决策等方面入手，将智能技术与国土空间规划业务进一步结合，构建智能技术辅助的国土空间规划技术流程。同时，应通过制度创新保障和推动国土空间规划的智慧化。包括建立学习型组织、促进不同部门和组织间的互联互通、知识共享，以及多主体参与、协作创新，共同推进规划新技术的发展完善。

3.4 框架设计

3.4.1 框架设计思路

1. 设计思路

按照仿真技术的总体原则，城市仿真分为建立模型和仿真实验两个层级。对于以城市为研究对象的仿真研究而言，城市仿真分为认知城市和规划（研究）城市两个层级。即用数据驱动的方法，去解构复杂的城市系统，建立量化的指标体系；结合城市发展目标，模拟试验城市未来发展，最终达到认知城市规律，实现智慧决策的目的。

结合技术分析与案例剖析，项目的顶层设计主要有两种思路。

1）自上而下的整体认知与传导

目前缺乏成熟案例，其优点在于从城市整体出发，有利于对城市建立系统的认知与仿真，有利于整合城市各项系统资源，涵盖面广，易于系统解决城市发展遇到的难题；缺点在于现有理论基础难以完整量化描述城市，当下的技术发展阶段难以解决城市级别的复杂巨系统问题，研究成果还需要在规划建设实践中推广应用，无法立刻发挥作用。

2）自下而上的实践探索与总结

在国内外案例中出现较多，其优点在于从实际问题出发，单项研究成果可以快速投入使用，实用性较好；缺点在于缺乏对城市的整体认知，难以解决复杂的城市问题，而且各项资源相互独立，使用的基础数据格式各异，将来整合困难。

因此，本项目的顶层设计将采取两者相结合的方式，即自上而下的整体设计与自下而上的实践探索相结合，在开展整体框架设计的同时，在整体框架之下的每个模块可独立运行，最终拼装链接，形成完整的技术框架。

2. 对城市的认知与解构

1）对城市认知与解构的重要性

在进行“计算式”城市仿真框架设计之前，需要从顶层出发，对城市进行系统梳理，将钢筋水泥的现实物理城市进行必要的划分解构，构建与之虚实对应、相互映射、协同交互的能够被计算机识别的虚拟化数字城市，以便感知城市现状、把握城市规律、引导城市发展，解决城市规划、建设、管理的复杂性和不确定性问题（见图 3.5）。

2）认知与解构城市的方法

如何认知复杂的城市？如同庖丁解牛般对城市进行分模块、分要素的系统解构，是开展“计算式”城市仿真的关键一步。从城市的构成来看，城市结构是特定社会的各种经济、文化因素作用在城市地域上的空间反映，是城市地理学研究的主要内容之一。

城市本身的复杂性，决定了对其认知和解剖的角度和方法的多样性。也就是说，从不同的视角来理解城市，都可以找到不同的城市分解与抽象方法。虽然认知与解构城市的方法众多，但是当前应用最为广泛和常见的方法有以下几种。

（1）城市功能法，是以城市土地利用类型为基础，通过各种城市功能组合占比情况，

图 3.5　城市结构与认知

来反映城市地域空间结构特征。这种从外观上研究城市地域的方法，虽然考虑了城市土地利用结构，但没有深入研究城市用地结构与人类活动的关联关系。

（2）生态学派法，是以城市地域社会为研究对象，注重研究城市的发展机制，导致把人看得过于机械化和一般化。

（3）行为论方法，是以人类行为为研究对象，考虑了影响人类活动的主观因素，但忽视了制约人类活动的客观因素。

（4）结构主义方法，注重制约人类活动的各种政治、经济制度研究。

（5）时间地理学方法，全面探讨各种制约条件，动态地研究人类活动。

通过对上述方法的分析，综合城市功能、生态、人类活动、社会经济与地理因素之后，从可计算角度，构建可计算的城市仿真框架。

3. 总体框架

按照“计算式”城市仿真的技术思路，城市仿真分为模型构建与仿真实验两个部分。项目总体框架分为数据汇集与整理、城市评估与预警、规划模拟与仿真和智慧管理与决策4个层次，层层递进，逐层深入。即用数据汇集与城市评估实现模型构建的基础，用模拟仿真和智慧决策开展城市仿真实验与反馈。从人口社会、经济产业、公共服务、综合交通、市政设施、土地利用、资源环境、空间形态等8个方向，逐一分解城市功能和构成要素，试图构建可计算的总体框架。

综上，“计算式”城市仿真的总体框架为“4+8”的解构形式，其中“4”是指4个层次，“8”是指8个方向。“计算式”城市仿真总体框架示意图见图3.6。

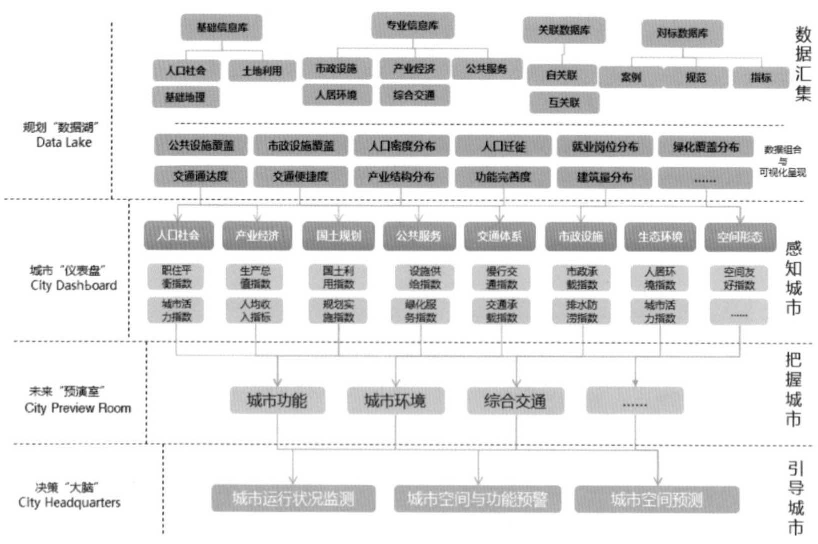

图3.6 "计算式"城市仿真总体框架示意图

3.4.2 框架构成

1. 数据汇集与整理——城市数据湖

汇集各类数据资源，作为“计算式”城市仿真的数据支撑。

按照人口社会、经济产业、公共服务、综合交通、市政设施、土地利用、资源环境、基础地理、智慧数据和互联网数据 10 类，逐步汇集城市数据资源，开展各类数据的空间化和可视化研究，强化数据之间的相互关联与叠加，形成城市数据湖。先期建设国土规划数据湖。

2. 城市评估与预警——城市仪表盘

构建城市综合量化评估指标体系，用数据指标精准解读城市特征，对标其他城市与规划目标，判断城市当下发展阶段，认知城市现状。

建立“面向对象”的指标体系，对市长、各领域职能部门及规划师、城市研究者、公众提供不同的数据指标内容。

总体上分为城市功能、生态环境、综合交通、空间形态和经济产业五大核心指标体系，分别开展专题研究，逐层构建可量化、可组合、可扩展的二级、三级指标内容，支撑城市综合体检。在数据汇集的基础上，开展计算方法研究和量化计算，形成空间化、可视化的技术指标，用仪表盘的形式，以国家标准和相关城市的数值为刻度，呈现城市体征。

3. 规划模拟与仿真——未来预演室

研究建立城市综合模型，对规划方案进行预演，量化规划目标对城市带来的提升。

对接规划编制与管理体系，分为区域、市域、社区等不同层次和公服、市政、交通、产业、人口、土地等专项，分别开展空间数学模型专题研究，判断规划方案中对城市资源的调配带来的综合影响，研究建立规划方案的量化评估与预演模型，实现对规划方案的模拟与推敲。最终形成城市综合信息模型。

将规划预演的量化指标结果与城市仪表盘对接，形成现状与规划目标的对照，建立规划目标实施监控与动态预警机制。在各类建设活动不统一时，通过指标之间的对比，预警提示规划干预，为下一步建立智慧化的空间治理体系决策平台奠定基础。

4. 智慧管理与决策——城市大脑

监测城市实时发展动态，融合各类数据资源和数学模型，建立城市建设发展预警和人工交互平台，实现城市资源配置的智慧化管理，支撑城市重大决策的协调和运行，最终实现涵盖城市应急指挥、公共安全、环境保护、综合管理等多领域的空间治理综合平台。

具体做法是，在综合前面三个层次成果的基础上，将城市规划建设的经验逻辑逐步转化为数理逻辑，实现城市运行和应对的逻辑化和规则化，形成可自主学习、预测和预警的城市空间治理智慧大脑。最终实现对城市发展的动感知与计算、提醒决策干预、动态资源调配和决策结果预知，形成人机交互的智慧决策平台。

3.5 技术支撑体系

3.5.1 移动互联网

1. 概念定义

移动互联网属于通信领域，是指通过将移动通信终端（如手机、平板电脑、电子手环等无线终端设备）连接到互联网，使得用户在任何移动状态下（如在公交车上），可以通过 4G、5G 或者无线蜂窝等，随时随地访问 Internet 搜索所需信息，来满足娱乐、工作等需求的各种网络服务。

2. 应用情况

根据中国互联网络信息中心（CNNIC）发布的《中国互联网络发展状况统计报告》，截至 2020 年 12 月，我国互联网网民的数量高达 9.89 亿，相比 2020 年 3 月，我国的互联网普及率达到 70.4%，提升 5.9%，新增网民数量为 8549 万人。截至 2020 年 12 月，我国手机网民（移动互联网网民）规模为 9.86 亿，较 2020 年 3 月使用手机上网的网民比例高达 99.7%，新增网民 8885 万人。

移动互联网技术为人们生活和工作带来了巨大便利。人们可以使用手机、平板电脑等移动终端设备浏览新闻，还可以使用各种移动互联网应用，例如在线搜索、在线聊天、移动网游、手机电视、在线阅读、网络社区、收听及下载音乐等。其中移动环境下的网页浏览、文件下载、位置服务、在线游戏、视频浏览和下载等是其主流应用。同时，绝大多数的市场咨询机构和专家都认为，移动互联网是未来十年内最有创新活力和最具市场潜力的新领域，这一产业已获得全球资金包括各类天使投资的强烈关注。

目前，移动互联网已经渗透到人们生活、工作等各个领域，深刻地改变了信息时代人们的工作与生活方式。尤其近几年，随着移动通信由 3G、4G 到 5G 时代，全球覆盖的网络信号，使得世界各地的网民随时随地与世界保持各种联系。如微信、支付宝、抖音等 APP，让人们的日常生活发生了翻天覆地的变化，丰富了人们的互联网模式，同时也让人的习惯、行为发生了变化。

3. 发展趋势

信息技术发展到现阶段，不同的信息技术在不同的领域中有着不同的影响力，如移动互联网在实际生产、社会生活方面有着广泛影响力。移动互联网的出现使得传统基于桌面 PC 和移动 PC 的互联网络结构发生了变革，定位追踪功能逐渐出现在大众的视野当中，同时其应用具有显著的现实意义，具有系统化、具体化的特征，定位方式因此也具有多样性。新形势下的移动互联网更具有便捷性等诸多优点，由于使用方便及覆盖面较为广泛，其与新兴的电子信息终端设备相配套，移动数据网络改变着人们的生活，改变了人们上网的空间及时间等局限性，可以随时随地共享网络资源。主要是以混合式的定位形式及卫星基站等定位形式为主，对于实时位置能够借助网络信息加以传输，并上传至电子设备终端，极大地方便了人类的生产生活。移动互联网不仅具有传统互联网信息传递的时效性特征，同时也具有碰触感性功能，因此，使得感官性应用特征能够深入移动互联网的实际当中，一定程度上也改变了移动互联网的传输功能，极大方便了人类对于信息的接收及获取。

随着信息技术的不断普及，移动通信不断升级换代，网络成为社会发展中不可缺少的一项内容，同时也促进着移动终端的改变，移动网络的使用更加方便快捷。与传统的网络资源共享不同，移动互联网较大程度地方便了人类的生产生活，对于网络资源的使用具有一定的方便性，新形势下的移动互联网能够针对图像及照片等进行传播，其传播对象更加形象具体。另外，移动互联网络还具有定位功能，可以进行信息的收取及发布，能够完成人类所处位置的定位及导航系统的建立。

3.5.2 物联网

1. 概念定义

物联网（Internet of Things，简称 IOT）是指通过各种信息传感器、射频识别技术、全球定位系统、红外感应器、激光扫描器等各种装置与技术，实时采集任何需要监控、连接、互动的物体或过程，采集其声、光、热、电、力学、化学、生物、位置等各种需要的信息，通过各类可能的网络接入，实现物与物、物与人的泛在连接，实现对物品和过程的智能化感知、识别和管理。物联网是一个基于互联网、传统电信网等的信息承载体，它让所有能够被独立寻址的普通物理对象形成互联互通的网络。

2. 主要特征

从通信对象和过程来看，物与物、人与物之间的信息交互是物联网的核心。物联网的基本特征可概括为整体感知、可靠传输和智能处理。

1）整体感知

利用射频识别、二维码、智能传感器等感知设备实时感知和获取物体的各类信息。

2）可靠传输

利用互联网、无线网络，将物体的信息实时、准确地传送至目标地，实现信息交流与分享。

3）智能处理

使用各种智能技术，对感知和传送到的数据、信息进行分析处理，实现监测与控制的智能化。由此可见，物联网信息处理的过程及功能大致可以归纳为：① 信息的获取，主要是信息的感知、识别；② 传信息的传递，主要是信息发送、传输、接收等；③ 信息的处理，是指信息的加工过程；④ 信息的施效，指信息最终发挥效用的过程。

3. 应用及前景

物联网的应用领域涉及方方面面，在工业、农业、环境、交通、物流、安保等基础设施领域的应用，有效地推动了这些方面的智能化发展，使得有限的资源得到更加合理的使用分配，提高了行业的服务效率、经济效益。在交通、家居、医疗健康、教育、旅游业等与生活息息相关的领域的应用，极大影响了各行各业的服务范围、服务方式和服务质量，大大提高了人们的生活水平。

在国防军事领域方面，虽然还处在研究探索阶段，但物联网应用带来的影响也不可小觑，大到卫星、导弹、飞机、潜艇等装备系统，小到单兵作战装备（如夜视仪），都能看到物联网技术嵌入的影子。通过物联网技术可获得大量数据，为信息化建设、精准化和军事智能化建设奠定了基础，成为未来军事发展的关键。

1）智能交通

物联网技术在城市道路交通方面的应用案例较多并且比较成熟。当前城市中车辆越来越多，车辆逐步成为城市居民日常的一份子（如出行、旅游等），与此同时也带来了另一大难题——交通拥堵。通过装设电子卡口等设备对道路交通状况进行实时监控，可以及时将道路交通状况告知驾驶人，来缓解城市交通。如高速路口设置道路自动收费系统（简称ETC)，通过监控高速通道车辆进出口的时间，来反馈高速公路通行效率；公交车上安装定位系统，能让乘客及时了解公交车行驶路线及到站时间，乘客可以根据搭乘路线确定出行方式，节约出行成本。

随着社会车辆逐步增多，停车难成了另一个突出的问题。为此，不少城市建立了智慧停车系统，通过采用物联网、移动支付和云计算技术，搭建车位共享平台，提高车位利用率和用户的方便程度。通过兼容手机模式和射频识别模式，提前做好预定并实现交费等操作，实现及时了解车位信息、车位位置，很大程度上解决了“停车难、难停车”的问题。

2）智能家居

随着通信技术的发展，宽带业务逐步普及，智能家居让物联网在家庭中的基础应用作用凸显。人们物质生活水平的提高促使了人们对智能家居的需求变大，如利用手机等电子产品远程操控家里的冰箱、空调；通过客户端自动地对家里的开关和灯泡进行智能控制，如改变颜色、亮度，等等；插座内置 WIFI，实现遥控插座定时通断电流，甚至监测设备用电情况，生成用电图表让人们对用电情况一目了然，安排资源使用及开支预算；智能体重秤，监测运动效果；内置监测血压、脂肪量的先进传感器，根据身体状态设定程序，对人的健康提出相应的建议；将智能牙刷与客户端相连，通过刷牙时间、刷牙位置提醒，形成用户的刷牙状况检测图标，及时反馈用户口腔的健康情况，并提出相应的建议；智能摄像头、窗户传感器、智能门铃、烟雾探测器、智能报警器等也逐步成为家庭不可少的安全监控设备，即使出门在外，也可以在任意时间、地方查看家中任何一角的实时状况，排除任何安全隐患。看似烦琐的种种家居生活因为物联网变得更加轻松、美好。同时，智能家居通过追踪用户使用习惯，使用户在居家环境中得到更好的体验，也对智能家居提出更高要求，也反过来促进了物联网的发展。

3）公共安全

近年来，全球气候异常情况频发，灾害的突发性和危害性逐渐加剧，为了保障人类生命财产安全，降低经济和社会损失，亟须做到提前预防、实时预警、采取有效的应对措施和建立保障机制。2013 年，美国纽约州立大学布法罗分校在深海互联网项目中，为进一步扩大使用范围提供了基础，在当地湖水中进行试验，通过将特殊的感应装置置于深海，利用该装置搜集相关信息，分析水下的情况，实现对海洋污染、资源探测和各类灾害的预警。利用物联网技术可以智能感知大气、土壤、森林、水资源等方面的指标数据，为改善人类生活环境发挥巨大作用。

3.5.3 云计算

1. 概念定义

云计算（cloud computing）是分布式计算的一种，指的是通过网络“云”将巨大的数据计算处理程序分解成无数个小程序，然后，通过多部服务器组成的系统处理和分析这些小程序，得到结果并反馈给用户。云计算早期，简单地说，就是简单的分布式计算，完成任务分发，并进行计算结果的合并。因而，云计算又称为网格计算。通过这项技术，可以在很短的时间内（几秒钟）完成对数以万计的数据的处理，从而提供强大的网络服务。

云计算是继互联网、计算机后在信息时代的一种新的革新，是信息时代的一个大飞跃，未来的时代可能是云计算的时代。虽然目前有关云计算的定义有很多，但概括来说，其基本含义是一致的，即云计算具有很强的扩展性和需要性，可以为用户提供一种全新的体验，其核心是将很多计算机资源协调在一起。因此，用户通过网络就可以获取无限的资源，同时获取的资源不受时间和空间的限制。

2. 主要特征

云计算的可贵之处在于动态可扩展性、高灵活性和高性价比等，与传统的网络应用模式相比，其具有如下优势与特点。

1）虚拟化技术

虚拟化技术是云计算最为显著的特征，其打破了传统机器在物理、网络、空间上的限制，促进了各类资源在逻辑上的融合与重组。虚拟化技术包括应用虚拟和资源虚拟两种。物理平台与应用部署的环境在空间上是没有任何联系的，通过虚拟平台可以完成数据备份、扩展与迁移等。

2）动态可扩展性

云计算在原有服务器基础上增加云计算功能，能够使计算速度迅速提高，最终实现动态扩展虚拟化的层次，实现应用扩展。

3）按需部署

云计算平台能够根据用户的需求快速配备计算能力及资源。计算机系统包含了许多应用、程序软件等。用户可以根据自身的实际需求或计算能力的需求，自适应选择或配置的资源，实现对应用需求的部署。

4）高灵活性

虚拟化要素统一放在云系统资源虚拟池当中进行管理，不仅能兼容不同型号的机器、不同厂商的硬件，还能够整合资源获得更高的计算能力。目前市场上大多数 IT 资源和软、硬件都支持虚拟化，比如存储网络，操作系统，以及开发软、硬件等。

5）高可靠性

利用动态扩展功能部署新的服务器进行计算。即使服务器发生故障，也不会影响实际应用的运行，具有高可靠性。由于云计算是分布式的计算与管理，虚拟化技术可使动态负载均衡，及时保障和恢复部署的应用，能够保障服务的运行。

6）高性价比

通过云计算的虚拟化技术对计算机统一的资源进行管理，可以优化计算机硬件资源、网络资源和存储资源，用户不再需要昂贵的存储大主机，通过组合现有资源就能提高资源的利用率；另外通过租用廉价的“云”，不仅能降低费用，还能提高整体性能。

3. 应用领域

随着互联网的不断发展与普及，人们生活的方方面面都离不开互联网，为提供更优质的服务产品，提高服务效率，各行各业均出现了基于互联网的应用。随之而来的计算机算力需求井喷式增长，基于云端的计算服务业蓬勃发展。就当前的技术发展来看，以下是云计算的几个较为典型的应用领域。

1）存储云

存储云，又称云存储，是在云计算技术上发展起来的一种新的存储技术。云存储是一个以数据存储和管理为核心的云计算系统。借助互联网随时随地可访问的特性，用户可以方便地将本地资源上传至云端，同时可以通过互联网访问和获取资源。

2）医疗云

医疗云，是指通过将医疗技术与现代信息技术结合，利用“云计算”将各类网络资源、计算机硬件资源进行虚拟化，创建医疗健康服务云平台，实现医疗资源的共享。

3）金融云

金融云，是指利用云计算的模型，将信息、金融和服务等功能分散到庞大分支机构，纳入互联网的“云”中，实现对庞大、分散的机构资源集中整合，旨在为银行、保险和基金等金融机构提供互联网处理和运行服务。通过对互联网资源共享，解决金融领域现有问题，达到高效的目标。

4）教育云

教育云，是云计算在教育信息化中的发展与应用。教育云主要以云计算为架构，为集中托管提供平台，对教育网、教育资源进行虚拟化，为广大学生、老师、教育机构提供一个全面的、综合的、方便快捷的教育平台，实现资源共建与共享。

3.5.4 大数据

中国拥有世界上最多的互联网用户数，大规模城市信息化设施的建设，将为城市提供一个更加智慧的数据环境。大数据的出现，使得城市规划与研究工作者高度重视信息技术，提升城市规划分析和解决问题的能力。

1. 概念定义

大数据（Big Data），是 IT 行业术语，指在一定时间范围内无法采用常规软件或单机计算器等采集、处理和管理的数据，需要使用新的处理模式方能解决的具有海量的、高速增长的、分布式管理和计算的信息资产。

大数据不是与传统数据分开的新数据，而是基于传统数据和新来源数据基础上的数据重新组织和梳理，以及由此进行的数据挖掘，再生产出更加有价值的数据。而根据来源渠道，新来源数据可分为智慧数据和互联网数据。

2. 主要特征

从总体来看，仍然没有形成对“大数据”的统一定义。IBM 用数量（volume）、种类（variety）和速度（velocity）定义了大数据，而国际数据公司（IDC）加上价值（value）

理念，这就是我们常说的大数据的 4V 特征。

而用大量的、海量的数据来形容大数据，这种数据规模的“大”，反映的是一个相对的数据规模，而且如何界定“大”，往往是十分困难的。规模大只是大数据的特征之一，并且规模的界定标准会随着技术的发展和进步产生变化。而在大数据出现之前，已经长期存在了大量的数据来源和分析方法。维克托·迈尔·舍恩伯格在《大数据时代》一书中这样描述：“大数据”并不仅仅是很大或者很多的数据，也并不是一部分数据样本，而是关于某个现象的所有数据。

因此，“大数据”是有别于传统数据的新的存在形式，是传统数据逐步智能化到一定阶段后的必然产物。

3. 应用前景

就城市规划建设来说，当前，城市建设与发展正逐步从快速扩张转向睿智的空间增长，以人群需求和体验为导向的规划转型正在发生。大量复合功能、多用途的城市用地正在逐步代替传统的、单一的土地用途，城市居住、工作的空间边界越来越模糊，城市空间更加强调精细化、人性化的设计理念。与依据城市总体目标开展不同尺度或区域的空间布置和控制的工作方式相比，未来的城市规划要求规划师更加充分考虑不同人群的需求，这也对规划师如何收集政府、不同人群所关注的问题，带来了新的挑战。

对于规划师来说，通过对大数据的研究和应用，将有助于提高决策能力，更好地为城市规划和建设提供技术支撑。例如，在交通领域，通过对大数据的分析，有利于规划师对公交服务、物流运输和居民出行等方面做出优化建议。通过对大数据的分析，可以找出城市问题的根源所在，从而帮助规划师做出更加科学的解决方案。与传统城市规划方法相比，大数据分析技术将有助于规划师从传统的空间规划向动态的时间、空间规划转变，能够对规划实施效果进行长期的实时评估与快速优化。

3.5.5 人工智能

1. 概念定义

人工智能（artificial intelligence，简称 AI），是研究、开发用于模拟、延伸和扩展人的智能的理论、方法、技术及应用系统的一门新的技术科学。人工智能是计算机科学的一个分支，研究领域包括图像识别、自然语言处理（natural language processing, 简称 NLP）、专家系统和机器人等。从人工智能诞生起，人工智能领域研究人员想了解智能的本质，人类智慧的“容器”，生产一种新的类似以人类智能方式思考并能做出相应反应的智能机器。人工智能可以对人的意识、思维的信息过程进行模拟。人工智能不是单纯的人的智能，是一种能像人那样思考，甚至可能超过人的智能。

2. 主要特征

人工智能的本质是“人工”与“智能”相结合，就其特征来说，业界并没有统一的认识。从我国《新一代人工智能发展规划》中可以了解到，人工智能具有 5 个方面的显著特征。

（1）从以人工知识表达到大数据驱动的知识学习的技术转变。

（2）从以分类型处理的多媒体数据向跨媒体的认知、学习、推理的转变。

（3）从智能机器到高水平的人机、脑机相互协同和融合的转变。

（4）从以个体智能到基于互联网和大数据的群体智能的转变，可以将个人的智能聚合形成群体的智能。

（5）从拟人化的机器人向智能自主系统转变，比如智能工厂、智能无人机系统等。

3. 应用与发展

智能科技、智能产业、智能经济符合国家治理现代化战略布局，必将对我国乃至国际城市区域传统的行业理念、运转体系和应用模式产生革命性影响，推动新一轮工业革命和中国城市跨越式创新发展，并将对未来城市基础设施、城市公共服务、城市公共文化、城市人居环境、城市商业和创业生态，包括城市金融、医疗及教育等诸多行业，进行颠覆性重塑，将会极大地推动和完善城市治理能力和治理体系，极大促进传统产业转型升级和健康可持续发展。

1）AI 机器人

大家应该还对 2016 年阿尔法围棋程序（AlphaGo）击败人类职业围棋选手、战胜围棋世界冠军的报道记忆犹新。阿尔法围棋程序能否代表智能计算发展方向还有争议，但比较一致的观点是，它象征着计算机技术已进入人工智能的新信息技术时代（新 IT 时代），其特征是大数据、大计算、大决策，三位一体，它的智慧正在接近人类。

然而，波士顿动力公司智能机器人家族的 Atlas、BigDog、Spot、Petman、Cheetah、Handle 等系列产品的问世，一定会让人惊讶，并刷新人们对 AI 机器人的认知。例如，2016 年 2 月，波士顿动力公司发布了 Atlas 一代机器人，并引起网络上的大轰动。这款机器人不仅能够准确识别物体、抓物品，还具有超强的稳定性和平稳性。如 Atlas 一代在雪地中能健步如飞，若有人从面前大力推动它，它踉跄几步仍能站稳，就算被推倒了，它也能够自己爬起来；做起搬运工来也能有条不紊，它能将货物快速、精准地放在货架上；就算在手持货物行走的过程中，当货物被击落时，它也会非常执着地将货物捡起来。Atlas 二代不仅能够准确识别面前的障碍物，还能通过计算障碍物的高度，精准跳跃并平稳落地，它在跳跃的同时能够做到空中旋转，还能后空翻。

2）智能客服

客服人员招人难、培训成本高、流动性大，不易管理，这促使了人工智能在客服方向的应用。如人工客服方式难以 24 小时持续在线，通过开展 AI 在客服方向的应用，构建客服机器人，可以全天 24 小时工作。通过实时数据反馈不断学习，企业有足够的动力用客服机器人取代部分人工客服。

3）自动驾驶

据智研咨询发布的《2020—2026 年中国无人驾驶行业市场经营风险及竞争策略建议分析报告》显示：随着汽车智能化的不断发展，截至 2018 年，中国智能驾驶市场规模增长至 893 亿元，同比增长 31%，市场渗透率达到 47%。根据初步测算 2019 年中国智能驾驶市场规模将突破千亿，2020—2023 年年均复合增长率约为 20.62%，智能驾驶乘用车的渗透率也将由 2016 年的 20% 上升至 2020 年的 61%，且智能驾驶系统的级别会提升，更高智能驾驶水平的汽车占比亦将大幅提升。预测 2035 年前，全球将有 1800 万辆汽车拥有部分无人驾驶功能，1200 万辆汽车成为完全无人驾驶汽车，中国或将成为最大市场。

4）图像搜索

随着人工智能技术的快速发展，信息检索的方式也得到了扩展应用。现在信息检索分为基于文本的和基于内容的两类搜索方式。近些年，基于图像的搜索方式的需求日益旺盛，传统的基于图像颜色、纹理和统计信息的检索方式，逐步变成以深度学习为主的方式。基于深度学习的图像检索不仅结合了图片的空间位置信息、字符特征，还考虑了姿态和图像语义信息，逐步形成了基于内容的图像检索方式。

该技术的发展与应用，针对海量数据进行多维度的分析与匹配，不仅满足了用户根据图片进行搜索的需求，而且还能分析用户的内在需求，如搜索相似物品，对比物等。这为当前企业的产品迭代与升级提供了坚实的基础。

5）智能安防

随着智能安防行业技术的进步，智能产品的造价成本逐步降低，智能安防市场的需求快速增长。随着居民的安全防护意识的提高，民用智能安防逐渐成为重要的应用行业，促进了智能安防行业的发展。

此外，AI 数据服务、智能工业、智能医疗、智能家居和智能营销也将是当前或未来一段时间人工智能的应用方向。

3.5.6 3S 技术

1. 概念定义

3S 技术是 RS（遥感技术）、GIS（地理信息系统）、GPS（全球定位系统）三种技术的统称。其是通过空间信息技术、卫星定位与导航技术、计算机技术、通信技术、传感器技术等多种技术相结合而产生的，集合对空间信息采集、管理、处理、分析、表达、传播和应用的现代化信息技术。通过这种强大的技术提醒，便于实现对空间信息、环境信息和其他相关信息快速、准确、可靠地采集、处理、分析和更新，支撑和满足各行各业的需求。

2. 应用前景

随着 3S 技术的发展与快速普及，城市空间信息技术已经成为规划工作和城市管理中的常规技术。以 3S 技术为基础的信息技术应用非常广泛，几乎可应用于与空间相关的一切领域，也是当前城市规划、建设与管理领域实现精细化、智能化的基础技术。

3.5.7 区块链

1. 概念定义

区块链是一种按照时间顺序将数据区块以顺序相连的方式组合而成的链式数据结构，并以密码学方式保证不可篡改和伪造的分布式账本。从本质上讲，它是一种用于存储数据或信息，具有“不可伪造”“全程留痕”“可以追溯”“公开透明”“集体维护”等特征的共享数据库。区块链技术为相关行业发展奠定了坚实的“信任”基础，创造了可靠的“合作”机制，具有广阔的应用前景。

2019 年 1 月 10 日，国家互联网信息办公室发布《区块链信息服务管理规定》。2019 年 10 月 24 日， 中共中央政治局就区块链技术发展现状和趋势进行第十八次集体学习。中共中央总书记习近平在主持学习时强调，区块链技术的集成应用在新的技术革新和产业变革中起着重要作用。区域链技术的研究与应用正式上升到了国家战略层面。我们要把区块链作为核心技术自主创新的重要突破口，明确主攻方向，加大投入力度，着力攻克一批关键核心技术，加快推动区块链技术和产业创新发展。区块链技术和产业的发展是受到国家支持的，“区块链”成了行业的热门话题。

2. 主要特征

1）去中心化

区块链技术是由参与者自行定义规则、大家自发登记，不受第三方管理机构约束与管制，也没有中心的集中管制，形成了自成一体、去中心化的特质。区块链采用分布式存储、管理模式，各个节点都能进行信息备份与自我验证、传递。相比于传统的数据库和存储结构，去中心化成为区块链最本质的特征。

2）开放性

开放性是区块链另一个特征，除了参与者的私有信息是非公开的，区块链的数据对任何人是开放的，数据公开透明，支持接口查询和相应开发应用，区块链中数据信息高度透明。

3）独立性

区块链内参与者都遵守统一的规范与协议（如哈希算法），整个区块链体系具有高度的独立性，不依赖于其他第三方，区块链内每个节点都能够自动安全进行验证，数据可自行交换，并不受其他人的干预。

4）安全性

区块链中的数据具有高度的安全性，几乎不可能被更改。除非区块链中有人掌握了全部数据节点的 51% 才能够操控修改网络数据。这种分布和加密机制，使得区块链变得相对安全，避免了受人控制的主观修改。

5）匿名性

从技术层面而言，区块链采用私有密钥的加密机制，各个区块链中节点身份信息都是匿名的，并且信息可以在匿名下传递，使得节点之间互不清楚对方，并且不需要公开或验证。

3. 应用领域

正是由于区块链技术的上述特性，其在社会发展及国家治理体系现代化工作中具有很好的应用前景。就当前区块链技术的研究和发展现状来看，其主要应用领域如下。

1）金融领域

当今区块链在金融领域已经得到了广泛的应用，尤其在信用证、证券交易、股权登记和税务方面有很多成功的应用案例，并产生了巨大的经济和社会效益。区块链去中心化和信息的公开透明、自我加密和信任机制确保了在银行交易中心省去第三方机构环节，提供点对点的交易机制，不仅具有高安全性，还能大大降低成本，提高交易效率。

2）物联网和物流领域

区块链也被认为在物联网和物流领域具有巨大的应用潜力。通过区块链可以追溯、公开透明的信息，可以实时追溯物流各个环节，查询了解各个节点的物品所流经环节和运输状态，这样不仅降低物流成本，还能提高物流供应的管理效率。

由于区块链是由一系列节点相互连接、共同组成的分层式网络结构，不仅能够确保信息的准确性，还能保证信息在网络中的全面传递，这在某种程度上提高了物联网的智能化。在“大数据 + 物联网”的时代，通过区块链技术建立可信任的信用资源，不仅能实现对大数据的自动筛选，还能提高物联网的交易安全性。“区块链 + 大数据”解决方案就利用了大数据的整合能力，促使物联网基础用户拓展更具有方向性，便于在智能物流分散的用户模式下扩展用户，为智能物流模式应用节约时间成本。区块链结点可独立地参与或离开区块链体系，不对整个区块链体系有任何干扰；同时，区块链结点具有十分自由的进出能力。

3）公共服务领域

区块链完全去中心化、分布式的数据存储、自我加密的特性，使得区块链在一些与民生息息相关的公共领域中具有广泛的应用前景，如能源、交通、电力和公共管理等。通过区块链技术可以对传统的中心化和集中式的存储与管理方式进行改造。如利用开放性和安全性的特性，可以对任意公共设施节点的状态进行监控，及时保障系统及系统传输数据的安全性，发现是否有被入侵或篡改过的痕迹。

4）数字版权领域

当数字作品进入区块链后，利用区块链技术对作品确权，可以进行权利鉴定，证明视频、音频、图像等数字作品的存在性，保证作品的真实性、唯一性。由此，便于作品在后续交易中被实时记录、查询，便于对其进行全生命周期的管理，通过这种技术也可以对司法取证进行协助。例如，在美国纽约，MincLabs 作为一家创业公司参与区块链元数据协议的制定，并开发了 Mediachain 的系统。该系统利用区块链技术实现了对数字图像的版权保护，并进行了推广应用。

5）保险领域

在保险理赔方面，保险机构负责资金归集、投资、理赔，往往管理和运营成本较高。通过智能合约的应用，既无须投保人申请，也无须保险公司批准，只要触发理赔条件，即可实现保单自动理赔。一个典型的应用案例就是 LenderBot，是 2016 年由区块链企业 Stratumn、德勤与支付服务商 Lemonway 合作推出，它允许人们通过 Facebook Messenger 的聊天功能，注册定制化的微保险产品，为个人之间交换的高价值物品进行投保，而区块链在贷款合同中代替了第三方角色。

6）公益领域

区块链技术有利于推动我国公益行业的改革。众所周知，中国红十字会受到了公众的质疑，区块链技术有利于打消公众对其的质疑。区块链存储的数据具有不可篡改、公开透明等高可靠特性，使得区块链技术与公益事业纯天然契合：公众能够实时查看、监测和回溯各类捐款；有利于公众了解募集明细、资金流向等信息，方便解决社会问题，激发公众的捐赠意向。

3.5.8 增强现实技术

1. 概念定义

与传统虚拟现实技术所要达到的完全沉浸的效果不同，增强现实技术致力于将计算机生成的物体叠加到现实景物上。它通过多种设备，如与计算机相连接的光学透视式头盔显示器（S-HMD）或配有各种成像原件的眼镜等，让虚拟物体能够叠加到真实场景上，以便使它们一起出现在使用者的视场中。同时，使用者可以通过各种方式来与虚拟物体进行交互。

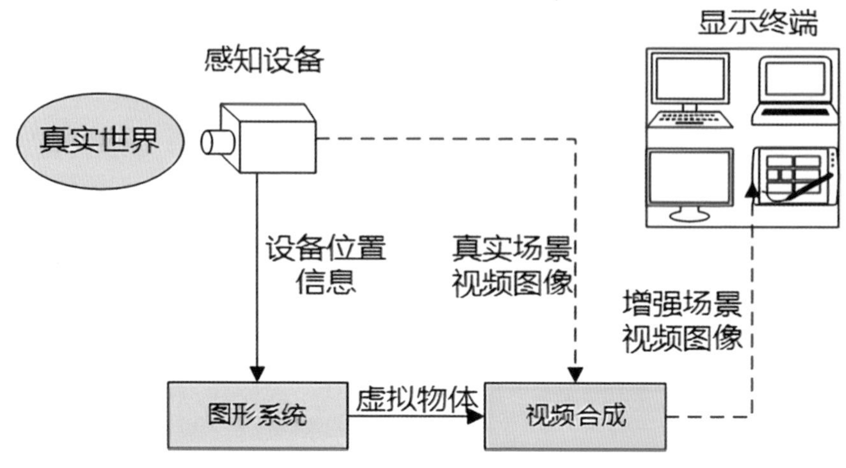

图 3.7 虚拟场景技术实现手段

2. 实现手段

AR 系统一般展示的不是完整的场景，往往是通过分析大量的定位数据和场景中的位置信息，生成虚拟场景并对场景进行合成显示，实现真实场景的定位分析。增强现实技术的实现手段主要包括四个部分：真实场景信息的获取；对真实场景信息和相机位置信息进行变换；根据视频场景信息与视觉平面合并生成虚拟场景；合并视频场景或直接显示。图 3.7 为虚拟场景技术实现手段。

首先，图形系统需要确定放射变换矩阵，主要是根据相机的位置、真实场景中对应的标记点，计算虚拟坐标到相机平面之间的转换关系，确定相应参数，完成图形空间定位；

图 3.8 圆明园原貌

图 3.9 圆明园 AR 场景还原图

其次，根据变换矩阵，将视觉平面的内容绘制到虚拟物体空间，完成目标绘制；最后，真实场景与视频场景融合，将 S-HMD 显示内容在普通显示器上显示。在 AR 系统中，城乡设备、跟踪定位和交互技术共同构成其支撑技术体系。

3. 应用实例

1）圆明园数字重建项目

在保持遗址风貌完整性的基础上，基于增强现实技术，通过对圆明园进行全面、立体、精致的重建模型，实现对圆明园昔日无与伦比的园林艺术的重构，也是现代科技对中华民族古典、博大精深文化的完整展现。通过应用增强现实技术重建数字圆明园有着非比寻常的意义，不仅具有一定的社会经济价值，同时对爱国教育有着伟大的教育意义和社会意义，增强人民对中华传统文化的认同感。圆明园原貌见图 3.8，圆明园 AR 场景还原图见图 3.9。

2）希腊的 AR CHE0GUIDE 数字化考古导游项目

AR CHE0GUIDE 项目是一些欧洲组织共同参与的，由 EUIST 赞助与支持的数字化考古导游项目。通过利用增强现实技术，利用 AR 头盔与文物遗迹交互成为可能。将只存留了两个柱子的 Hera 神庙（见图 3.10）重现为当前的恢宏场景，帮助人们重览昔日古迹，实现考古导游的目标。该系统主要包括计算机服务器、AR 头盔、辅助设备、无线网络、个人数据助理（PDA）客户端。Hera 神庙 AR 实景再现的效果见图 3.11。

图 3.10　Hera 神庙原貌

图 3.11 Hera 神庙 AR 实景再现的效果

建设实践篇

此篇主要介绍“计算式”城市仿真的探索与实践经验，包括数据湖、仪表盘、仿真模拟、智慧决策，等等。

4 数据湖

数据是“计算式”城市仿真的基础。有别于传统数据库的建设方式，“计算式”城市仿真将以数据的价值挖掘与可视化呈现为主要目的，在传统数据库建设的基础上，突出数据之间的自我关联和互相关联。

自我关联，是指以数据价值为主要目标，体现数据价值厚度，而不是简单的属性查询。以人口数据为例，利用常规方式对人口数据进行空间化处理后，点击地块查询人口数量、结构等相关信息。而在数据湖中，将以人口数据蕴含的价值为主要内容，从人口数量分布、密度分布、年龄结构分布等角度，分别进行数据的可视化方式研究。并以此为基础，启发该项数据与其他数据之间的关联。

互相关联，是指通过多项数据之间的相互叠加，产生新的增值数据。互相关联的基础，是数据的空间化与可视化。即按照“规则化—空间化—可视化—关联增值”的步骤，对各项数据进行重新梳理与研究。方便用户在使用数据时，产生新的增值数据，以提升基于数据驱动的规划方法，不断探索数据驱动研究的技术方法。

4.1 数据湖概念解读

在开展数据湖建设之前，应该对与数据湖相关的概念进行梳理与解读，以便更好地了解和掌握数据湖的本质和关键所在。

4.1.1 数据与信息

1. 数据

对数据的研究和定义有很多，本书选取了人们较为认同的定义。数据是对客观事物的性质、状态、时间及相互关系等逻辑归纳或物理符号，是未经过加工的表示客观事物的原始资料。数据可以是这些符号的组合，如“空气质量优、良、差”“高速路况良好、拥堵”“飞机准点起飞”和“Ⅰ、Ⅱ、Ⅲ、Ⅳ、Ⅴ……”等。

在计算机系统中，数据是指所有输入计算机并被其处理的符号介质的总称。随着计算机技术的发展，计算机处理和存储的对象越来越复杂，这些对象的表征数据也越来越复杂。各种字母、数字符号的组合、图形、音频、视频等统称为数据，数据经过处理加工后，就变成了信息。在计算机科学中，数据存储单位是二进制的形式，用 0 与 1 表示。

2. 信息

周屹等指出，信息与数据相互依存，既有联系，又有区别。数据是信息的载体，是信息的外在表现形式，不同的表现形式表达的数据的内在价值又有所区别。在价值上，信息是数据的内在价值，是依附在数据载体上，对数据进行解释与释义。在联系上，数据与信息不可分割，信息承载数据，数据通过不同的表现形式传递所表达的信息，具有符号的特征；通过对数据进行加工处理，得到具有决策意义的数据，具有很强的逻辑性。数据自身没有意义，但是对实体行为产生影响后，成为信息，才有实际意义。

3. 规划相关数据

在说明什么是规划相关数据之前，需要对“规划”的内涵进行界定。本书所述的“规划”是指代城市规划。“城市规划是指城市人民政府为了实现一定时期内城市的经济和社会发展目标，确定城市性质、规模和发展布局，合理利用城市土地，协调城市空间布局和进行各项建设的综合部署和全面安排”。“规划相关数据”是指与城市规划、城市建设、城市运行与管理等各环节相关的数据和信息资源。

4.1.2 数据库、数据仓库与数据湖

1. 数据库

自 20 世纪 60 年代数据库的概念被提出以来，数据库已成为计算机科学的重要分支。随着计算机应用的发展，数据库技术进一步发展。数据库的发展经历了多个阶段，最初由基于树、链表的层次型数据库，20 世纪 70 年代提出的基于关系型的数据库，到 21 世纪提出按照存储结构划分的数据库阶段。数据库（database）是指有组织地进行数据存储、获取和管理的系统。数据库有很多种类型，按照数据存储结构可分为关系型数据库、非关系型数据库，从最简单的存储有各种数据的表格到能够进行海量数据存储的大型数据库系统都在各个方面得到了广泛的应用。

从不同的角度来描述数据库这一概念时就有不同的定义。总体来说，以下两种定义，较为准确地描述了数据库的本质和内涵。

定义一：数据库，可以形象地看作电子化的文件柜——用来存储电子文件的柜子，用户可以对文件柜中的文件进行新增、删除、更新、查询等操作。数据库是指以某种方式将数据存放在一起，尽可能降低冗余度，并为多个用户共享，与应用程序耦合度高，彼此分

离的数据集。

定义二：数据库是存储在计算机内大量有组织的、共享数据的集合，数据库中的数据按照一定的数据结构进行逻辑组织、物理存储，具有数据冗余度较小、扩展性和独立性较高，易于共享等特点。

目前数据库逐步成了当前信息化系统必不可少的重要组成部分，在城市规划、教育、工业、商业和科学技术等部门广泛应用。从数据库的发展历史来看，数据库是数据管理系统的高级阶段。

2. 数据仓库

数据仓库由数据仓库之父 Bill Inmon 在 1990 年提出，随后，在 1991 年出版的 *Building the Data Warehouse* 一书中所提出的定义被广泛接受——数据仓库（data warehouse）是一个面向主题的（subject oriented）、集成的（integrated）、不可更新的（non-volatile）、随时间不断变化的（time variant）的数据集合，用于支持管理决策（decision making support）。这是学术界对数据仓库的定义，不仅阐述了数据的要求、作用与应用方向，也非常准确地界定了数据仓库与传统数据库的本质区别。

传统的数据库是面向业务应用对数据进行再组织，数据仓库是面向主题对数据进行组织，这让数据仓库更能服务于企业，支撑企业管理决策。数据仓库是在原有分散数据库的基础上，从多种数据源中获取原始数据，经过系统加工、处理、汇总和整合得到的。数据仓库的集成性决定了数据在进入数据仓库之前，必须经过统一与整合，统一不同来源数据中的字段，对数据进行综合计算，消除数据中的不一致，确保数据仓库中的数据在全局层面具有一致性和准确性。也就是说，数据仓库是将分散的数据库内的数据进行梳理、加工，按照一定的规则进行分门别类组织与存放的数据信息集合。

3. 数据湖

2010 年，James Dixon 提出了数据湖（data lake）的概念，随后，2011 年 Dan Woods 在《福布斯》的一篇文章中提出了“Big data requires a big new architecture（大数据需要一个大的新型架构）”。让数据湖广为传播。数据湖的提出契合了大数据发展的趋势。哈佛大学社会学教授加里·金说：“这是一场革命，庞大的数据资源使得各个领域开始了量化进程，无论学术界、商界，还是政府，所有领域都将开始这种进程”。国外对“数据湖”的研究和应用无处不在，一些与国际接轨的国内企业也在致力于完善企业内部的数据管理。

信息技术、物联网技术等让当今社会成为一个高速发展、广泛互联的社会，人们借助手机、电脑等媒介让生活联系越来越紧密，空间距离越来越近，每天都产生了海量的数据资源。在信息化社会，为适应日益复杂的数据环境，充分有效地管理和利用多种来源的数据，挖掘数据内在价值以支撑管理与决策，逐渐成为全球企业数据管理和应用的趋势 [8]。通过汇集各种行业的数据，利用数据湖技术对海量数据进行统一管理、统一存储和统一访问，促进数据质量的提升，助力服务于科学研究、管理决策和分析应用。

为形象描述数据湖，有学者采用现实中的湖泊描述存储数据的平台，将未经处理过的原始数据描述为流入湖中的水，如表格、文本、图片、音频、视频等数据。可在湖中对湖水进行各种处理、加工、建模和分析，也可将处理后的数据、过程数据留在湖中。将加工处理及分析过的数据比作为从湖中流出的水，具有关联、有价值的特征。就“数据湖”的特征而言，“数据湖”整合了结构化、非结构化数据的分析和存储，用户不必为海量的不同领域数据构建不同的数据库和数据仓库，因为通过“数据湖”就可以完成或实现不同数据仓库的功能。“数据湖”最重要的特征就是数据的关联性和流动性。

因此，建立“数据湖”的关键就是将各类结构和非结构数据按照基本形态进行梳理与存储，并建立数据之间的关联关系，使数据之间能够产生关联关系，使数据库或数据仓库的数据资源能够相互引用。

4.1.3 数据湖在“计算式”城市仿真中的作用

顾名思义，“‘计算式’城市仿真”的核心是“城市仿真”，根本是“计算式”。由此可见，做好“计算”，是实现城市仿真的关键。然而，要开展城市计算，首先需要的是计算方法和支撑计算方法的数据。就计算方法而言，要从城市发展与运行的现实中，去观察城市的各种现象，发现并总结城市运行的规律，从中提炼并抽象出能够表征城市运行的计算逻辑和方法模型。就数据来说，其作用更加不言而喻，它是城市计算逻辑、方法和模型的输入与输出，是城市计算的必备原材料。

近年来，全球迈入大数据时代，对数据的高效存储、处理、挖掘和分析等需求愈加旺盛。伴随着新一代信息通信技术不断飞速发展，各行各业产生和积累的数据量也越来越大，全球数据呈现爆发式增长。根据国际数据公司（IDC）的监测数据显示，2013 年全球大数据储量为 4.3ZB（相当于 47.24 亿个 1TB 容量的移动硬盘），2014 年和 2015 年全球大数据储量分别为 6.6ZB 和 8.6ZB。近几年全球大数据储量每年的增速都保持在 40%，2016 年甚至达到了 87.21% 的增长率。2016 年和 2017 年全球大数据储量分别为 16.1ZB 和 21.6ZB，2018 年全球大数据储量达到 33.0ZB，2019 年全球大数据储量达到 41ZB。由此可见，这些与日俱增的海量数据为我们开展城市计算提供了可能，但并不是所有的数据都能够参与到城市计算中来。

城市系统的复杂性决定了对其进行量化计算所需数据和计算方法的复杂性和艰巨性。本书有关章节已经阐述了“计算式”城市仿真是采用系统工程学原理，将城市逐一解构成相对简单的若干要素，对这些要素进行逐一计算与模拟，从而分而治之，从局部计算来逐步达到整体计算的目的。在这个过程中，各类要素的计算式相对独立，但是在组合成整体时，就必须实现要素之间的相互通信与关联。因此，支撑其计算的数据不能是相互独立的个体，而必须要相互关联和流动，形成网状或立体状的有机整体。

由此可见，传统的堆叠式的数据组织方式已经不能满足当前“计算式”城市仿真这一巨大的系统性工程。构建完整的、非传统的数据组织架构，解决数据之间的流动性与关联性的问题，以立体化、全生命周期的管理模式对城市计算相关的数据进行梳理、存储、处理，使之形成可相互关联、自由流动、动态更新的“数据湖”显得尤为重要。

4.2 数据湖框架

4.2.1 数据湖的建设思路与建设原则

1. 建设思路

1）全面认识城市系统，发现城市规律，梳理城市数据与数据价值

要规划并治理好城市，首先要全面认识好、把握好这个复杂的巨系统。毫无疑问，通过数据科学和量化方法，并用大量的城市数据及其蕴含的价值来描述城市现象、解读城市问题、发现城市运行规律、提出解决方案并实施验证，从而实现城市精细化、智能化治理，是城市治理体系现代化的必然趋势。

2）开展顶层设计，构建“数据湖”整体框架，实现多元数据融合

基于互联网和大数据思维，开展城市数据的梳理与整合：既涵盖传统数据，也包括大数据；既指导大数据的收集、应用与维护，也指导传统数据的优化与完善，最终实现多源数据的关联融合。

3）创新规划编制大数据组织与应用方式，突出数据价值

传统数据的组织方式难以满足当前的量化计算和数据内在价值挖掘的需要，亟须寻找数据的关联关系，使数据像湖水一样成为流动的整体，形成“数据湖”，凸显更多价值。数据湖总体建设思路见图 4.1。

2. 建设原则

1）以城市治理工作实际需求为导向

在数据湖框架的设计过程中，应充分考虑城市规划、建设与管理工作对数据应用的实际需求，分门别类设计数据框架，梳理数据关系，收集数据资源，建立数据库，进一步研究明确数据可视化方法。

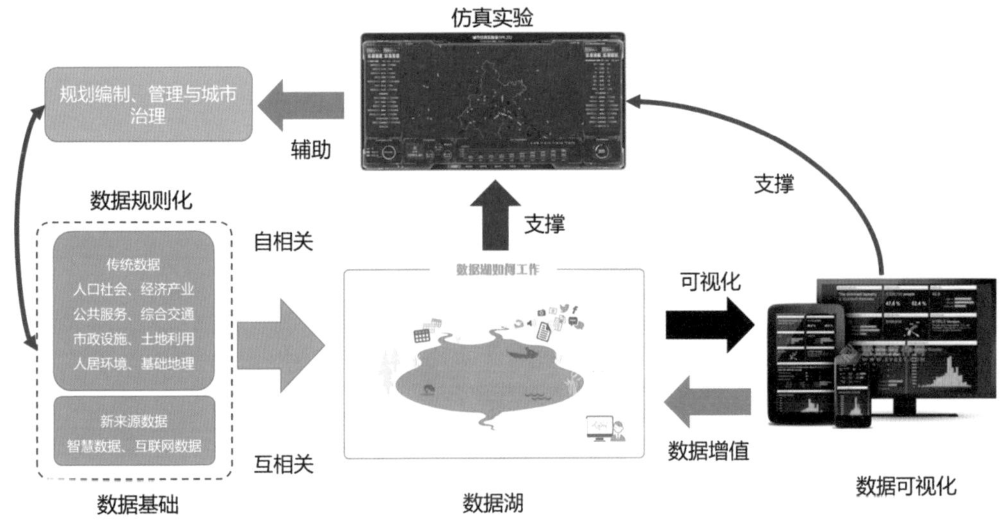

图 4.1 数据湖总体建设思路

2）以城市要素及量化计算为基本支撑

在数据湖框架细化设计过程中，数据的分类与属性设置应遵循“计算式”城市仿真框架，从 4 个层次和 8 个方向逐一展开，实现对城市量化计算的支撑。

3）以客观、全面、精准为基本准则

数据湖框架设计本着客观、全面、精准的基本准则，开展数据分类工作，力求框架全面涵盖规划所需内容，准确定义分类界限，客观描述数据情况。

4）以开拓视野、着眼长远为基本目标

在数据湖框架设计过程中，应站在全局乃至全市的高度，为规划编制与管理工作提供权威的数据湖框架，并以长远发展为目标，逐步填充、完善数据湖框架内容。

4.2.2 数据湖框架内容

1. 数据湖框架

数据湖框架按照“传统数据＋新来源数据”的方式，汇集人口社会、经济产业、公共服务、综合交通、市政设施、土地利用、人居环境、基础地理、智慧数据、互联网数据十大类基础数据，实现城市空间治理所需数据的全覆盖。

十大类基础数据是“数据湖”的框架基础，其核心不仅是数据本身，还有数据的流通与关联，更重要的是数据关联后的计算，产生新的数据和价值，使规划工作更加智慧。

“数据湖”的本质是数据的流动，在数据湖框架构建过程中，按照“数据—关联—增值—

应用—数据”的闭环对数据进行组织。在此过程中，数据关联的最基本方法是时间和空间维度的联系，横向上以时间为线索，纵向上以空间为线索，在数据之间建立有效连接。“数据湖”数据流动组织示意图见图 4.2。

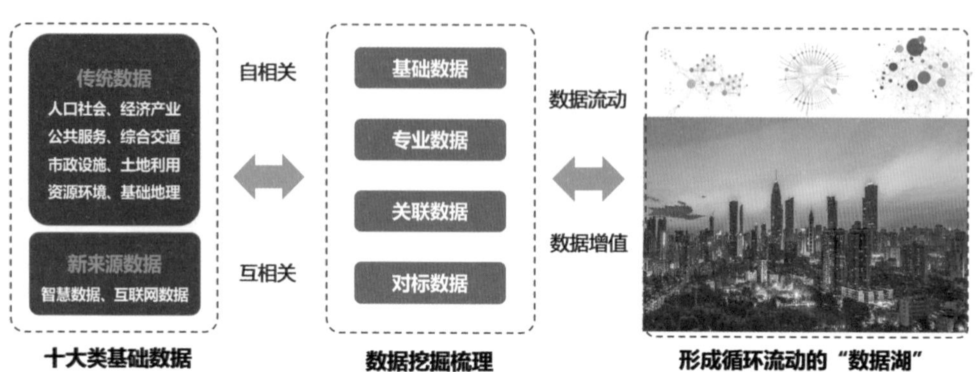

图 4.2 “数据湖”数据流动组织示意图

2. 数据汇集

通过前期的积累，武汉市汇集了全市 50 多个市属部门、3000 多个图层的地理时空大数据库，包括全部 130 万栋建筑的详查数据、每栋房屋的人口数据、地下管网三维数据、工商登记与企业经营，以及涉及社会稳定的相关数据，等等。数据接入是开展“计算式”城市仿真的基础工作，在汇集了相关数据之后，还需要按照可计算的要求对数据进行逐一的梳理与转换，接入各类仿真计算模型和模块。已汇集数据种类见图 4.3。

图 4.3 已汇集数据种类

例如，按照人口数据的来源不同，整理形成统计人口、公安人口、计生人口、实有人口和大数据人口五类人口数据。针对这些基础数据，按照统一的最小单元、属性结构、时间关系等对数据进行梳理、转换、融合与关联，让数据之间具有时空联系，实现数据的可计算、可比对和数据价值的可视化呈现。人口数据转换融合关系示意图见图 4.4，以人口普查数据为例的数据人口空间化转换融合示意图见图 4.5。

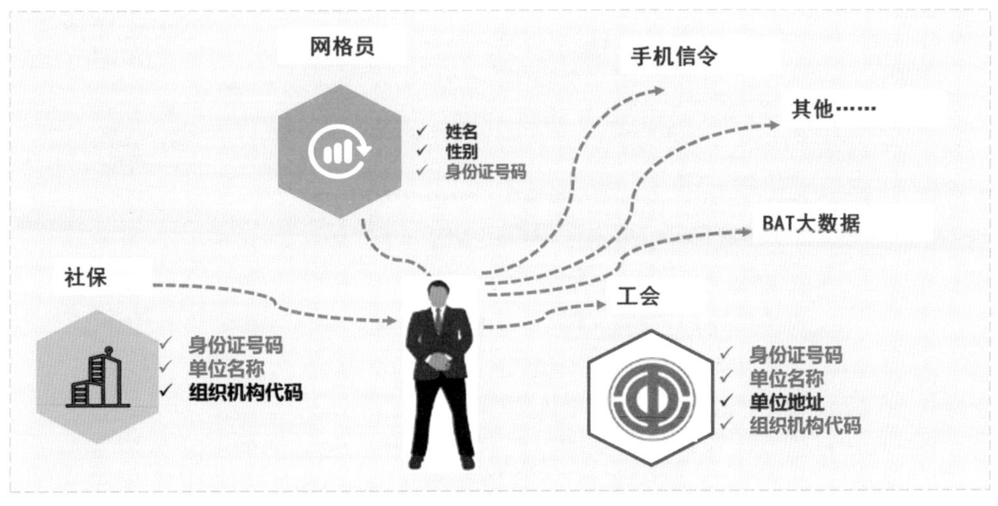

图 4.4 人口数据转换融合关系示意图

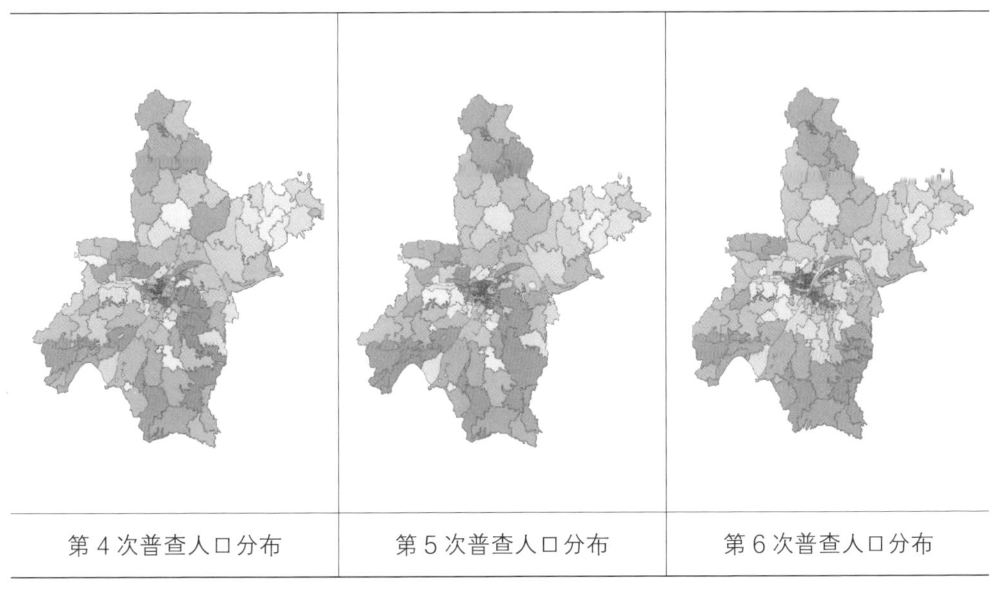

图 4.5 以人口普查数据为例的数据人口空间化转换融合示意图

3. 数据梳理

以空间地理信息为基础，对汇集的基础数据进行梳理后，融合人、地、房、设施，各行业数据和大数据，形成 8 大类 52 中类 154 小类（暂定）的全新数据框架体系，并开展大数据专题研究，形成 84 项大数据清单。“计算式”城市仿真数据湖框架内容（局部）见图 4.6。

计算式城市仿真数据湖框架v1.03

大类	中类	小类	内容	格式	数据来源	数据范围	数据精度	可视化	备注
专业数据（城乡规划）	居住用地	一/二/三类居住用地	居住类别（R1/R2等）、小区名称、所属行政区、街道、社区、地址、地籍权属、用地面积、房屋栋数、建筑结构、建筑面积、基底面积、容积率、建筑密度、建筑高度、建设年代、绿地率、车位数、空置率	SHP格式面文件	逐年调查	武汉市域	具体地块	1、居住区域分布、居住特征分布 2、居住用地人口承载量 3、15分钟生活圈 4、居住用地利用效率	
	公共管理与公共服务	行政办公用地	单位名称、单位性质、行政区、地址、用地面积、房屋栋数、建筑结构、建筑面积、基底面积、容积率、建筑密度、建筑高度、建设年代、绿地率、工作岗位	SHP格式面文件、局部点文件	逐年调查	武汉市域	具体地块或点位	1、行政办公用地分布	
		图书展览用地	类别、名称、级别、行政区、地址、用地面积、藏书量（展品量）、年均接待人数、屋栋数、建筑结构、建筑面积、基底面积、容积率、建筑密度、建筑高度、建设年代	SHP格式面文件、局部点文件	逐年调查	武汉市域	具体地块或点位	1、设施密度、服务范围及能力、分区服务指数 2、单一设施的服务范围、服务人口	
		文化活动用地	类别、名称、级别、行政区、地址、用地面积、屋栋数、建筑结构、建筑面积、基底面积、容积率、建筑密度、建筑高度、建设年代	SHP格式面文件、局部点文件	逐年调查	武汉市域	具体地块或点位	1、设施密度、服务范围及能力、分区服务指数 2、单一设施的服务范围、服务人口	
		高等院校用地	学校名称、学校地址、学校代码、主要院系、创办时间、创办类别（公/私立）、属性（985/211等）、主管部门、国家重点学科数、硕士点数、博士点数、教职工数、学生数、用地面积、房屋栋数、建筑结构、建筑面积、基底面积、容积率、建筑密度、建筑高度、建设年代、绿地率	SHP格式面文件	逐年调查	武汉市域	具体地块	1、高等院校分布情况	
		中等专业学校用地	学校名称、地址、学校特色、行政区、地址、用地面积、班级数、在校学生数、寄宿学生数、教职工数、建筑面积、建筑栋数、建筑年代、建筑结构、教辅用房面积、办公用房面积、其他用房面积	SHP格式面文件、局部点文件	逐年调查	武汉市域	具体地块或点位	1、学校分布情况	
		小学	小学名称、级别、创办时间、所属行政区、地址、用地面积、班级数、在校学生数、寄宿学生数、教职工数、建筑面积、建筑栋数、建筑年代、建筑结构、教辅用房面积、办公用房面积、其他用房面积、车位数、历史沿革	SHP格式面文件、局部点文件	逐年调查	武汉市域	具体地块或点位	1、小学分布密度、服务范围、总体及分区服务指数 2、单个小学服务范围、服务人口	
		中学	中学名称、类别（初中、高中、中等职业学校等）、所属行政区、地址、用地面积、班级数、在校学生数、寄宿学生数、教职工数、建筑面积、教辅用房面积、办公用房面积、其他用房面积、车位数	SHP格式面文件、局部点文件	逐年调查	武汉市域	具体地块或点位	1、中学分布密度、服务范围、总体及分区服务指数 2、单个学校服务范围、服务人口	
		九年一贯制学校	学校名称、所属行政区、地址、用地面积、班级数、在校学生数、寄宿学生数、教职工数、建筑面积、教辅用房面积、办公用房面积、其他用房面积、车位数	SHP格式面文件、局部点文件	逐年调查	武汉市域	具体地块或点位	1、学校分布密度、服务范围、总体及分区服务指数 2、单个学校服务范围、服务人口	
		特殊教育用地	学校名称、地址、行政区、地址、用地面积、班级数、在校学生数、寄宿学生数、教职工数、建筑面积、建筑栋数、建筑年代、建筑结构、教辅用房面积、办公用房面积、其他用房面积	SHP格式面文件、局部点文件	逐年调查	武汉市域	具体地块或点位	1、学校分布情况	
		体育用地	场馆名称、级别、类型、地址、运动项目、用地面积、场地面积、席位数、车位数、建成时间、建筑面积、特色项目	SHP格式面文件、局部点文件	逐年调查	武汉市域	具体地块或点位	1、体育场馆分布及服务范围	
		[illegible]	类别、名称、地址、等级、特色科室、成立时间、主管部门、医保定点（是/否）、经营性质、实有床位、职工总数、执业医师、注册护士、执业药师、管[illegible]	SHP格式面文件、[illegible]	[illegible]	[illegible]	[illegible]	1、医疗卫生分布、服务范围及能力、[illegible]	

图 4.6 “计算式”城市仿真数据湖框架内容（局部）

4.2.3 数据资源梳理

4.2.3.1 数据基础梳理

为落实“计算式”城市仿真“4+8”的整体框架，笔者对照 4 个层次和 8 个方向，从顶层出发，对武汉市与国土空间规划有关的数据进行了梳理，以便厘清每一个层级和每一个方向的数据基础，发现存在的问题，为后续数据建设方案做好支撑。

1. 人口社会

人口社会方面，目前所掌握的数据主要包含常住人口、户籍人口、规划人口、在校学生数和行政区划等数据（见表 4.1）。

表 4.1 人口社会数据现状情况一览表

大类	编号	中类	小类	内容
人口社会	1	常住人口	全国主要城市常住人口	全国主要城市常住人口
			武汉市历年常住人口	武汉市各区常住人口
			武汉市六普人口	武汉市各街道常住人口

续表

大类	编号	中类	小类	内容
人口社会	1	常住人口	武汉市社区级人口（2012 年）	武汉市中心城区各社区常住人口
			武汉市社区级人口（2014 年）	武汉市各社区常住人口
			武汉市社区级人口（2015 年）	武汉市各社区常住人口
			……	……
	2	户籍人口	武汉市户籍人口（公安口）	武汉市各责任区户籍人口
			武汉市户籍人口（统计口）	武汉市各行政区户籍人口
			全国主要城市户籍人口（统计口）	全国主要城市户籍人口
	3	规划人口	各区规划人口	武汉市各行政区规划人口
	4	在校学生数	全国主要城市在校学生数（小学、中学、高校）	全国主要城市在校学生数（小学、中学、高校）
	5	行政区划	全国省、市、县级行政区划	全国省、市、县行政区划范围及政府所在地点位
			武汉市各级行政区、功能区	武汉市各级行政区、功能区、规划单元等范围

2. 经济产业

经济产业方面，目前掌握的数据包括生产总值和居民收入等部分数据（见表 4.2）。

表 4.2 经济产业数据现状情况一览表

大类	编号	中类	小类	内容
经济产业	1	生产总值	全国主要城市国内生产总值（GDP）	全国主要城市国内生产总值（GDP）及一、二、三产
			武汉市国内生产总值（GDP）	武汉市各行政区国内生产总值（GDP）及一、二、三产
			武汉市高新技术生产总值	武汉市高新技术生产总值
			全国主要城市规模以上工业生产总值	全国主要城市规模以上工业生产总值
	2	居民收入	全国主要城市人均收入	全国主要城市人均收入

3. 公共服务

公共服务方面，目前包括文化设施、教育科研设施、体育设施、医疗卫生设施、社会福利设施、商业设施、生活设施七大类设施数据（见表 4.3）。

表 4.3 公共服务数据现状情况一览表

大类	编号	中类	小类	内容
公共服务	1	文化设施	现状文化设施分布	2015 年现状文化设施分布
	2	教育科研设施	2004 年现状中小学分布	2004 年现状中小学分布
			2009 年现状中小学分布	2009 年现状中小学分布
			2012 年现状中小学分布	2012 年现状中小学分布
			2015 年现状中小学分布	2015 年现状中小学分布
			武汉市普通中小学布局规划（2004—2020 年）	武汉市普通中小学布局规划（2004—2020 年）
			武汉市都市发展区中小学布局规划（2010—2020 年）	武汉市都市发展区中小学布局规划（2010—2020 年）
			武汉市域普通中小学布局规划（2013—2020 年）	武汉市域普通中小学布局规划（2013—2020 年）
	3	体育设施	现状体育设施分布	2012 年现状体育设施分布
			武汉市体育设施空间布局规划	武汉市体育设施空间布局规划成果
	4	医疗卫生设施	2010 年现状大型医疗设施	2010 年现状大型医疗设施
			2014 年社区医疗服务中心分布	2014 年社区医疗服务中心分布
			武汉市医疗卫生设施专项规划(2011—2020 年)	武汉市医疗卫生设施专项规划(2011—2020 年)
	5	社会福利设施	2013 年现状养老设施分布	2013 年现状养老设施分布
			武汉市养老设施空间布局规划（2012—2020 年）	武汉市养老设施空间布局规划（2012—2020 年）
	6	商业设施	2015 年现状商业设施分布	2015 年现状商业设施分布
			2016 年现状商业设施分布	2016 年现状商业设施分布
	7	生活设施	2014 年现状菜市场分布	2014 年现状菜市场分布
			武汉市菜市场空间布局规划（2014—2020 年）	武汉市菜市场空间布局规划（2014—2020 年）

4. 综合交通

综合交通方面，目前主要包括城市道路、公共交通、交通运量、交通专项规划四大类数据（见表 4.4）。

表 4.4 综合交通数据现状情况一览表

大类	编号	中类	小类	内容
综合交通	1	城市道路	2013 年现状道路中心线	2013 年现状道路中心线
			2015 年现状道路用地	2015 年现状道路用地
			2015 年现状道路中心线	2015 年现状道路中心线
			……	……
	2	公共交通	2019 年现状公交线路及站点	2019 年现状公交线路及站点
			现状公共停车场	现状公共停车场
	3	交通运量	全国民航机场分布及运量	全国各民航机场分布，以及每年客运量、货运量、起降架次
			全国民航机场航班情况	全国各民航机场航班目的及起飞数量
	4	交通专项规划	2014 年规划道路中心线	2014 年规划道路中心线
			2015 年规划道路中心线	2015 年规划道路中心线
			规划道路红线	规划道路红线
			武汉市轨道交通第三期建设规划 (2015—2021 年)	武汉市轨道交通第三期建设规划 (2015—2021 年)
			武汉市都市发展区慢行和绿道系统管控规划	武汉市都市发展区慢行和绿道系统管控规划

5. 市政设施

市政设施方面，目前主要包括2019年武汉市主城区地下给水线、排水线、电力线、通信线、燃气线、热力线、工业线及消防站分布等数据，此外还包含规划黄线布局数据（见表 4.5）。

表 4.5 市政设施数据现状情况一览表

大类	编号	中类	小类	内容
市政设施	1	供水、排水	2019 年地下给水线	2019 年地下给水线
			2019 年地下排水线	2019 年地下排水线
	2	供电	2019 年地下电力线	2019 年地下电力线
	3	邮电、通信	2019 年地下通信线	2019 年地下通信线

续表

大类	编号	中类	小类	内容
市政设施	4	燃气	2019 年地下燃气线	2019 年地下燃气线
	5	热力	2019 年地下热力线	2019 年地下热力线
	6	工业线	2019 年地下工业线	2019 年地下工业线
	7	消防	2019 年现状消防站分布	2019 年现状消防站分布
	8	市政专项规划	规划黄线	规划黄线

6. 土地利用

土地利用方面，目前主要包括城乡规划及土地利用规划相关的现状、规划及审批数据，如土地利用现状、城规编制、土规编制、城规口与土规口审批管理数据（见表 4.6）。

表 4.6 土地利用数据现状情况一览表

大类	编号	中类	小类	内容
土地利用	1	土地利用现状	城乡用地现状调查	2005 年城规用地现状调查
				2006—2011 年城规用地现状调查
				2013—2019 年城规用地现状调查
				2013—2018 年“两规”衔接用地现状
			城市建成区范围	2004—2019 年城市建成区
			土地利用现状及变更调查	1996 年、2002 年、2004 年、2005 年土地现状调查
				2007 年、2008 年土地变更调查
				2009 年土地二次现状调查
				2010—2018 年土地变更调查
			“三调”	2019 年“三调”
			土地地籍	2008 年地籍调查
				2011 年地籍调查
				2012 年地籍调查
	2	城规编制	武汉市统一规划管理用图	2010—2020 年规划管理用图
			总体规划	武汉市城市总体规划（1988 年）

续表

大类	编号	中类	小类	内容
土地利用	2	城规编制	总体规划	武汉市城市总体规划（1996—2020 年）
				武汉市城市总体规划（2009—2020 年）
				武汉市城市总体规划（2010—2020 年）
				武汉市乡镇总规（2011 年）
			分区规划	武汉市主城区及各新城族群分区规划
			控制性详细规划	控制性详细规划（1998 年）
				武汉市控规性详细规划导则（2009 年）
				武汉市控规性详细规划导则（2011 年）
				武汉市控规性详细规划导则（2013 年）
				武汉市控规性详细规划导则（2015 年）
			修建性详细规划	武汉市各片区修建性详细规划
			城市设计	武汉市各重要节点城市设计
			历史文化	历史文化名城保护规划
				武汉市工业遗产保护和利用规划
			地下空间规划	武汉市地下空间规划
			旧城改造及更新规划	改造单元、改造用地
				城中村规划布局
				重点功能区范围
			建设强度	武汉市主城区建设强度分区规划（2008 年）
				武汉市主城区建设强度分区规划（2011 年）
				武汉市主城区建设强度分区规划（2014 年）
			抗震防灾	武汉市抗震防灾专项规划
	3	土规编制	总体规划	武汉市市级土地利用总体规划（2010—2020 年）
				武汉市区级土地利用总体规划（2010—2020 年）
				武汉市乡级土地利用总体规划（2010—2020 年）
			基本农田	基本农田保护规划（2016 年）
			增减挂钩	城乡建设用地增减挂钩（2016 年）
			低丘缓坡	低丘缓坡土地综合开发利用规划（2016 年）

续表

大类	编号	中类	小类	内容
土地利用	4	审批管理	用地储备	新增建设用地批准书
				土地征收（征收完毕通知书）
			土地供应	土地供应（划拨裁决书、土地出让合同）
			用地批准	选址意见书
				建设用地许可证
				建筑工程许可证
			用地监管	规划条件核实证明

7. 人居环境

人居环境方面，主要包括生态环境、绿化与水资源、历史资源、园林绿化等数据。如基本生态控制线、蓝线、紫线、绿地分布等数据（见表 4.7）。

表 4.7 人居环境数据现状情况一览表

大类	编号	中类	小类	内容
人居环境	1	生态环境	基本生态控制线	都市发展区基本生态控制线
				全域生态框架保护规划
	2	绿化、水资源	蓝线	中心城区“三线一路”保护规划
				新城区“三线一路”保护规划（第一批）
				新城区“三线一路”保护规划（第二批）
	3	历史资源	紫线	文保单位和不可移动文物
				优秀历史建筑和历史保护建筑
				历史镇村
	4	园林绿化	2013 年现状绿地分布	2013 年现状绿地分布
			武汉绿地系统规划修编（2011—2020 年）	武汉绿地系统规划修编（2011—2020 年）

8. 基础地理

基础地理方面，目前主要包括地形图、建筑评价、影像图、地图服务等数据(见表 4.8)。

表 4.8 基础地理数据现状情况一览表

<table>
<tr><th>大类</th><th>编号</th><th>中类</th><th>小类</th><th>内容</th></tr>
<tr><td rowspan="13">基础地理</td><td rowspan="6">1</td><td rowspan="6">地形图</td><td>500 地形</td><td>1 ： 500 地形图</td></tr>
<tr><td>2000 地形</td><td>1 ： 2000 地形图</td></tr>
<tr><td>10000 地形</td><td>1 ： 10000 地形图</td></tr>
<tr><td>25000 地形</td><td>1 ： 25000 地形图</td></tr>
<tr><td>10 万地形</td><td>1 ： 100000 地形图</td></tr>
<tr><td>25 万地形</td><td>1 ： 250000 地形图</td></tr>
<tr><td rowspan="2">2</td><td rowspan="2">建筑评价</td><td>2000 地形建筑未分用途数据库</td><td>2000 地形建筑未分用途数据库（2009 年、2011 年、2013 年）</td></tr>
<tr><td>2000 地形建筑用途分类数据库</td><td>2000 地形建筑用途分类数据库（2015 年）</td></tr>
<tr><td rowspan="3">3</td><td rowspan="3">影像图</td><td>航测影像图</td><td>2010 年、2011 年、2012 年、2014 年航测影像</td></tr>
<tr><td>卫星影像图</td><td>1965 年、1978 年、1989 年、1991 年、1995 年、1997 年，2001—2016 年卫星影像</td></tr>
<tr><td>其他影像资料</td><td>2013 年、2014 年世界夜间灯光遥感数据</td></tr>
<tr><td rowspan="2">4</td><td rowspan="2">地图服务</td><td>武汉市地图</td><td>武汉市政务地图</td></tr>
<tr><td>全国地图</td><td>全国行政区地图</td></tr>
</table>

9. 智慧数据

智慧数据是当前各行各业较为热门且较为关注的数据，当前主要掌握了某周武汉市电信手机信令数据，武汉市空气质量数据（见表 4.9）。

表 4.9 智慧数据现状情况一览表

<table>
<tr><th>大类</th><th>编号</th><th>中类</th><th>小类</th><th>内容</th></tr>
<tr><td rowspan="2">智慧数据</td><td>1</td><td>手机信令</td><td>电信</td><td>电信手机信令数据（2014 年）</td></tr>
<tr><td>2</td><td>空气质量</td><td>空气质量</td><td>武汉市空气质量数据</td></tr>
</table>

10. 互联网数据

互联网数据方面，主要掌握了百度地图 (POI 及评级)、Sina 微博签到、搜房网、大众点评政府网站公开数据等数据（见表 4.10）。

表 4.10 互联网数据现状情况一览表

<table>
<tr><th>大类</th><th>编号</th><th>中类</th><th>小类</th><th>内容</th></tr>
<tr><td rowspan="10">互联网数据</td><td>1</td><td>百度地图
(POI 及评级)</td><td>百度 POI15 类设施位置数据</td><td>百度 POI15 类设施位置数据</td></tr>
<tr><td>2</td><td>Sina 微博签到</td><td>Sina 微博签到地点</td><td>Sina 微博签到地点</td></tr>
<tr><td>3</td><td>搜房网、亿房网、链家</td><td>武汉市楼盘信息</td><td>武汉市楼盘信息</td></tr>
<tr><td>4</td><td>大众点评</td><td>武汉市餐饮信息</td><td>武汉市餐饮信息</td></tr>
<tr><td rowspan="6">5</td><td rowspan="6">政府网站
公开数据</td><td rowspan="6">统计年鉴</td><td>中国城市统计年鉴</td></tr>
<tr><td>中国城市建设统计年鉴</td></tr>
<tr><td>中国城乡建设统计年鉴</td></tr>
<tr><td>湖北省统计年鉴</td></tr>
<tr><td>武汉市统计年鉴</td></tr>
<tr><td>武汉市地理信息蓝皮书</td></tr>
</table>

4.2.3.2 存在的主要问题

1. 信息资源简单积累，缺乏内联性，分析、挖掘困难

目前，很多数据普遍由不同部门自行产生与管理，而且不同部门的数据建设与管理情况也不一样，如有些部门的数据以对业务流程的记录为主，数据存储停留在纸质文件管理、数据建档、数据建库等初级阶段。这些数据虽然物理上集中，但是没有建立不同业务环节、不同流程数据之间的关联关系，导致数据仅能用于查询，难以支撑分析。不同领域部门虽然积累了大量的数据，但是仍然存在分析难、统计难、决策难、应用难和决策难的问题。

2. 数据处理和分析的方法有限

虽然在国土规划工作中，地理信息技术获得了较为广泛的应用，在业界一直享有较好的口碑，但对于动态而又复杂的新来源数据，城市规划与研究中仍然缺少相应的数据分析方法。一方面，传统的方法仍然集中于对传统数据的分析，而且传统的分析方法也没有得到较好的普及。另一方面，新来源数据往往是非结构化的数据，与传统数据相比，在空间坐标上也面临着挑战，虽然可以近似地转换和处理坐标，但这样的数据精度，将对数据应用范畴产生制约。同时，新来源数据的规范化和可视化呈现也是城市规划与研究中需要解决的难题，虽然目前出现了一些效果出众的可视化方法，但专业门槛较高导致受众面较小，而且适用范围有限。

从长远来看，随着数据的累积，数据分析方法尤其是地理信息技术，将会受到更多的重视，甚至成为每个规划师的必备技能之一，将会对大数据热潮下的城市规划与研究产生关键影响。

3. 信息资源利用缺乏有效的分析模型和方法

规划信息化的全面发展给规划管理部门带来了丰富的数据资料，也积累了大量的历史资料。随着信息技术的发展与应用系统的持续运营，土地管理、规划管理等数据资源越积越多。但是各单位的数据主要停留在数据的累计和简单的可视化呈现上，缺少有效的分析模型和方法，未能做到高效的管理和深入挖掘，许多有价值的数据往往被忽视，未能充分发挥其应有的作用。

4. 需要进一步强化数据安全

在数据库建设及数据使用过程中，往往无意忽略或不重视数据安全。随着当前信息交流渠道的多样化、数据资源的多元化，涉密和涉敏信息经常会因为数据安全措施不到位而被泄露，从而造成不必要的负面影响。因此，在万物互联的扁平化时代，不同形式的数据、不同安全等级的数据使用安全应该受到足够的重视。

5. 数据可视化方式单一

当前数据越来越复杂，模型的复杂性呈指数倍增加，以图、表信息的方式呈现复杂的分析结果变得越发重要，但是在当前规划及相关信息化工作中，数据的可视化呈现方式较为单一。在易读性、友好性、交互性、直观性等方面均具有较大的提升空间。

6. 数资源获取的局限性

随着数据价值越来越受到各行各业的重视，数据资源的生产单位会因不同的目的对所拥有的数据加以保护与隔离，从而造成了数据获取的壁垒，其他数据使用单位很难获取到所需要的数据。另外，数据使用单位能够及时获取一定的数据，也会存在数据的加工处理问题，难以持续地维护与更新。

4.2.3.3 小结与思考

1. 关于数据组织

数据组织应结合规划工作实践和实际需求，打破堆叠式、图层式数据应用与管理的传统方式，按照一定逻辑对数资源进行系统梳理与整合，建立空间关联，与此同时，按照数据资源的时间特性，建立时间线索的关联，通过多重线索的有序组织，为数据的实际查询、分析等应用提供更多的关联性和可能性，提升数据资源服务的友好性和高效性。

2. 关于数据的加工与整理

规划工作中需要使用的数据往往散落在不同的图层里，缺乏系统整理与加工，导致数据不好用。在“数据湖”建设过程中，要充分考虑数据资源的实用性和通用性，对不同层级的数据按照统一的单元逐一梳理、分解，形成相同颗粒度，或者建立不同级别数据之间快速交换的转化规则，强化数据之间的关联性。通过标准化的技术规则或约束条件，来规范对数据资源的统一加工、统一入库、统一管理、相互协调，提高数据之间的相互关联度、计算便捷度和数据流动性。

3. 关于数据的使用功能

只能看、不能下载的使用方式造成了新的信息壁垒，使数据资源的作用得不到充分体现，而失去其本身应有的实际价值。因此，在“数据湖”建设过程中，应充分规避数据应用中存在的问题，构建以数据为驱动的信息获取、应用新模式。首先，解决能看的问题，按照时间线索和空间线索对数据进行再组织，一次查询完成多重信息的获取，避免多个数据之间的来回切换，实现既要能看也要好看。其次，解决能用的问题，在能看的基础上，调取相应数据和工具，进行空间计算方法分析，将结果形成数据服务包供下载，实现数据使用增值服务。

4.2.4 数据治理体系构建

根据梳理形成的数据资源目录，以及“计算式”城市仿真的整体框架、数据建设需求、管理需求、应用需求，构建新的数据分类体系。

从当前的数据建设及应用来看，大体上经历了数字化和信息化两个阶段。数字化的主要特点是，将相关的纸质文件、材料等成果进行电子化操作，转化为数字信息，并进行数字化管理；信息化的特点是在数字化的基础上，对数据进行有序堆叠、组织和应用，以提高工作效率。这两个阶段对数据的应用仍处于初级阶段，数据的内在价值仍未得到充分挖掘和释放。如何更加高效地运用积累的数据资源，从中挖掘出更多价值，从而进一步提升城市治理的精细化和现代化水平，需要构建新的数据体系。

“计算式”城市仿真在数据方面，构建了数据湖之后，进行了数据资源的融合、关联和有序管理，同时在此基础上，还探索构建了以“三图”建设引领现代化数据治理。“三图”是指现状底图、规划蓝图、实施动图，其核心是通过新的数据应用方式，分别来陈述城市现状、描绘城市蓝图、展示城市过程，从数据层层叠叠走向互相关联，实现数据价值的提升。为国土空间规划的全生命周期传导提供支持，实现“机器代人”并促进更加精细化和智能化规划管理，为提升现代化城市治理水平打好基础。自然资源和规划数据体系见图 4.7，国土空间规划全生命周期传导图见图 4.8。

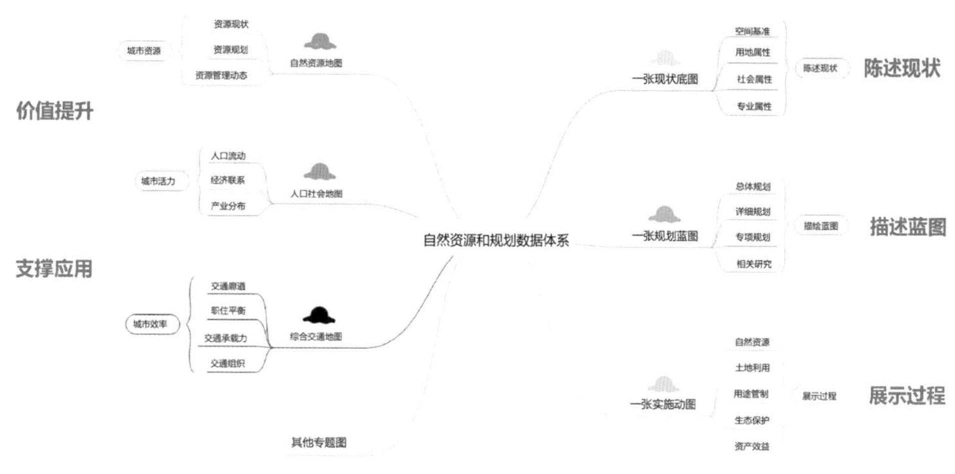

图 4.7 自然资源和规划数据体系

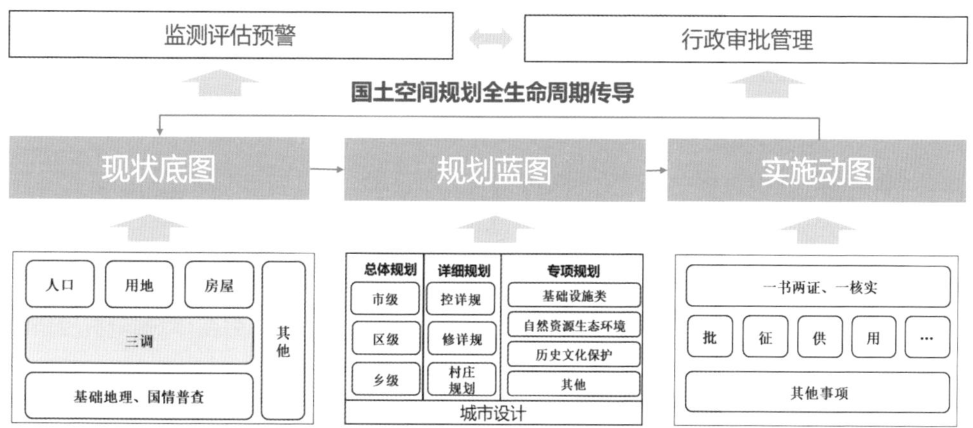

图 4.8 国土空间规划全生命周期传导图

4.2.5 数据库建设要求

4.2.5.1 数据库基本原则

（1）规范化原则。制定统一标准、统一格式的数据处理及建库标准，将数据进行分类管理、安全保密存储，提供自行维护机制。

（2）可操作性原则。在数据字段和数据库设计上保留充分的余地，便于根据实际情况所需进行删减、扩充。

（3）真实性原则。每一项数据务必真实、客观反映规划编制成果的实际情况。

（4）通用性原则。选择科学、合适的建库方法和技术路线，尽量使建库成果满足多信息平台的使用要求。

（5）经济性原则。尽可能利用现有基础资料、数据、成果，在保证成果科学性、准确性的基础上，降低时间、人力和物质等成本。

（6）持续性原则。应建立合理高效的数据逐年更新机制，并通过各种高新技术手段，实现数据的持续更新。

4.2.5.2 数据结构及要求

建库源数据格式为规划编制成果中所需提供的矢量数据（DWG、SHP 等常用格式）、电子表格类数据和其他非矢量数据等。

1. 矢量数据

常见的矢量数据包括 DWG 和 SHP 两种格式，矢量数据需要具备完整的空间信息和属性信息。矢量数据的空间结构分为点、线、面三类，属性结构根据数据内容而定，每一类数据都制定有相应的属性结构，在数据建库时要严格执行。

2. 电子表格类数据

在“数据湖”建设过程中，对于只有数值信息的数据，如各城市 GDP、一二三产业产值等经济类数据、空气指数等环境类数据、航空航运等统计类数据，需以电子表格形式存储。在电子表格制作过程中，针对不同数据需要建立关键字字段与相应的空间位置数据进行一一对照，便于电子表格数据与空间数据结合，从而进行数据可视化、数据分析应用等工作。

3. 其他非矢量数据

针对不包含矢量数据的规划编制成果，需将成果数据转换为 PDF 格式，供查询、浏览使用。由于系统数据采用网络传输，所以在将规划编制成果转换为 PDF 格式时既要保证数据精度又要使数据容量足够小。

（1）JPG、PNG、TIF 等图片格式数据转换时，按照等比缩放的方法统一将图片横边转为 1500px，再将图片设置为 A4 大小，通过 PDF 转换软件，将图片格式成果按照先后顺序制作成 PDF 格式成果集。

（2）PPT、WORD、PDF（超高精度）等文档格式成果数据，只需在 PDF 转换软件中设置为 A4 大小，调整合适精度后转换成 PDF 格式成果集。

（3）项目会议纪要、批文等也按照上述（1）（2）方法转换为 PDF 格式数据。

4.2.5.3 数据质量要求

1. 数据质量要求

数据质量控制是“数据湖”建设工作的重要内容之一，数据质量的高低直接影响了计算结果的准确性、权威性的高低，关系到量化计算在规划工作中的实际作用和用户对量化计算工作的认可度。从物质空间的角度来说，数据可分为两类：一类是空间矢量数据，如用地现状图、设施布局图等；另一类是非空间数据，如效果图、文本、表格等。针对不同类型的数据需要遵循不同的质量要求，总体来说，主要存在以下几种质量要求。

（1）数据库内容完整、无错漏，对于矢量数据，无图层要素缺失。

（2）坐标系统一，所有数据无平移、旋转、缩放。

（3）要素内容与描述一致，无逻辑错误。

（4）图形要素无自相交、回头线、悬挂点、空属性、面积负值、大量碎小图斑等几何图形错误。

（5）用地地块之间严格拓扑，无压盖、重叠、碎小缝隙等。

2. 数据检查内容

为保证数据质量，需要对建库过程实行全面质量检查，包括原始数据采集预检、数据入库自检、数据库成果审核等环节。具体检查内容如下。

（1）依据相关标准进行原始数据预检，保证数据表达内容清晰、准确、权威，满足入库要求。

（2）矢量数据需拓扑检查，不得出现重叠、相交、自相交、缝隙等情况。

（3）按照“数据湖”框架，建立矢量数据的数据结构。

（4）检查建库数据完整性、准确性、图形和属性数据一致性等。

4.2.5.4 数据建库流程

规划数据建库主要分为前期准备、数据监控、数据校核、成果汇交发布四个部分，各部分具体操作流程如图 4.9 所示。

4.2.5.5 数据获取

对于“数据湖”建设来说，数据获取是整体工作的重中之重。为此，需要建立稳定、有效、可持续更新的数据获取渠道和更新维护机制，保障数据资源的高效、快速获取与持续、稳定更新。数据获取途径可分为渠道数据获取、公共数据获取、内部专业数据获取三大部分。渠道数据获取主要是指像手机信令、公交刷卡、银联刷卡等新来源大数据的获取，需要与相关单位建立稳定的合作机制，保障相应数据资源的获取；公共数据获取主要是指经济数

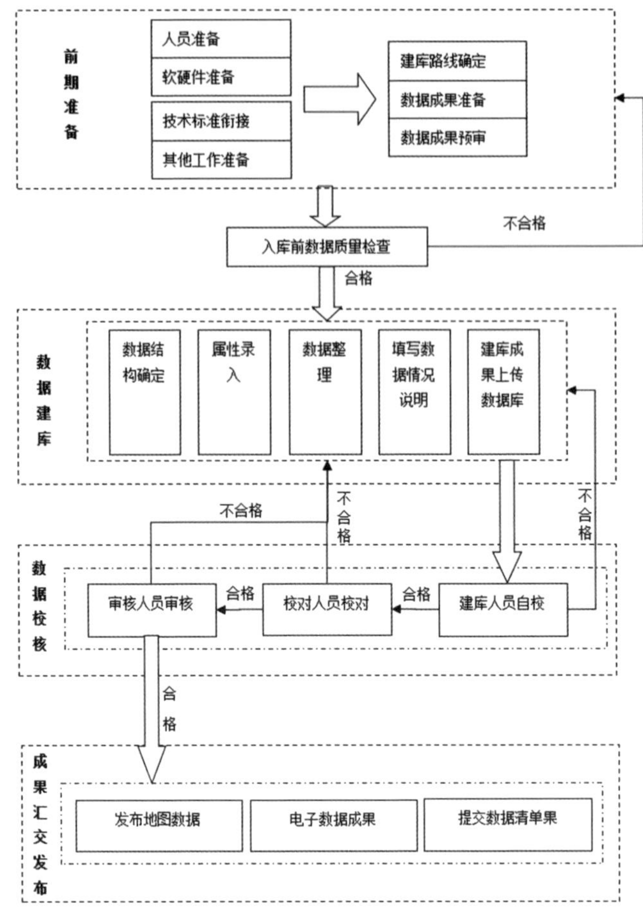

图 4.9 数据建库流程示意图

据、网络数据等公开的网络数据资源，需要研发相应的爬虫软件，定期开展数据下载更新工作；内部专业数据获取主要是指国土规划内部数据资源的获取，可以通过交汇共享的方式获取数据资源。

1. 渠道数据的获取

对于非公开的新来源数据需要建立数据获取渠道，就目前而言，可以接触到的数据资源和渠道见表 4.11。

表 4.11 新来源数据获取渠道一览表

序号	数据内容	相关企业
1	手机信令数据	移动运营商
2	出租车浮动 GPS 数据	客运出租汽车管理处
3	公交 GPS、公交刷卡数据	公交集团

续表

序号	数据内容	相关企业
4	银联 POS 刷卡数据	银联商务
5	腾讯位置大数据	腾讯
6	百度位置大数据	百度

除此之外，还有医保刷卡数据、路口摄像头、水表数据、电表数据、燃气数据等多项关乎城市运行的数据资源，有待进一步与相关单位接洽获取。

2. 公共数据的获取

对于公共数据的获取，在不同的领域，结合专业领域数据的特点，数据采集的方法或软件工具也大有不同。如在互联网领域中，用于日志采集的工具有很多种，包括 Hadoop 的 Chukwa、Cloudera 的 Flume、LinkedIn 的 Kafka、Facebook 的 Scribe 等；网络公共数据最合适的获取方式莫过于通过爬虫软件来定期获取与更新。在物联网领域，采集数据的传感器不同，数据的获取方式也就不同，如传感器包括 MEMS 传感器、光纤传感器、无线传感器等。公共数据的获取为新来源数据提供了丰富的数据渠道，为国土规划领域大数据分析与应用提供了重要的数据基础。

获取的新来源数据按照结构的不同，可分为结构化数据、非结构化数据及半结构化数据，其特点见表 4.12。

表 4.12 新来源数据特性描述

数据类型	举例	特点
结构化数据（structured）	二维表	先有结构后有数据，行数据
非结构化数据（unstructured）	图像、文本、声音、视频	模式具有多样性
半结构化数据（semi-structured）	HTML 文档、XML 文档、SGML 文档	先有数据后有模式，无规则化结构

结构化数据主要是指可以由二维形式来表示数据逻辑和结构的数据，主要用关系型数据来存储，其中一行数据表示一个实体，但是这类数据扩展性不好。非结构化数据是指采用文件系统存储、或没有固定结构的数据，如各种文档、图片、视频或音频等，这类文件一般采用整体存储，在数据库中常采用二进制格式存储。目前，新来源数据如互联网数据、传感器数据等，大都是非结构化数据或半结构化数据，其中半结构化数据种类多样，形式较多，这为新来源数据存储、处理、分析和可视化展示都带来了巨大挑战。

3. 内部专业数据的获取

内部专业数据的获取，可以通过交换与共享的方式获取数据资源。

4.2.5.6 数据更新

数据更新是任何数据库建设工作的重要环节，针对不同的数据资源，其更新方式与周期应该有所不同。从“数据湖”的整体框架来看，可以从基础数据、专业数据、关联数据、对标数据四个方面分别确定其数据更新频率。

1. 基础数据

以影像图、地形图等为主的基础数据按照其特点采用年度更新的方式，每年更新一次。其中，部分数据按照其生产节奏，可适当缩短或延长更新周期。

2. 专业数据

专业数据主要包括规划编制数据和规划管理数据。其中，规划编制数据由现状数据和规划数据两类组成。对于现状数据，一般按照年度更新的方式进行全面更新，此外，局部可以按照需要实时更新。对于规划编制数据，按照规划周期或者规划修编工作实时更新。规划管理数据是指在城市规划编制、审批和实施等管理工作中产生的各类数据。按照季度更新，其中，部分数据根据需要可按月更新。

3. 关联数据

关联数据中人口社会、经济产业等数据可以按照年度更新；生态环境数据中除空气污染实时更新外，其余数据可以按照年度更新；新来源数据中智慧数据可以按照与相关单位合作协议中规定的更新频率更新，网络公开数据可以根据实际需要按照月、季度或年度更新。

4. 对标数据

对标数据根据相应标准，及时更新。

4.2.5.7 数据存储及数据安全

1. 数据存储

计算机数据的安全性、可靠性和高效性越来越受到计算机用户的关注，而选择合适的数据存储方式则能够有效地解决上述问题。从计算机角度来说，数据存储是指在数据流加工过程中，数据以某种格式保存在计算机的内部或外部等存储媒介上。当前，传统的存储介质主要为磁盘、磁带、光盘、闪存等，这些传统数据存储介质和相应技术是当前常用的数据存储方式。但是随着技术的不断发展，SSD（固态硬盘技术）和 Dedupe（重复数据删除技术）等新型计算机数据存储技术因其在存储容量和传输速率等方面的突出优势而逐渐受到广泛应用和青睐，而基于云环境下的数据存储和DNA分子存储技术也将是未来发展的方向。

总体来说，要保障"数据湖"中数据资源的安全性、可靠性和高效性，需要结合实际情况，针对数据资源的固有特性与适用场景，选择多样性的数据存储介质和备份方式，满足数据的应用需求，同时兼顾数据的安全性。

2. 数据安全

在信息化社会，各种信息都能借助互联网快速传播，构筑了连接现实社会与虚拟社会的纽带。近些年，海量的互联网数据逐步成了违法分子觊觎的对象，这不仅危害了个人信息安全和计算机信息系统安全，更为数据安全带来了风险。国际标准化委员会对计算机安全的定义是"为数据处理系统建立和采用的技术和管理的安全保护，保护计算机硬件、软件和数据不因偶然和恶意的原因遭到破坏、更改和泄露"。中国公安部对计算机安全的定义是"计算机资产安全，即计算机信息系统资源和信息资源不受自然和有害因素的威胁和危害"。由此可见，计算机安全可以理解为，从物理安全、运行安全、信息安全和安全保密等方面，建立网络、系统等安全保护措施确保数据通过网络系统可以正常地、安全地运行，数据不发生修改、丢失、泄露等。

数据安全包含两个方面：一方面是指数据本身的安全，通过采用现代密码算法对数据进行加密、双向强身份认证、构建数据安全保障体系等方式保障信息的完整性、保密性和可用性。另一方面是指数据防护的安全，即在网络空间中，数据在产生、传输、存储等环节中的防护措施，以及对系统网络、网络空间基础设施的防御安全。主要是采用现代化的存储、物理防护等措施，对数据主动防护，保障数据的安全，如数据备份、异地灾备、网络隔离等措施。

本书所述的数据安全主要是指数据保护方面的安全：一是数据存储安全；二是数据使用安全。

1）数据存储安全

在物联网、互联网技术高速发展的时代，用户隐私数据泄露事件频频发生，不仅国内IT行业巨头不能避免，在信息化高度发达的欧美国家也无法幸免。如2015年爆发的网易邮箱过亿数据泄露事件，2019年的苹果手机用户数据泄露事件，这些事件表明用户个人及其隐私信息受到严重威胁。随着数据泄露事件在酒店、公共部门、电子商务、金融和医疗等行业频发，造成了严重的经济损失和社会信任危机。随着电子产品更新换代，数据的存储与安全也成了关注的重点，如电脑硬盘损坏、U盘无法识别等问题，这使人们在日常工作、学习和生活中面临重要数据损失、丢失的情况。

保护自身机密数据、用户隐私数据和存储设备变得越发重要，尤其是地理空间数据保护更是重中之重，这类数据的存储与安全直接影响着国土安全，信息安全就更为重要。在数据存储、数据安全隐患频出，新情况、新隐患也不断涌现的情况下，如何面对未知的存储安全情况、各类存储安全事故，在第一时间将损失、负面影响降至最低，这成了存储安全的最终屏障。存储安全需要保障数据的完整性、安全性，以及存储设备安全，实现数据安全的目的。未来存储安全的趋势更加侧重数据恢复，兼顾保障数据备份。

对于国土规划“数据湖”来说，数据存储安全，并不像银行系统等行业具有非常高的数据安全敏感度。因此，我们所关注的数据存储安全主要是指企业级的数据存储、数据保密、数据备份等措施，如定期对数据进行备份、刻盘和归档，以便在出现问题后，能够在较短的时间内将数据尽可能恢复到正常状态，从而对正常的生产工作不造成较大影响。

2）数据使用安全

对于本书来说，数据使用安全主要指两个方面：一是离线数据的使用安全，二是在线数据的使用安全。核心是在线数据的使用安全。离线数据主要是指工作人员在生产过程中不通过网络使用的数据资源，如规划编制过程中的基础数据、规划方案数据、项目相关资料数据等。在线数据主要是指通过网络对外发布的服务数据，用户通过网络即可使用的数据资源，如通过专业软件发布的规划图服务、地图服务、在线数据库等数据。

离线数据的使用安全，主要通过各种规章制度和加密软件的约束来保障数据安全。制度方面，通过一定的程序来规范数据资源的调配和使用，特别是涉密数据需要经过层层把关才能调用，使用后定期督促销毁原始数据。软件加密方面，通过专业加密软件，将数据使用范围进行限定，一般限定在企业内网范围内才能使用相关数据。

在线数据的使用安全，主要通过各种加密与认证的方式来保证数据资源的安全性。与此同时，对于不可上网的涉密数据，按照国家的相关规定不予在网络发布。项目的在线空间数据均采用服务形式发布，所以在线数据的使用安全基于此来进行说明。基于服务发布架构建立强大、有效的安全性框架。通过配置安全性策略，可以管理和控制服务的访问，从而保证在线数据使用的安全性。

4.3 国土规划数据湖建设

4.3.1 现状底图

现状底图是开展城市计算、感知城市、描述现状的基础，是开展国土规划和城市体检的底板、底图和底数。其核心以“三调”数据为基础，融合人口社会、建筑、设施等相关现状要素，形成坐标一致、边界吻合、上下贯通的工作底图。

1. 构建数据框架

数据框架采用“1+3”的数据组织方式，即一个空间基准（基础层），以及专项、专业和流动三个图层。“一张现状底图”数据框架见图 4.10。

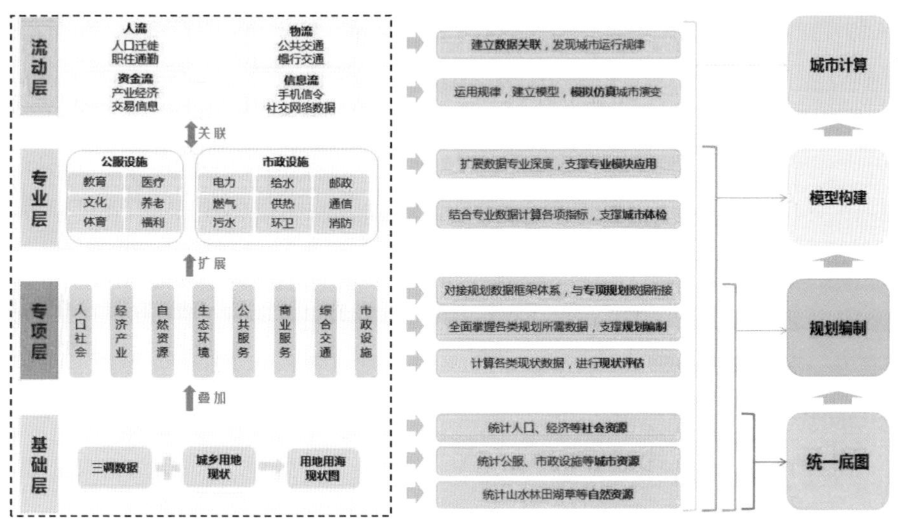

图 4.10 “一张现状底图”数据框架

1）一个空间基准（基础层）

以“三调”成果为基础，确定空间单元边界，建立地类转换规则，融合城规、设施、交通、生态等相关专项调查数据，作为其他各项数据融合的参照标准。

2）专项层

专项层是指以各类专项规划为对象的城市空间资源专项调查数据，是对“三调”部分图层的专项细化数据库。如公共服务设施专项、交通专项、历史风貌区专项等。数据内容包括资源分类、规模、等级、时间等。

3）专业层

专业层是指以资产为对象的图层，是对“三调”图层的专业深化数据库。如医疗卫生体系（医护数量、床位数、病例数、就医规模等）、文化活动体系（赛事活动规模、等级、持续时间等）。

4）流动层

流动层是指在城市空间资源之间的各类人口、交通、资金、信息等流动。形成动态感知、解构、模拟城市的空间流动数据库。

2. 制定数据转换规则

1）“三调”与“国土空间规划用途分类”地类转换

开展“三调”工作分类与＂国土空间规划用途分类“的地类转换规则研究，包括可直接转换的一一对应型、多对一型和需要细化或补充调查的一对多型、无对应型。同时，依托地类转化规则，指导“三调”数据与国土空间规划数据对应关系的建立，总结并形成地类转换规则表。

2）专项调查数据与“三调”地类转换

由于“三调”中的商业服务用地、科教文卫用地、公用设施用地、公园与绿地、特殊用地、交通运输用地、交通服务场站用地等地类较国土空间规划的用途分类更大，因此需进行细化。利用专项调查数据（如城乡用地现状调查、建筑调查等）将这部分地类进一步明确，将单元细分、属性补充，以获取单元划分更小、地类划分更精细的土地利用现状数据。

3. 建设一张“现状底图”

1）空间基准建设

以“三调”成果的单元和用地边界为基础，与其他相关的专项数据和专业数据的空间边界进行比对与校核（见图 4.11），形成空间位置、单元边界及地物类别唯一的空间基准，作为其他数据融合、叠加的基础底图（见图 4.12）。

2）专项数据建设

按照一张“现状底图”数据框架，逐步开展各有关专项数据建设与叠加，完善基础数据，充实底图内容。本书以公共服务设施、市政公用设施、公共交通设施等专项数据建设为主。

3）专业属性数据建设

在各专项数据的空间范围和基本属性基础上，逐步扩充数据专业属性，完善数据资源，支撑多维度、系统性复杂运算。本书选取 2 ~ 3 项专项数据，如医疗卫生、中小学等，在

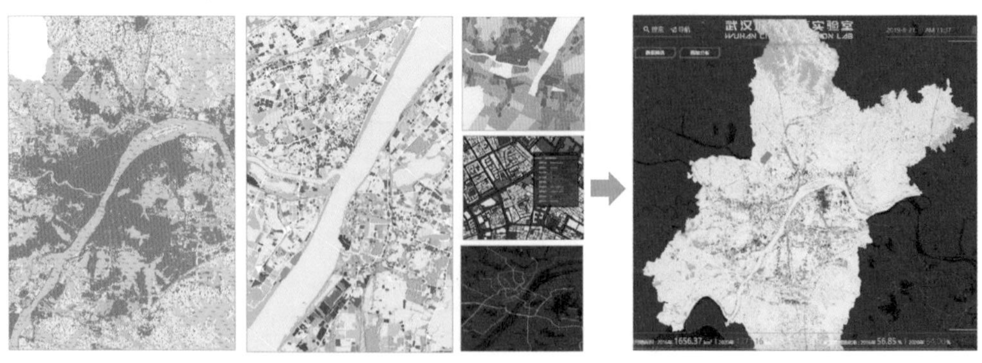

图 4.11 以“三调”的基础的现状底图框架建设机制

三调地类图斑

城乡用地现状图斑

经过转换后的基础层

图 4.12 以“三调”为基础的“现状底图”

设施用地的基础上扩充医疗设施的等级、专业、床位数、门诊人数、医疗设施数、医师数等专业属性，扩充中小学的学位数、学生数、教育用房、机房设备数、教职工数等属性。

4）建立数据间的关联逻辑

构建各项数据间的关联逻辑，包括基准底图与专项层之间、各专项层之间的关联逻辑。例如，从“三调”的基础底图上选中某一小学，可据此连接至全市中小学专题数据图层，或同步显示本行政区内所有小学。加强数据间的关联性，提高数据使用效率。

4.3.2 规划蓝图

基于“五级三类”的国土空间规划体系，研究构建我市国土空间规划编制体系。全面清理全市各级各类规划成果，形成“一图一库”的总体框架（见图 4.13）。

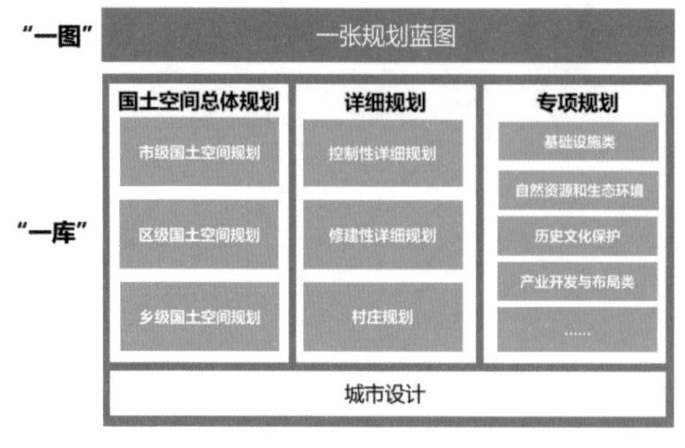

图 4.13 "一图一库"的总体框架

4.3.3 实施动图

1. 建设目标

（1）建立全域、全要素空间资源的数据框架，融合管理审批数据，动态展示城市发展过程。

实施动图的建设依托国土空间规划相关的地理空间基础数据、现状数据、规划编制数据、审批管理数据、城市建设数据、督察数据等，结合规划编制、审查、审批、实施、监督等环节关系，以业务驱动、数据驱动为不同环节之间的衔接要点，梳理和打通数据环节不畅、信息流转不顺和破除数据孤岛等问题，以数据关联、融合、共享为基础，建立各类数据之间的逻辑关联，实现构建全域、全空间、全要素统筹的数据框架。在城市现代化数据治理的时代背景下，为科学化、精准化编制国土空间规划奠定良好的数据基础。

（2）支撑国土空间规划编制与监测评估预警，覆盖规划编制、审批、实施和监督全流程，为规划实施监督提供统一的基础数据。

以一定的数据标准、数据规则、数据存储和数据更新机制为基础，建设包括现状数据、规划编制数据、规划审批管理数据、经济社会数据，以及其他相关领域数据等数据资源体系，并通过空间叠加、属性融合等方法实现对数据的整合，由此，"一张实施动图"数据资源体系为实现国土空间规划编制、审查、实施、监督、预警、评估提供丰富的数据基础。"一张实施动图"管理流程见图 4.14。

（3）预留从资源到资产的数据接口，指导数据建设。

与"现状底图"和"规划蓝图"连接，开展城市计算，实现运用数据感知城市、引导城市、把握城市的目标。以服务区域、城市发展大局为目标，结合城市规划管理实际需求，完善自然资源和规划数据管理，构建自然资源资产数据体系，为自然资源资产摸底和管理提供

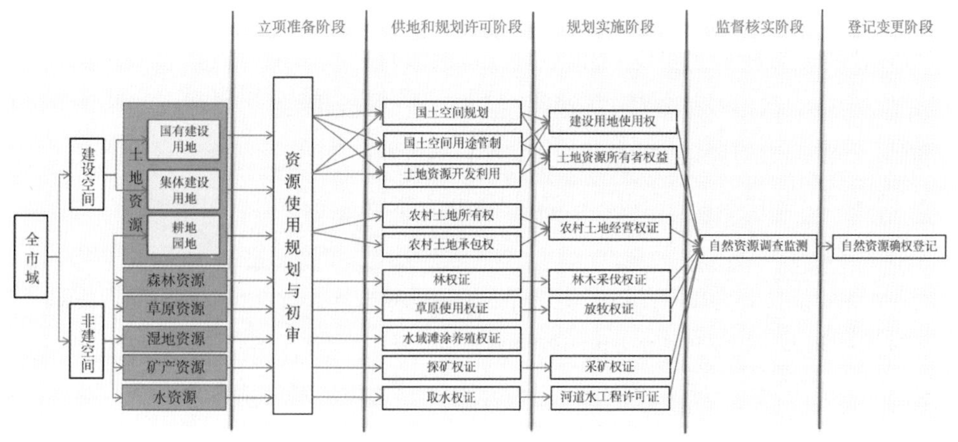

图 4.14 “一张实施动图”管理流程

数据，增强城市规划评估、实施监测、自然资源监测、资产负债表编制等方面的智能化服务。

2. 数据框架

1）一套数据流程

结合自然资源部“两统一”的职责，以国土空间全流程、全生命周期管理为目标，梳理自然资源管理对载体利用和产品生产的监管，建立国土空间管理过程中的权利清单，形成立项准备阶段、供地和规划许可阶段、规划实施阶段、监督核实阶段、登记变更阶段共5个环节，并以此为依据提炼出全市域覆盖、全要素统筹的数据框架。包括土地管理、规划管理、不动产登记等数据流程。

（1）立项准备阶段。

立项准备阶段是在自然资源使用权转移之前，从法定规划层面对新的自然资源使用权人在自然资源开发利用项目的四至范围、空间用途、开发条件等进行规范合规性审查，这个阶段是统一国土空间用途管制实施的重要措施。

针对土地资源中的国有建设用地和集体建设用地，本阶段主要包括立项计划、选址意见、拟收储、已收储等环节。其中立项计划环节包括房屋征收计划、三旧改造计划、土地储备计划等；选址意见环节包括规划意见、土地储备要点、建设用地预审与选址意见等；拟收储环节包括土地利用现状图、规划图、土地权属情况证明文件、建设用地呈报说明书、农用地转用方案、补充耕地方案、征用土地方案、规划设计条件、勘测定界报告及1：10000分幅土地利用现状图等；已收储环节包括征收土地公告、收（回）购补偿协议或补偿安置方案公告、新增建设用地批复信息、征收完成确认书、建设用地批准书等内容。在这些环节之后，完成土地资源的开发许可。

（2）供地和规划许可阶段。

供地和规划许可阶段主要是在明确国土空间载体的使用范围、国土空间用途管制、开发利用等条件下，自然资源使用权人通过签订出让合同或划拨决定书等方式获得建设用地规划许可，取得自然资源载体的使用权利，经自然资源管理部门核定后，核发产权许可，如国有（集体）土地使用证、建设工程规划许可证、水域滩涂养殖证等。

（3）规划实施阶段。

规划实施阶段主要是指自然资源使用权人根据已获取的开发许可权利，向相关部门申请将投入生产要素，在国土空间上进行建设与开发，形成符合行政许可的劳动产品的过程；相关部门依据规定对申请的生产内容、开发方式、生产规模及其他附加条件进行核准，并发予相关行政许可文件，如建设项目施工许可证等。

（4）监督核实阶段。

监督核实阶段主要是指自然资源管理部门对自然资源使用权人对自然资源转化为劳动产品过程中的行为、进度、劳动产品最终的物理形式、规格等进行合法合规性核实和相应的行政裁决，来满足在国土空间开发过程中开发许可、产权许可和生产许可阶段对自然资源的各项权利要求。

（5）登记变更阶段。

登记变更阶段主要是指在自然资源的开发、生产过程中对权利人、权利类型、权利状态等内容的变化情况进行造册登记、给予行政确认的行为，同样是自然资源管理闭环流程的重要环节。

2）一套属性规则

分析每个管理环节产生数据的特点，提出各类数据建设的属性规则，细化至可提取、可计算的空间资源属性要求。例如建设项目的配套幼儿园和停车场的分布与规模、建筑的房前屋后地表类型等。

（1）各环节数据分析。

为了制定属性提取规则，需要对管理核心环节数据进行深入的分析，本书以“一书两证一核实”（见表4.13至表4.16）管理环节核心数据为主，对各环节数据的数据项进行展开。

表 4.13 项目选址意见书数据结构表

序号	属性项	属性项说明	属性值举例 / 说明
1	证号	项目选址意见书的唯一编号	武自规（X）用 [2020]0XX 号
2	证书类型	项目选址意见书	—
3	发证机关	发证机关	XX 自然资源和规划局 XX 分局

续表

序号	属性项	属性项说明	属性值举例 / 说明
4	证书起始日期	有效期起始时间	XXXX 年 XX 月 XX 日
5	证书截止日期	有效期截止时间	XXXX 年 XX 月 XX 日
6	项目代码	发改委项目备案号	202x–xxxxxx–xx–xx–xxxxxx
7	建设单位名称	项目的主办单位	武汉 XXX 有限公司
8	拟用地总面积	拟用地的总面积	7799.88 平方米或为 XXX 亩
9	容积率	建筑总面积与用地总面积之比	文字描述，或百分比描述，或“按建筑面积与用地面积比值计算”
10	拟建设规模	项目拟建设规模的描述	数值或文字描述，或“改扩建总面积 7777 平方米”，也有可能为空，或以“实测为准”
11	用地性质	规划用地性质类别	单一或多用地性质、多级的组合

表 4.14 用地规划许可证数据结构表

序号	属性项	属性项说明	属性值举例 / 说明
1	证号	用地规划许可证的唯一编号	武规地（X）用 [2020]0XX 号
2	证书类型	用地规划许可证	–
3	发证机关	发证机关	XX 自然资源和规划局 XX 分局
4	证书起始日期	有效期起始时间	XXXX 年 XX 月 XX 日
5	证书截止日期	有效期截止时间	XXXX 年 XX 月 XX 日
6	项目代码	发改委项目备案号	202x–xxxxxx–xx–xx–xxxxxx
7	项目名称	项目名称	保利 · 云上（新天地 A 地块项目）
8	建设单位名称	项目的主办单位	武汉 XXX 有限公司
9	规划用地性质	规划用地性质大类	单一或多用地性质、多级的组合，例如：R 居住用地，R2 二类居住用地
10	规划用地面积	规划用地的总面积	7799.88 平方米或为 XXX 亩
11	容积率	建筑总面积与用地总面积之比	文字描述，或百分比描述，或“按建筑面积与用地面积比值计算”
12	拟建设规模	项目拟建设规模的描述	数值或文字描述，或“改扩建总面积 7777 平方米”，也有可能为空，或以“实测为准”
13	建筑密度	建筑物基底面积占用地面积的比例	20% 或不大于 30% 或“结合具体方案审定”
14	绿化率	规划定的绿化面积与用地面积之比	30% 或不小于 35% 或“按《武汉市城市绿化条例》执行”

表 4.15 工程规划许可证数据结构表

序号	属性项	属性项说明	属性值举例 / 说明
1	证号	工程规划许可证的唯一编号	武规（X）建 [20XX]0XX 号
2	证书类型	工程规划许可证	–
3	发证机关	发证机关	XX 自然资源和规划局 XX 分局
4	证书起始日期	有效期起始时间	XXXX 年 XX 月 XX 日
5	证书截止日期	有效期截止时间	XXXX 年 XX 月 XX 日
6	项目代码	发改委项目备案号	202x–xxxxxx–xx–xx–xxxxxx
7	项目名称	项目名称	保利 · 云上（新天地 A 地块项目）
8	建设单位名称	项目的主办单位	武汉 XXX 有限公司
9	规划用地性质	规划用地性质大类	单一或多用地性质、多级的组合，例如：R 居住用地，R2 二类居住用地
10	规划用地面积	规划用地的总面积	7799.88 平方米或为 XXX 亩
11	容积率	建筑总面积与用地总面积之比	文字描述，或百分比描述，或“按建筑面积与用地面积比值计算”
12	拟建设规模	项目拟建设规模的描述	数值或文字描述，或“改扩建总面积 7777 平方米”，也有可能为空，或以“实测为准”
13	建筑密度	建筑物基底面积占用地面积的比例	20% 或不大于 30% 或“结合具体方案审定”
14	绿化率	规划定的绿化面积与用地面积之比	30% 或不小于 35% 或“按《武汉市城市绿化条例》执行”

表 4.16 规划条件核实证明数据结构表

序号	属性项	属性项说明	属性值举例 / 说明
1	证号	规划条件核实证的唯一编号	武规验 [20XX]0XX 号
2	证书类型	规划条件核实证	–
3	发证机关	发证机关	XX 自然资源和规划局 XX 分局
4	放线时间	有效期起始时间	XXXX 年 XX 月 XX 日
5	验线时间	有效期截止时间	XXXX 年 XX 月 XX 日
6	项目代码	发改委项目备案号	202x–xxxxxx–xx–xx–xxxxxx
7	项目名称	项目名称	保利 · 云上（新天地 A 地块项目）

续表

序号	属性项	属性项说明	属性值举例 / 说明
8	建设单位名称	项目的主办单位	武汉 XXX 有限公司
9	土地证号	项目用地地块唯一编号	武国用（2013）第 1XX 号
10	用地证号	项目用地规划许可证唯一编号	武规地（2013）0XX 号
11	工程证号	项目工程规划许可证唯一编号	武规建 [2013]1XX 号
12	验收类型	规划条件核实类型	单体验收、小区阶段验收、整体验收
13	审批建筑面积	审批建筑总面积	数值或文字描述。例如：106385.03 平方米，其中住宅计容建筑面积 105401.23 平方米，物业管理用房建筑面积 225.94 平方米。另绿化架空建筑面积 693.5 平方米，地下车库建筑面积 19765.52 平方米
14	竣工建筑面积	竣工建筑总面积	数值或文字描述。例如：106832.11 平方米，其中住宅计容建筑面积 105841.52 平方米，物业管理用房建筑面积 228.0 平方米。另绿化架空建筑面积 862.85 平方米，地下车库建筑面积 19733.82 平方米
15	审批规模	审批建设的规模	数值或文字描述，或两者的组合，例如：1 栋 1~39 层、5 栋 1~33 层住宅楼及 3 栋 1 层公用配电房
16	竣工规模	竣工建设的规模	数值或文字描述，或两者的组合，例如：1 栋 1~39 层、5 栋 1~33 层住宅楼及 3 栋 1 层公用配电房
17	审批性质	审批用地性质大类	单一或多用地性质、多级的组合，例如：R 居住用地，R2 二类居住用地
18	竣工性质	竣工用地性质大类	单一或多用地性质、多级的组合，例如：R 居住用地，R2 二类居住用地

（2）属性规则定义梳理。

经过对“一书两证一核实”等关键管理环节核心数据的深入分析，不同的属性表现出一定的特征。

数值型属性：用地面积、容积率、绿化率、学位数、车位数、建筑密度、建筑面积、楼栋数量、建筑高度、楼层数等。其特征主要表现在单位不一致、精度不统一、大小写不规范、表示方法不标准等方面。

枚举型属性：规划用地性质、土地分类、共有情况、审批性质、竣工性质、建设区域、发证机关、验收类型等。其特征主要表现在类型个数不统一，一个项目有一种或多种类型，类型值间层级不统一等方面。

文本型属性：项目名称、建设单位、项目编号、建设地址、坐落、用地许可证号、规划许可证号、权利人、不动产单元号等。其特征主要表现在标准不统一，还含有一定的语义信息等方面。

复合型属性：拟建设规模、审批规模、竣工规模、建筑面积、容积率、图号—图斑等。其特征主要表现在除了存在以上问题，含有的信息量各有不同且存在大量的、有待挖掘的高价值信息。数据属性提取规则与方法见图 4.15。

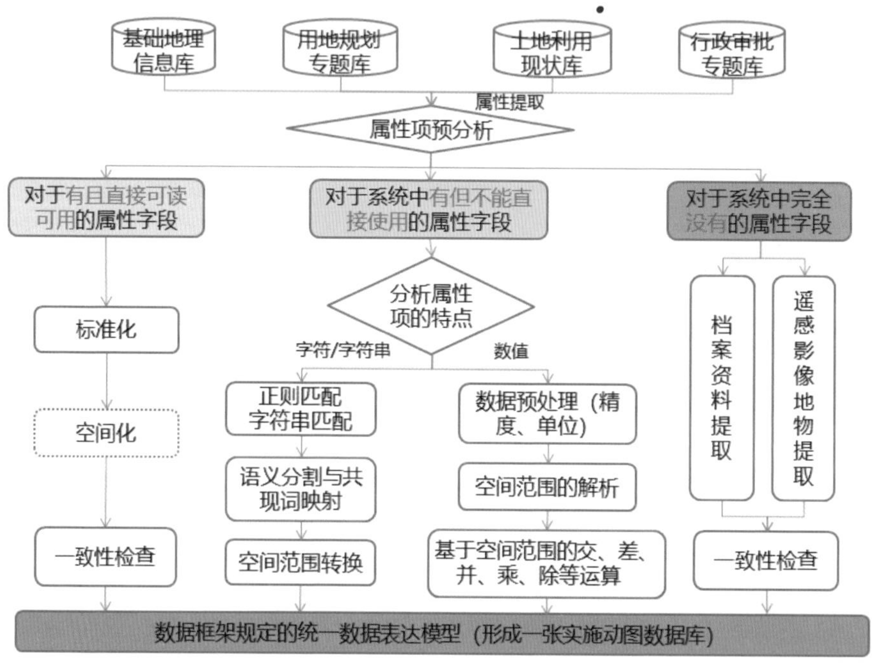

图 4.15 数据属性提取规则与方法

4.3.4 数据库建设及实例

4.3.4.1 数据接入情况

根据数据湖框架和数据库建设要求，在时空数据库建设基础上，通过转换与融合，先后分批开展了数据接入工作，涵盖 10 大类、16 中类、72 小类、224 项数据。数据接入情况见图 4.16。

序号	数据分类	数据内容	责任单位	时间要求	接入要求
1	基础地理	1：500地形图	测绘院	5月20日	切片服务
2		1:2000地形图		4月28日	
3		1：10000地形图		4月28日	
4		2016-2019年影像图		5月20日	
5		地表数字高程模型DEM			
6		地表高程点			
7		社会管理网格	信息中心	5月20日	切片服务
8	审批管理	新增建设用地报批	信息中心	4月28日	动态服务
9		新增建设用地批复			
10		建设用地批准书			
11		房屋征收计划			
12		房屋征收项目			
13		土地储备要点			
14		规划意见			
15		土地征收			
16		土地供应			
17		政府供地上会项目			
18		成交确认书			
19		规划公示			
20		土地交易	地空中心	4月28日	动态服务
21		选址意见书	信息中心	4月28日	动态服务
22		规划设计条件			
23		建设用地规划许可证			
24		建筑工程规划许可证			
25		市政工程规划许可证			
26		规划条件核实证明			
27		土地登记发证宗地			
28		地籍调查宗地			
29		集体土地所有权宗地			
30		河湖管理范围			
31	土地调查及评价	2009-2019年土地变更调查	信息中心	5月20日	切片服务
32		第三次全国土地调查			
33		资源环境承载力评价		5月20日	切片服务

武汉城市仿真实验室第三批数据接入清单（部分）

航片影像　1：2000地形图　国土空间开发适宜性评价

选址意见书　建设用地规划许可证　建筑工程规划许可证

城中村改造规划　规划红线一张图　规划黄线一张图

图 4.16 数据接入情况

4.3.4.2 建筑数据库建设实例

在现代城市建设中，建筑是人类生产、生活、工作、学习、娱乐、经营，以及储藏物资和进行其他社会活动的固定场所，是城市必不可少的要素。城市建筑的量化数据获取、研究及模拟是城市仿真实验室关注的重点内容之一。建设建筑数据库，对建筑的详细信息进行调查、采集、存储与管理，有助于对城市从容积率管控向建筑功能管控的转变，提高城市治理精细化水平。建筑基础数据库见表 4.17。房屋数据库结构见图 4.17。

图 4.17 房屋数据库结构

建设支撑城市仿真模拟计算的房屋建筑数据库需对数据库结构进行设计，建筑房屋数据结构主要包括建筑名称、建筑地址、地上 / 地下层数、建筑高度、建筑用途、竣工用途、基底面积、建筑面积、建筑结构、建筑年代、建筑形态、不同用途建筑层数、不同用途建筑建筑面积、外形照片等内容。

表 4.17 建筑基础数据库

字段名称	字段类型	字段长度	小数位数	约束条件
FeatureGUID	Guid	–	–	–
建筑最外轮廓面	Polygon	–	–	不可为空
建筑照片	Char	250	–	–
建筑编码	Char	15	0	–
建筑名称	Char	50	–	不可为空
建筑地址	Char	50	–	不可为空
地上层数	Int	10	0	不可为空
地下层数	Int	10	0	–
建筑高度	Double	10	2	–
建筑用途	Char	4	–	不可为空
竣工用途	Char	4	–	–
基底面积	Double	20	2	不可为空
建筑面积	Double	20	2	不可为空
建筑结构	Char	20	–	–
建筑年代	Char	20	–	–
建筑状态	Char	20	–	不可为空
外形特征	Char	20	–	–
分层 _JR	Char	20	–	–
楼层 _JR	Char	20	–	–
建面 _JR	Double	20	2	–
分层 _JA	Char	20	–	–
楼层 _JA	Char	20	–	–
建面 _JA	Double	20	2	–
分层 _JB	Char	20	–	–
楼层 _JB	Char	20	–	–
建面 _JB	Double	20	2	–

续表

字段名称	字段类型	字段长度	小数位数	约束条件
分层 _JM	Char	20	–	–
楼层 _JM	Char	20	–	–
建面 _JM	Double	20	2	–
分层 _JW	Char	20	–	–
楼层 _JW	Char	20	–	–
建面 _JW	Double	20	2	–
分层 _JS	Char	20	–	–
楼层 _JS	Char	20	–	–
建面 _JS	Double	20	2	–
分层 _JU	Char	20	–	–
楼层 _JU	Char	20	–	–
建面 _JU	Double	20	2	–
分层 _FF	Char	20	–	–
楼层 _FF	Char	20	–	–
建面 _FF	Double	20	2	–

4.3.4.3 交通数据库建设实例

交通仿真是利用计算机技术研究复杂的交通问题，是分析在设定条件下交通流在时空上的变化来解决现实交通问题的方法，可用于交通设施的方案评价等。道路是城市交通的基础，结合道路客观条件，道路上各类车辆运行状态反映的城市交通运行状态是交通仿真的核心。构建交通仿真模拟，对传统的道路网数据建设提出新的要求。常用的规划道路DWG文件中，采用平面数据表示道路，不能很好地描述车道的属性信息，建立的道路数据库只支持浏览，难以支撑计算、统计等应用功能。

交通仿真对路网数据的要求十分细致。同一路段上的不同车道、不同子路段、交叉口有着不同的拓扑结构和交通特性，需要在路网模型中对其进行具体描述。由此，构建了道路名称、道路等级编码、车道宽度、车道数、道路宽度、车向、单双向等属性字段要求，建立全市交通道路网数据库。交通数据库见表4.18，交通数据空间示意图见图4.18。

表 4.18 交通数据库

字段名称	类型	长度	字段中文名
LinkID	int4	32	数据 ID

续表

字段名称	类型	长度	字段中文名
length	float8	53	道路长度（单位：米）
roadname	varchar	64	道路名称
Class_Ch	varchar	32	道路等级编码
lane_wide	float8	53	车道宽度
lanes	int2	16	车道数
width	float8	53	道路宽度（单位：米）
direction	int4	32	道路通行方向
			1：双向通行
			2：正向通行
			3：逆向通行
			4：双向禁行，即步行街
toll	int2	16	收费道路标志位
			1：收费道路
			2：不收费道路
status	int2	16	道路通行状态
			0：正常通行
			1：建设中
			2：禁止通行
formway	int2	16	道路构成
			上下线分离（Link Divised）1
			交叉点内（Linkin Cross）2
			JCT（JCT）3
			环岛（Rounda bout Circle）4
			服务区（Service Road）5
			引路（Slip Road）6
			辅路（Serving Road/Side Road）7
			引路 +JCT（Slip+JCT）8
			出口（Exit Link）9
			入口（Entrance Link）10
			右转车道 A（Turn Right LineA）11

续表

字段名称	类型	长度	字段中文名
formway	int2	16	右转车道 B（Turn Right Line B）12
			左转车道 A（Turn Left Line A）13
			左转车道 B（Turn Left Line B）14
			左右转车道（Turn Left And Right Line）16
			普通道路（Common Link）15
			服务区 + 引路（Service Road+Slip Road）56
			服务区 +JCT（Service Road+JCT）53
			服务区 + 引路 +JCT（Service Road+Slip Road+JCT）58

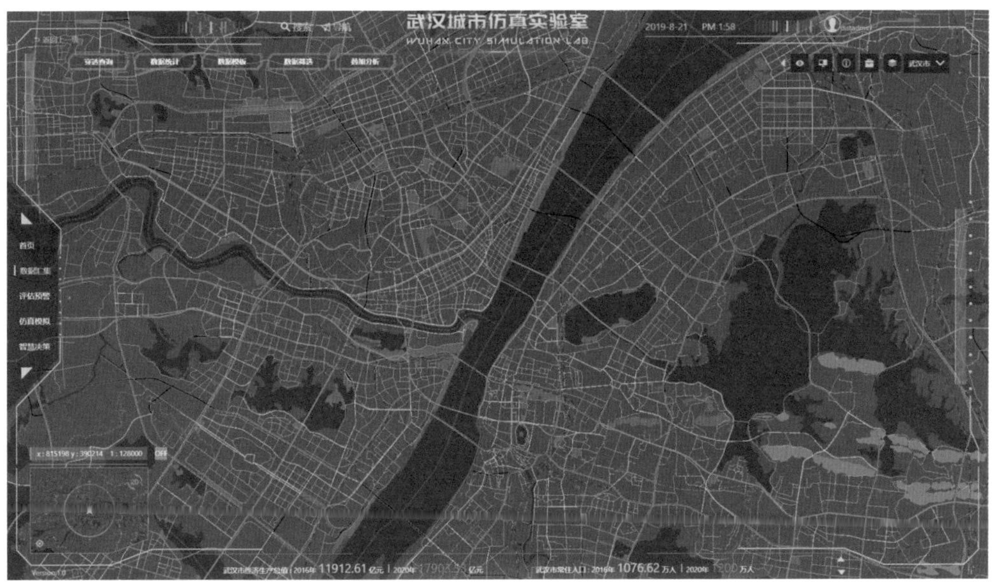

图 4.18 交通数据空间示意图

4.3.4.4 市政设施数据库实例

1. 开展市政设施数据库建设的必要性

市政设施是城市运行和城市文明的重要承载体，是城市发展的基础，也是维持城市经济发展、提升城市可持续发展能力的关键性设施保障。市政数据是城市仿真实验室必不可少的基础数据，需要按照分层、分级、分类的思路整合武汉市交通市政公用设施数据，全面摸清交通市政基础设施“家底”，掌握交通市政基础设施规划情况，跟踪监测交通市政基础设施建设及运行情况，建立格式统一、信息完整的市政公用设施基础数据库，为后期科学规划和智慧决策提供数据基础，为市政的建设和管理提供有力支撑。武汉市交通市政基础设施数据模块分析对象表见表4.19，以燃气设施为例的设施属性表见表4.20。

表4.19 武汉市交通市政基础设施数据模块分析对象表

涉及专项（14类）		区域性设施（16类）	配套性设施（18类）
市政类（9类）	电力	500kV变电站	变电所（220kV、110kV）
	通信与邮政	邮件处理中心	通信机楼、邮政支局
	环卫	垃圾处理厂、环卫车辆停保场	垃圾转运站、公厕（点控）
	消防	–	消防站
	雨水	雨水泵站	–
	给水	给水厂	加压站
	污水	污水处理厂	污水泵站
	燃气	门站	调压站
	供热	热电厂	能源站
交通类（5类）	公交	停保场	首末站、枢纽站
	轨道	轨道车场、有轨电车场	–
	停车	–	独立公共停车场、绿化地下公共停车场、结合开发公共停车场（点控）
	加油（气、电）	–	加油加气站、充换电站
	对外交通	航空、铁路、港口、公路	–

表4.20 设施属性表（燃气设施示例）

数据属性	推荐英文字段名	推荐数据类型	数据说明
设施标识码	SSBSM	C(15)	设施编号
设施类型	SSLX	C(10)	门站或调压站
设施名称	SSMC	C(50)	现状或规划的命名
规划状态	GHZT	C(10)	现状、规划或改扩建
进站压力	JZYL	C(10)	进站压力范围，单位:MPa
出站压力	CZYL	C(10)	出站压力范围，单位:MPa
设计规模	SJGM	D(6,4)	单位：Nm^3/d

续表

数据属性	推荐英文字段名	推荐数据类型	数据说明
设施等级	SSDJ	C(10)	设施等级级别
数据来源	SJLY	C(50)	注明数据来源
入库时间	RKSJ	Date	数据入库的具体日期
备注	BZ	C(50)	其他需要说明的事项

2. 交通市政设施数据库建设内容

结合交通市政各类专项，对市域范围内各类设施的规划、建设及运行情况进行全盘梳理，形成详细的数据内容及要求清单，设计各类设施的数据框架结构，提出数据有关属性要求和规则，构建交通市政基础设施数据标准体系，收集交通市政设施规划、审批、建设等全流程数据，分层、分级、分类完成数据的收集整理和录入，建立交通市政设施基础数据库。

3. 建设成果展示

交通市政公用设施数据模块共收集 14 个大类，34 个小类，共 6687 个数据，数据收集情况见表 4.21。交通市政公用设施数据展示见图 4.19。

表 4.21 交通市政公用设施数据模块数据统计表

大类	小类	个数
电力	500kV 变电站	8
	220kV 变电站	90
	110kV 变电站	406
给水	水厂	31
	加压站	79
燃气	门站	8
	调压站	67
供热	热电厂	16
	能源站	28
通信与邮政	邮件处理中心	2
	通信机楼	128
	邮政支局	147
污水	污水处理厂	47
	污水泵站	261

续表

大类	小类	个数
环卫	垃圾处理厂	18
	环卫车辆停保场	37
	垃圾转运站	97
	公厕	2464
雨水	雨水泵站	131
消防	消防站	263
公交	公交首末站	296
	消防设施	79
	公交	41
轨道	轨道车场	55
	有轨电车场	9
停车	独立公共停车场	842
	绿化地下公共停车场	216
	结合开发公共停车场	211
加油（气、电）	加油加气站	569
	充换电站	8
对外交通	航空	10
	铁路	6
	港口	2
	公路	15
合计		6687

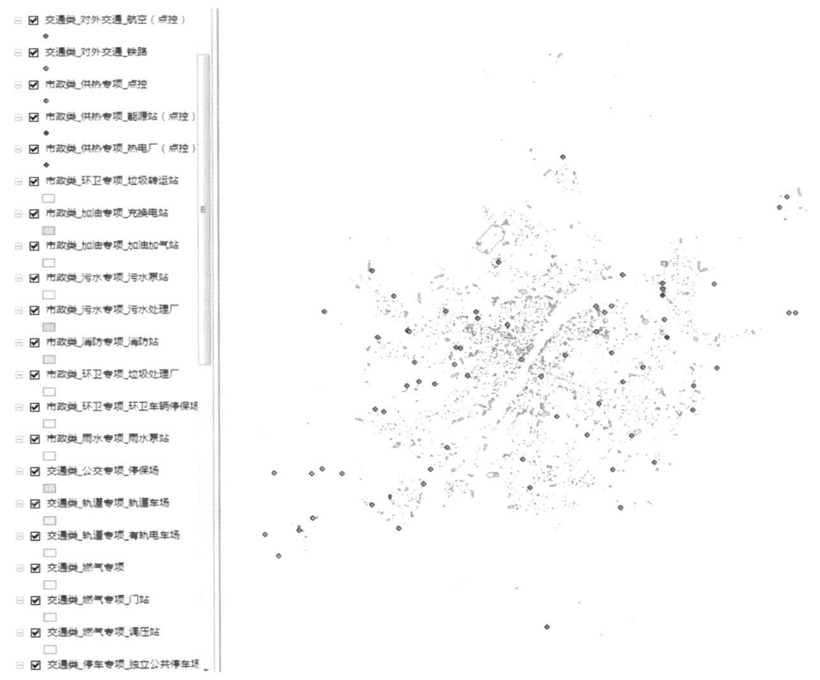

图 4.19　交通市政公用设施数据展示

4.4　可视化实践

4.4.1　单项数据可视化

4.4.1.1　单项数据可视化原则

（1）将数据生动化、简洁化地表达。初始堆积在数据库中的数据往往是混乱无序的空间图形加属性信息，需要将静态、混乱无序的数据符号化表达，使之形成生动、有序、简洁的数据。

（2）直观反映数据本身的特性。例如用地现状数据需反映土地用途及分类，中小学数据需按照学校类型进行展现，现状人口需按最新统计单元人口密度来表达。

（3）符合规划管理数据制图规范。单项数据的符号化样式、颜色，应符合规划管理行业制图规范及制图习惯，以此方便用户浏览、查看和使用数据。

4.4.1.2　单项数据可视化案例

将汇集的各类基础数据按照符号化原则进行逐一可视化，供各类系统平台进行调用，实现数据的综合应用。下面主要以房屋建筑、城乡用地现状、现状人口数据作为示例。

1. 房屋建筑

采用不同色彩对各类性质建筑的空间分布情况进行二维直观表达。房屋建筑数据可视化示意图见图 4.20。

2. 城乡用地现状

按照地块的现状用地分类代码或者性质对城乡用地现状进行符号化表达。城乡用地现状数据空间可视化示意图见图 4.21。

3. 现状人口

按照社区、村级行政单元现状调查总人口密度来呈现现状常住人口的分布、聚集情况。现状人口数据空间可视化示意图见图 4.22。

图 4.20 房屋建筑可视化示意图

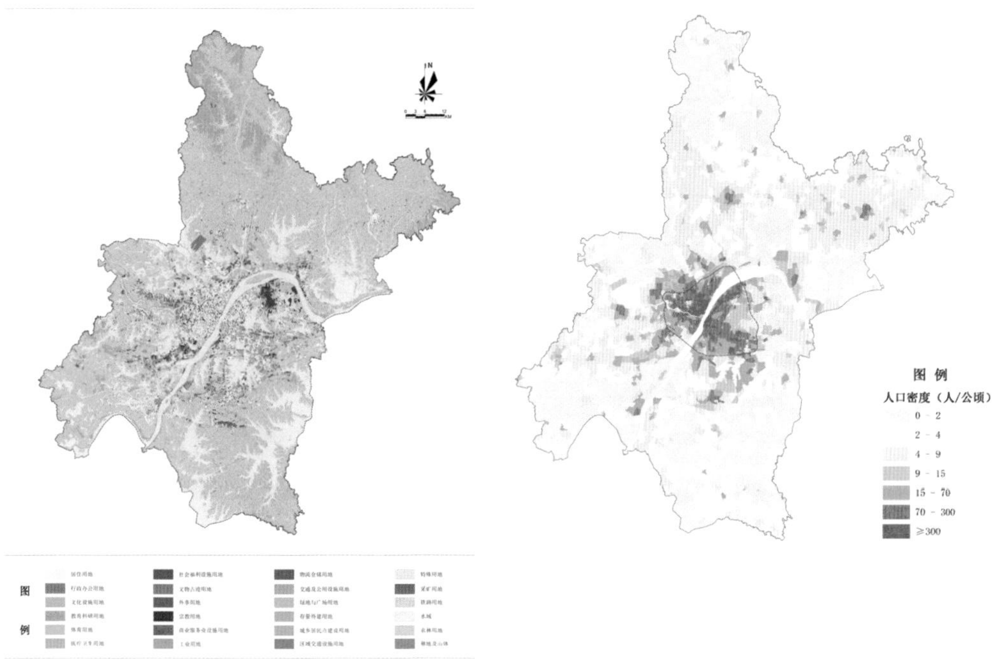

图 4.21 城乡用地现状数据空间可视化示意图

图 4.22 现状人口数据空间可视化示意图

4.4.2 面向数据治理的数据专题

4.4.2.1 建筑数据专题

建筑调查数据是武汉市自然资源和规划局组织开展的，对武汉市都市发展区内所有建筑性质、建筑量、结构、层数等信息进行综合调查形成的数据库。针对建筑数据空间尺度小、分布广、数量大等特点，其可视化可以从建筑基本情况、建筑高度、容积率等贴合规划需求等方面出发，开展相应的数据可视化。

1. 建筑基本情况

采用不同色彩对各类性质建筑的空间分布情况进行二维直观表达。不同性质建筑的空间分布示意图（局部）见图 4.23。

通过数据表格、柱状图等简单的可视化工具，对建筑数据进行统计。此外，可以将这些简单的可视化方法固化为可视化工具，辅助相关人员定义操作，生成相应的可视化图纸。自定义范围统计建筑情况示意图见图 4.24。

建筑基本情况的可视化，不仅仅是将不同类别建筑的分布情况采用热力图的方式进行展示，对于用户来说，可以一目了然地看到所表达建筑在空间上的分布密度等情况。

图 4.23 不同性质建筑的空间分布示意图（局部）

类别	建筑栋数（栋）	平均层数（层）	建筑面积（万方）	容积率	建筑量占比（%）
R	653	3.95	1155957.35	0.95	60.95
A	172	3.66	248520.95	0.20	13.10
B	162	4.54	486465.39	0.40	25.65
M	5	2.00	1159.63	0.00	0.06
F	8	2.25	4464.90	0.00	0.24
合计	1000	3.97	1896568.22	1.56	100.00

图 4.24 自定义范围统计建筑情况示意图

2. 建筑高度情况

对于建筑高度，可以采用二维平面和三维立体相结合的方式进行可视化。二维表达方面，一是可按照不同色系对建筑按高度分级进行表达或者直接将建筑按高度分级之后进行分级调用，按色系表达建筑高度示意图见图 4.25；二是通过热力图来表达不同高度建筑的分布情况（见图 4.26）；三是通过简单的空间计算，从而表达一定级别单元范围内（如街坊单元）不同高度建筑的数量、密度等情况。三维表达方面，可直接在空间上，将二维建筑按照实际高度进行拉伸来表达（见图 4.27）。

图 4.25 按色系表达建筑高度示意图

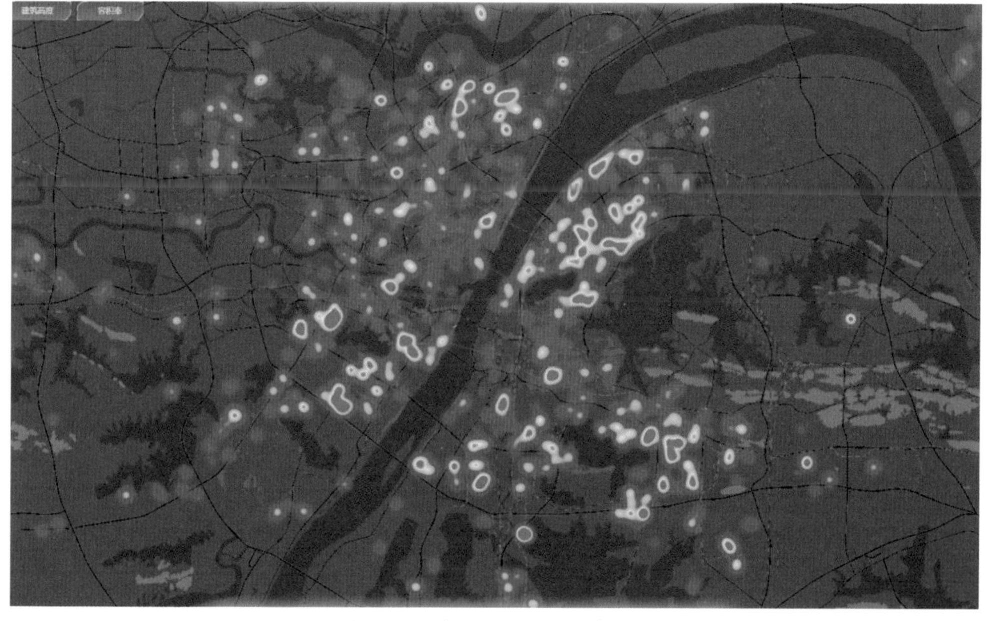

图 4.26 通过热力图表达 30 层以上建筑分布示意图

图 4.27 立体化表达建筑高度示意图

3. 建筑容积率情况

建筑容积率涉及建筑与统计单元的空间计算，主要表现的是指定单元建筑容量。因此，建筑容积率的可视化主要是对指定单元建筑容量的可视化，可视化过程中，主要采用分级设色来表现相应数值。色系表达建筑容积率分布示意图见图 4.28。

除以上简单的可视化表达之外，针对建筑数据还可以进行“人、地、房”关系、交通与建筑量匹配关系、城市功能结构与人口规模关系、城市整体风貌等不同专题的可视化表达，这些有赖于以更加复杂的数学模型和关系式进行更加复杂的计算来予以实现。

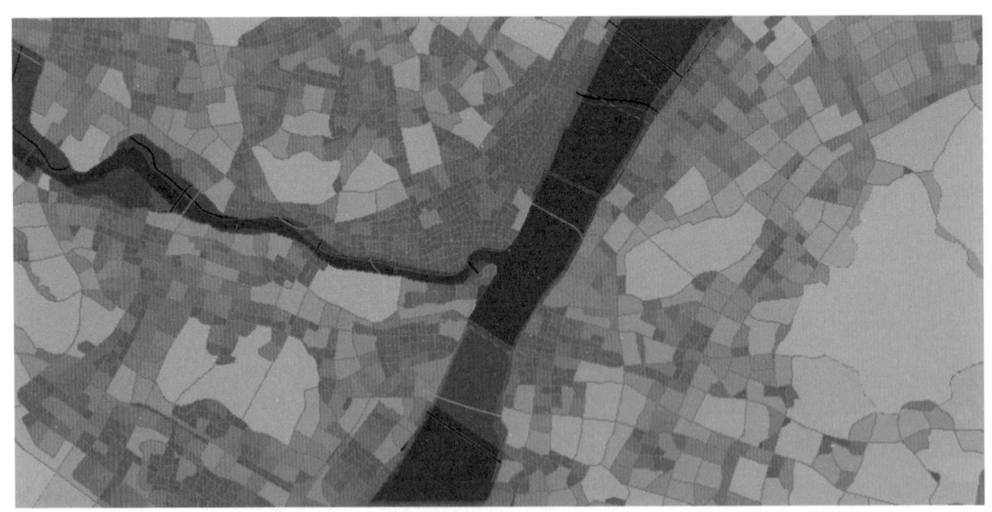

图 4.28 色系表达建筑容积率分布示意图

4.4.2.2 人口数据专题

人口调查数据是武汉市自然资源和规划局组织开展的，对武汉市市域范围内常住人口进行综合调查形成的数据，建立了区、街道、社区、街坊单元四级统计单元体系，属性信息包括年龄结构、性别人口等。按照常用的使用习惯，其可视化一般按照人口规模、密度分布等进行单元分级显示，开展可视化。按照仿真实验应用需求，可在指标预警、监测评估等方面进行可视化。

1. 人口分布

在人口分布方面，可按照不同人口单元的人口规模（见图 4.29）、人口密度（见图 4.30），以及人口核密度（见图 4.31）来呈现现状常住人口的分布、聚集情况。按照总量及密度可视化，可直观反映城市人口分布的基本情况，支撑规划分析，判断城市发展现状和规划需求。

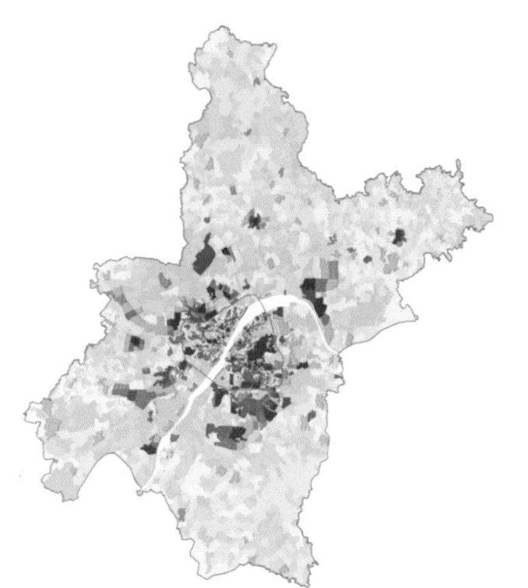

图 4.29 人口规模分布

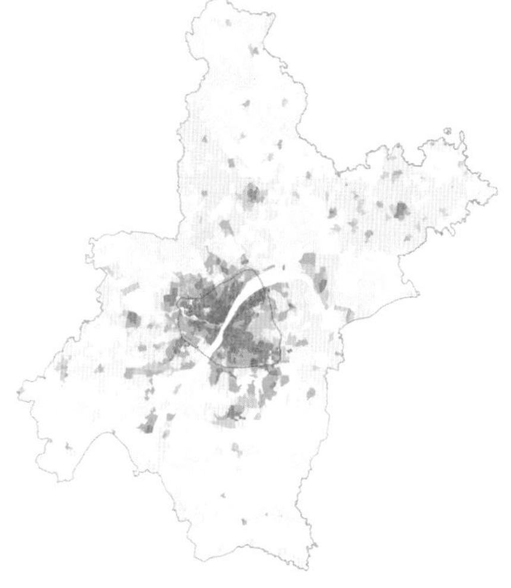

图 4.30 人口密度分布

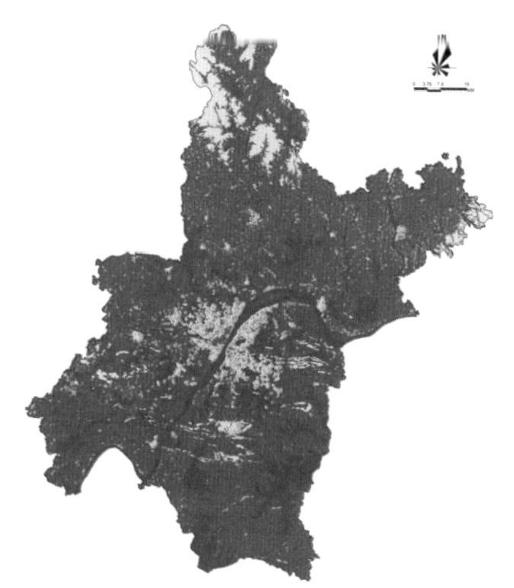

图 4.31 人口核密度分布

2. 人口应用

按照仿真实验室数据汇集、评估预警、仿真模拟、评估预警四大功能模块建设要求，基础数据在常规的可视化呈现实现数据中是可看、可查的，也要能支撑相关的数据应用。当前主要结合指标监测和指标预警分析，开展图表、数据关联分析应用可视化，实现人口指标的实时计算和呈现，准确了解数据背后的专项指标，为规划分析提供基准决策。目前，主要对人口概览（见图 4.32）、人口变化、人口结构（见图 4.33）方面进行了可视化研究。

图 4.32 人口概览指标监控

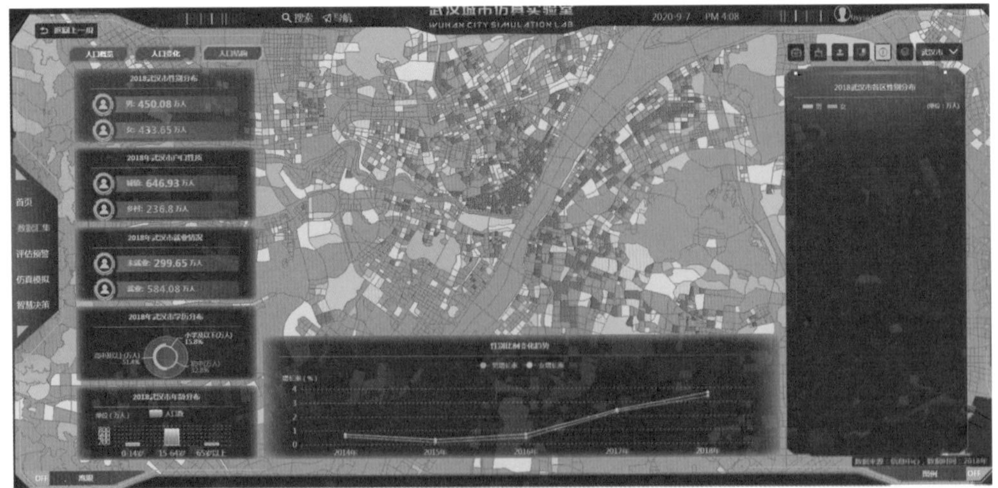

图 4.33 人口结构指标监控

4.4.2.3 土地利用数据专题

土地利用数据是自然资源管理部门直接生成的数据，主要包括土地利用现状调查、分析评价、空间规划、审批管理等相关数据。其可视化主要通过空间分布、用地性质分类、级别等来进行表达，确定土地的功能使用，支撑自然资源管理部门的规划管理业务。

1. 城乡用地现状图

按照城乡用地分类标准，规范制图要求，对城市现状地类进行可视化表达，形成符合规划使用的现状底图。结合仿真实验室应用需求，对自然资源建设用地规模、水域面积、耕地面积等指标进行现状指标监测、趋势分析、区域分析及人均指标监测可视化应用。城乡用地现状图可视化效果示例见图 4.34，建设用地规模可视化效果示例见图 4.35。

图 4.34 城乡用地现状图可视化效果示例

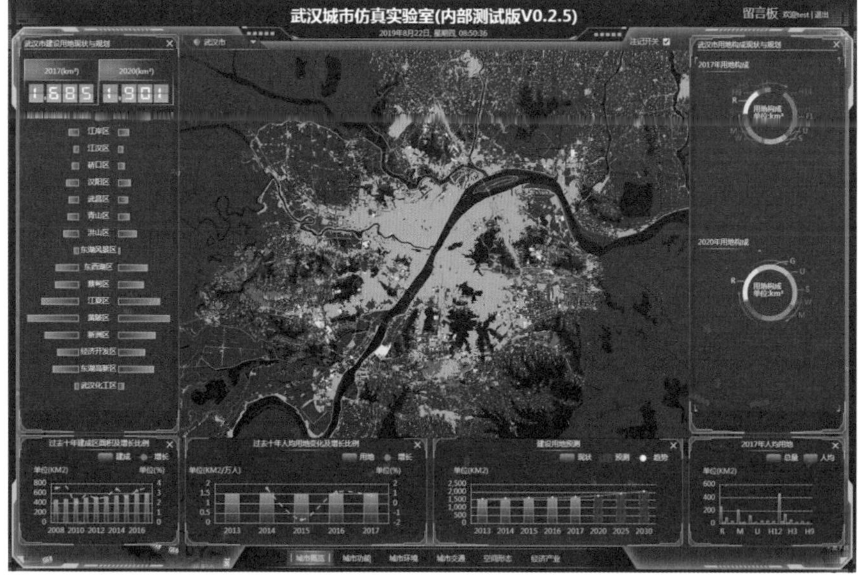

图 4.35 建设用地规模可视化效果示例

2. 基本农田保护线

基本农田保护区规划是对基本农田实行特殊保护而依照法定程序编制的规划，是土地利用总体规划的专项规划，它应在总体规划的控制和指导下编制。国家规定在保护期范围内，建设用地不得占用保护耕地。其可视化主要为空间图形位置展现，固化管控边界。按照仿真实验室拓展数据应用需求，可对保护区面积、耕地面积、区域情况对比等指标要素与图形进行关联可视化。基本农田保护区可视化效果示例见图 4.36。

3. 基本生态控制线

武汉市印发的《武汉市基本生态控制线管理条例》（以下简称《条例》），是全国首部基本生态控制线保护的地方立法。《条例》强调对基本生态控制线实施最严格保护，明确除公园、自然保护区、风景名胜区内必要的配套设施等项目外，生态底线区内不得建设其他项目；在生态发展区内，除生态型休闲度假、公益性服务设施等项目外，不得建设其他项目。其可视化主要为空间图形位置展现，固化管控边界。按照仿真实验室拓展数据应用需求，可对各类生态区用地构成、区域情况对比等指标要素与图形进行关联可视化。基本生态控制线可视化效果示例见图 4.37。

4. 中小学设施

中小学设施是公共服务设施其中一类。公服设施主要包括教育、医疗卫生、文化体育等。在规划中考虑设施规模的同时，也要考虑合理的专业配套能力，例如中小学班级数，医疗、养老设施床位数，体育设施场馆面积、容纳人数等专业属性。公共服务设施布局需要有规范的服务半径，支撑城市发展建设。其可视化主要包括设施空间位置、专业属性和服务半径等。中小学设施可视化效果示例见图 4.38。中小学设施覆盖率可视化效果示例见图 4.39。

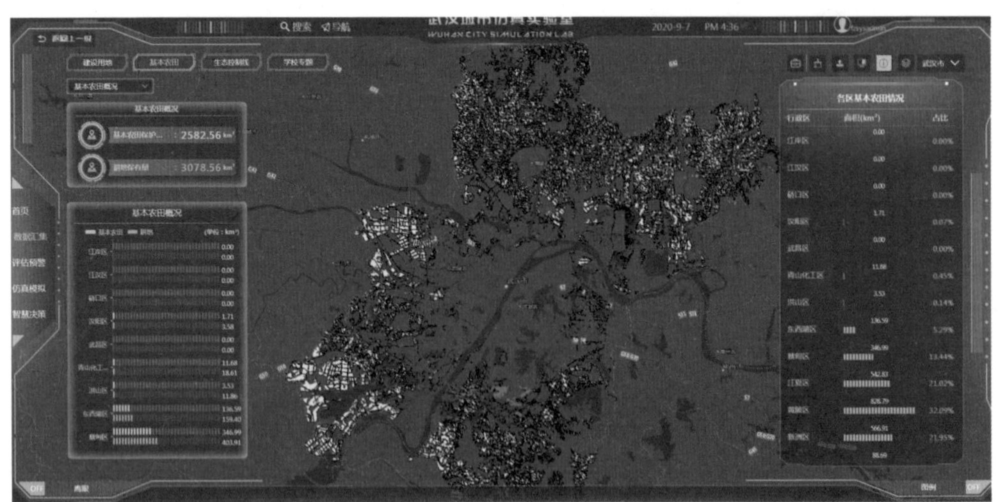

图 4.36 基本农田保护区可视化效果示例

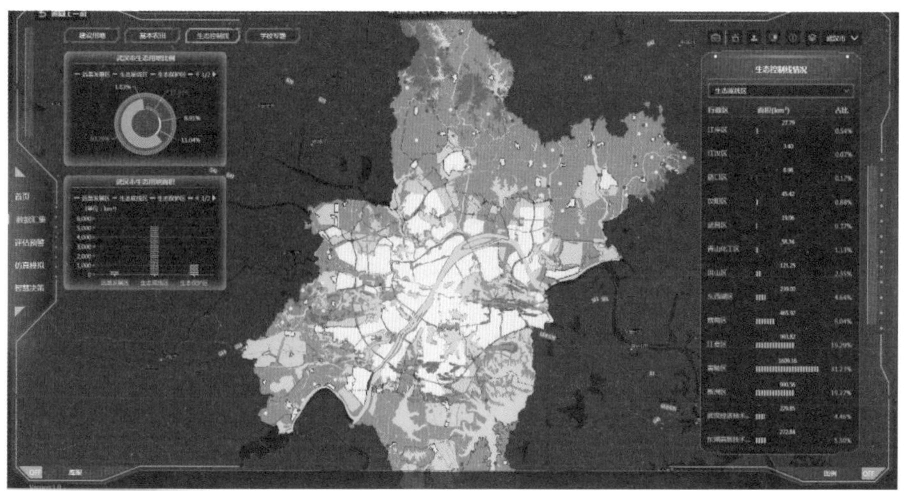

图 4.37 基本生态控制线可视化效果示例

图 4.38 中小学设施可视化效果示例

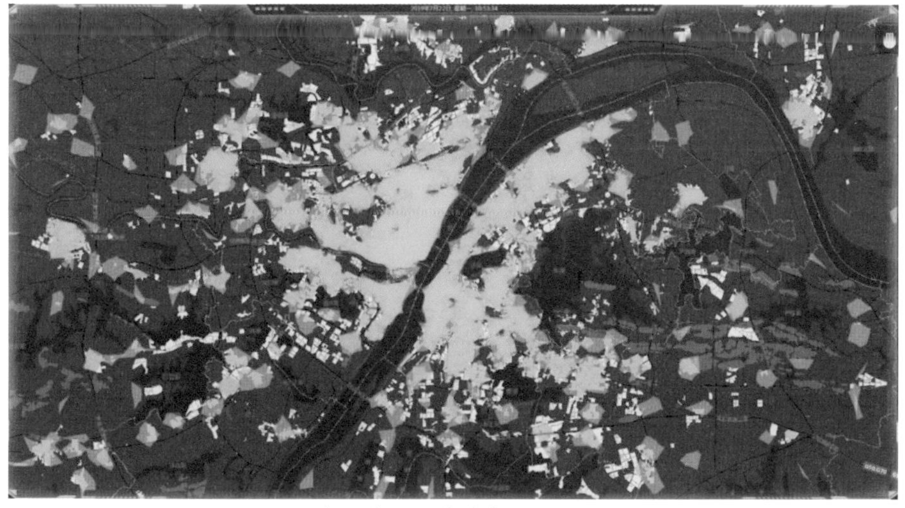

图 4.39 中小学设施覆盖率可视化效果示例

4.5 数据应用

4.5.1 信息穿透

突破传统堆叠的应用方式，通过空间与时间线索，对数据进行组织与关联，使数据之间不再是简单的个体关系，而是相互关联、互为印证的整体。基于此，通过空间上的一键点击，可以实现所有信息的穿透查询，纵向上获取现状、规划、审批管理、监督等各个环节的数据，横向上获取人、地、房、设施、权属等专业信息和批复、纪要、台账等支撑信息。数据穿透查询结果示例见图 4.40。

4.5.2 融合分析

基于多源数据的融合视角，研究人、地、房、设施、权属等多维度信息之间的内在关系，采用空间融合、属性融合等方法，实现多源数据的空间分析功能，用于体检评估、规划研究与管理研判。多源数据融合分析示例见图 4.41。

图 4.40 数据穿透查询结果示例

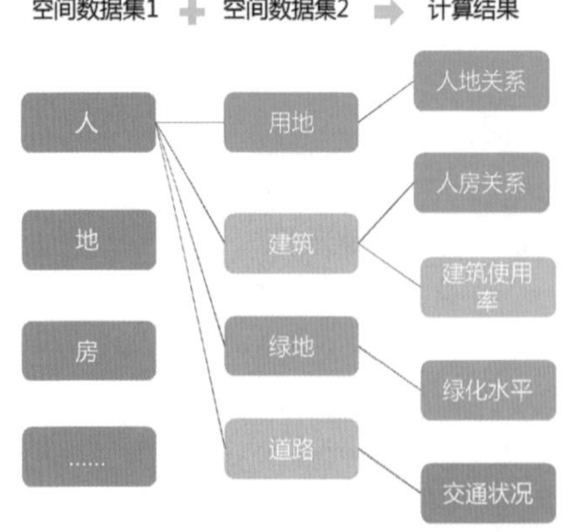

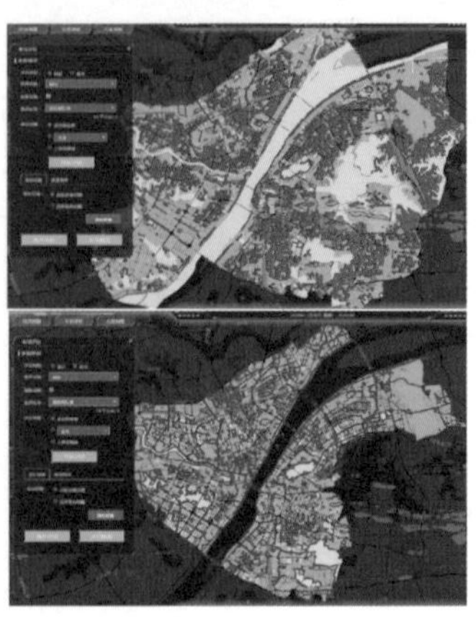

图 4.41 多源数据融合分析示例

4.5.3 空间数据查询

空间数据查询为国土空间规划领域的数据体系查询提供了全面的支持，包括现状数据、规划编制数据、审批数据的一体化智能查询，在时间上从过去、现在与未来三个时间跨度查询，以及在空间上从地下、地表和地上的全域覆盖空间查询。综合查询界面见图 4.42。

4.5.4 空间数据展示

空间数据展示以不同专题为组织要素，从图层到专题、从专题到要素，面向管理人员，满足数据查询及统计分析的需求。表达形式上，系统支持在不同缩放比例尺中，配置显示图形要素，包括符号、颜色、线型、填充、标注等。空间专题数据展示见图 4.43。

4.5.5 要素专题展示

按平台规划的八大领域中的城市要素将这些产生于不同部门、不同专业领域的多源数据进行有序组织。支持将一个或多个专题数据一键叠加到地图中，以满足用户同时查看多个相关专题的浏览需求。要素专题配置及展示见图 4.44。

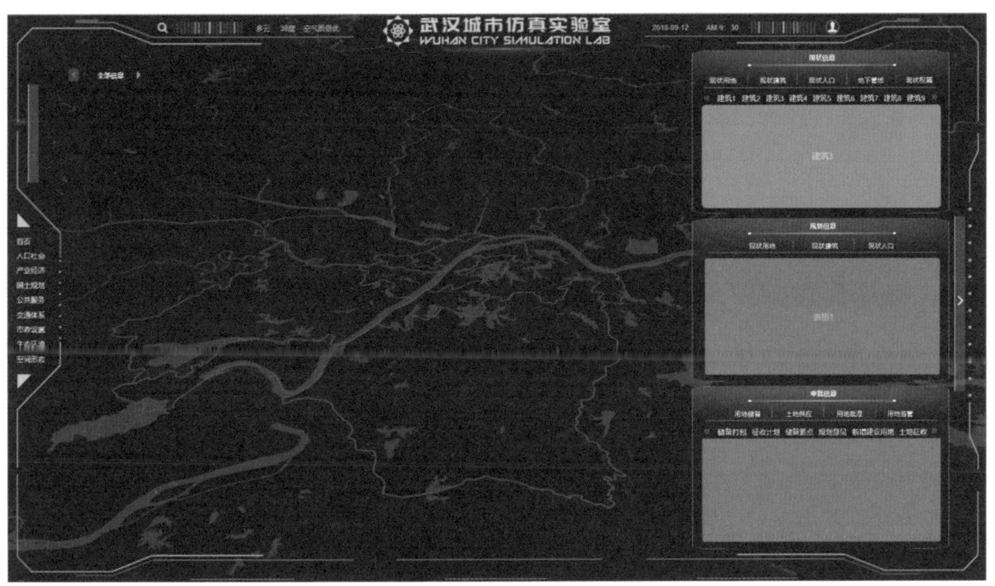

图 4.42 综合查询界面

图 4.43 空间专题数据展示

图 4.44 要素专题配置及展示

4.6 小结

1. 完善的数据体系是城市计算的基础

“计算式”城市仿真离不开数据的支撑，合理地组织、汇集、处理、存储与应用数据，是高效开展城市计算的基础。因此，整合了结构化、非结构化数据的分析和存储，实现了数据关联和流动的“数据湖”，无疑是有别于传统数据库和数据仓库的能够有效赋能城市计算的数据组织、存储与应用的合理方式。

按照系统工程学原理，“数据湖”框架是在对城市分层解构的基础上逐步构建起来的。同时，其兼容了新旧关系，按照“传统数据 + 新来源数据”的方式，形成了人口社会、经济产业、公共服务、综合交通、市政设施、土地利用、人居环境、基础地理、智慧数据、互联网数据十大类数据组织架构，实现城市空间治理所需数据的全覆盖。

在构建“数据湖”的基本框架并实现数据汇集之后，为了给城市仿真提供更加便利有效的计算，对“数据湖”进行了数据资源的融合、关联和有序管理，同时还探索构建了以“现状底图、规划蓝图、实施动图”建设为引领的现代化数据治理。上述“三图”的核心是通过新的数据应用方式，分别来陈述城市现状、描绘城市蓝图、展示城市过程，实现数据价值的提升，为实现“机器代人”并促进更加精细化和智能化规划管理，提升现代化城市治理水平打好基础。

2. 完善数据获取渠道

从城市空间治理的角度来说，人们越来越注意到以数据为中心的规划量化分析与计算的重要性，但是在当前时期要彻底进入以数字技术为核心的量化计算时代，还有很长一段路要走。特别是当大家意识到数据的重要性的时候，往往会因为局部利益形成数据资源的壁垒，阻碍数据共享、应用与创新。特别是目前所谓的大数据资源，往往掌握在少数实力雄厚的商业公司或企业手中，在具有渠道和资源优势的行业中发挥着一定的作用。但是，像城市规划、建设与管理等行业，由于受制于数据来源和相应技术的局限性，仍难以在大数据应用中有所作为。因此，要想实现全要素的城市计算与仿真模拟，建立长期、稳定的数据资源获取渠道是需要解决的首要问题。

3. 挖掘传统数据的潜在价值

虽然受制于数据获取渠道，但是在城市治理相关领域，以大数据为驱动的技术方法研究与创新仍然蓬勃发展。然而，大多数大数据团队的研究成果仅仅停留在技术探索与尝试方面，真正能够解决城市治理实际问题的数据和技术方法仍然较少。因此，在城市规划、建设与治理领域大数据应用局面尚未完全打开的情况下，一方面需要不断关注、跟踪信息技术前沿，更要投入大力气研究数据的应用创新；另一方面需要将行业传统数据的收集、梳理、建库、应用工作做到尽善尽美。从某种意义上说，将行业所有的传统数据进行关联，建立相互之间的联系，将数据应用到极致，解决行业的实际问题，也不失为行业的“大数据”。

4. 健全数据更新机制

假如数据是当前各个行业创新发展的驱动力，数据的动态维护与可持续更新就是数据的生命线。准确性、权威性与时效性是数据资源持续发挥作用的核心指标。在数据库建设与数据应用过程中，很多数据的收集与应用往往是“一锤子买卖”，难以得到持续更新与跟踪研究。为了破解这个局面，需要建立长效的数据维护与更新机制，保障数据资源的及时、有效更新。

5 仪表盘

随着新技术应用的发展，我们进入一个信息爆炸的时代，每时每刻都有海量的信息产生，等待着被处理、使用。在海量信息中给管理者提供其最关注的信息，并快速处理和展示，是提供最准确、及时的数据支撑的基础。

5.1 仪表盘概念解读

5.1.1 仪表盘含义

众所周知，仪表盘是汽车中一个非常重要的组成部分，是驾驶员驾车时重要的参考依据，能够辅助驾驶员及时、准确地了解汽车装置和主要部件的工作状态，为驾驶员面临各种情况作出准确判断提供直观依据。如当油箱油量不足时，油表盘指针会指到红色预警区域，提示需要给车子加油。同理，在政府、企业和公司中，管理者希望有一张数字化仪表盘为领导展示核心指标，并告诉管理者哪些指标是健康的、哪些指标是需要警惕的，这样就能从海量的宏观数据中了解微观数据特征，可以为领导管理和决策提供重要帮助。数字仪表盘 (Dashboard) 是近些年产生的概念，尚未有权威、统一的定义，这是一种工具或者技术，类似于驾驶员使用的仪表盘，提供关键数据展示，帮助管理人员进行决策和分析。数字仪表盘能够消化大量的信息，并将这些信息直接转换为相应格式，这样就很容易鉴别并恢复那些重要的、有时间限制的事件，同时，还能在不丢失大量数据资料或报告的前提下考察探究相关问题和趋势。汽车仪表盘的示例见图 5.1。

在微软（Mircrosoft）公司的定义中，仪表盘是“随时随地”访问个人、团队、公司的外部信息的定制解决方案，可直接向用户的桌面交付个人的、小组的及公司的信息。同时，数字仪表盘是一种容器，可以通过融合多源数据提取关键指标，自定义显示信息。

图 5.1 汽车仪表盘的示例

数字仪表盘可以把关键数据提供给管理人员，

可以为决策者提供“导航”信息，用于做出快速的响应与应对；同时，数字仪表盘提供了符合用户工作需要的分层界面，而不是强制用户遵循工作运行的方式。通过数字仪表盘可以将信息资源进行有效规划和表达，为最大化发挥数据的价值提供基础。在互联网、物联网和 5G 的背景下，采用可视化方式不仅能直观展示和分析重要特征结果，还能通过直观表征传递明确的信息特征，为管理者提供决策支撑。因此，仪表盘上指标的选取具有显著意义，通过指标可以清晰表达管理者关注的重要特征。如在高速上，拍照卡口限速 120 km/h，那么仪表盘上速度指标就可以清晰反映是否超速。

数字、图、表等都是可视化形式，在有限的空间范围内集中展示核心关键信息可以支撑快速决策，仪表盘通过对数字、图、表进行组合、布局优化和颜色搭配完成信息的重组，是可视化的重要策略之一。

5.1.2 仪表盘作用

信息系统集成是将杂乱、独立运行的计算机应用系统“信息孤岛”，变为集成化系统的过程。信息系统集成是一种再造工程。信息化建设日益深入，人们对信息化的期望越来越高，信息化建设也是新时代实现第五个“现代化”的重要途径。通过信息化建设能够依托数据挖掘模型，实现对海量数据隐藏的信息挖掘与分析，获取更多有价值的内容。大数据时代为了更好地展示数据，人们通常将数据以可视化的形式展示出来，可视化仪表盘也就应运而生。基于信息跟踪技术和镜像技术，可视化仪表盘对学习者的在线学习行为进行精密追踪，记录并整合大量个体学习信息和学习情境信息，按照使用者的需求进行数据分析，最终以数字和图表等可视化形式进行展现。

以数据可视化仪表盘为例，它能帮助人们更好地分析数据，信息的质量很大程度上依赖于其表达方式，对数字罗列所组成的数据中所包含的意义进行分析，使分析结果可视化。其实，数据可视化的本质就是视觉对话。借助图形化的手段，清晰有效地传达与沟通信息。一方面，数据赋予可视化以价值；另一方面，可视化增加数据的灵性，两者相辅相成，帮助企业从信息中提取知识、从知识中收获价值。精心设计的图形不仅可以提供信息，还可以通过强大的呈现方式增强信息的影响力，吸引人们的注意力并使其保持兴趣，这是表格或电子表格无法做到的。同时，丰富的统计图，除了常用的柱状图、线状图、条形图、面积图、饼图、点图、仪表盘、走势图，还有数学公式图、预测曲线图、正态分布图、行政地图、GIS 地图等各种展现形式。

5.1.3 仪表盘在“计算式”城市仿真中的作用

为确保仪表盘的设计方向和最后的应用成果，需要基于一定数据分析思想的指导，即明确数据收集的目的、建立分析处理的方案，以及开展合理有效的教育应用。可视化是数据分析的一个重要步骤，数据分析不可避免地与用户分析数据的目标有关，确定数据分析的目标是确保数据分析过程有效性的首要条件，可以为收集数据、分析数据提供明晰的目标。因此，在设计可视化仪表盘的指标之前要对用户场景和用户进行分析，明确数据收集的目的。本书旨在创建对用户有意义的可视化仪表盘，使他们能够结合自身实际情况方便、快速获取仪表盘中的关键信息。首先对用户场景进行描述，用户场景中的资源庞大且种类繁多，会产生大量数据，管理系统能够跟踪和记录这些数据并保存下来，利用数据描述模型，生成有效的支持、行为模式与特征、表现预测、学习反馈与评价等。然后将这些加工过的信息反馈给用户。

可视化仪表盘设计之前，首先要明确业务需求、关键核心指标等，不同的用户对可视化仪表盘有着不同的要求。针对不同的用户，可视化仪表盘所展示的数据侧重点会不一样。基于数据对行为(动机、态度、行为等)进行解释，对原型进行不断地纠正，使数据量更丰富。可视化仪表盘的风格多种多样，好的仪表盘一定是能够清晰、简洁传达信息，保证数据的即时性，具备良好的交互和数据分析能力的。设计可视化仪表盘时要遵循一些规则，使仪表盘的设计符合目标。通过搜集整理相关文献和国内外优秀的可视化仪表盘案例，总结并形成了可视化仪表盘的相关设计原则。

1. 简洁

使用可视化仪表盘的主要目的是筛选出关键信息，让用户快速掌握核心数据信息，减少用户认知负荷。因此，可视化仪表盘的设计要尽量简洁，删除冗余信息。第一种方法是缩小信息范围，选择真正重要的信息进行呈现，仪表盘不应该是大量数据的堆叠，因此，应在有限的展示空间中呈现最核心指标的数值、状态、特征。第二种方法是将信息按照分区进行展示，通过将信息划分为很小的一个个模块，每一个模块对应一个关键的问题，防止信息冗余使得可视化仪表盘展示不够友好。

2. 易于理解

可视化的原则是通过可视化的方式，让视觉效果更好，让用户理解可视化的结果。因此，在设计仪表盘内容时要联系管理实际开展相关工作内容，将关键指标到指标内容逐步详细展开。

3. 突出重点

可视化仪表盘的设计者需要规范指引用户关注仪表盘上的关键信息，例如进度状态、警示等，即突出重点。突出重点要考虑到仪表盘页面上位置和颜色字体的合理使用，心理学分析认为，页面上方和左方位置容易受到重视，因此采用“从上到下，从左至右”的视觉引导效果更好。在设计面向业务应用的可视化仪表盘时，需要注重通过特别的设计来突出分析数据的重要特征，如变化趋势、占比情况。

4. 时效性

时效性指业务数据可以直接在可视化仪表盘上实时更新，便于从实时信息中提取最新的业务信息，并能够通过实时信息来辅助相应决策。可视化仪表盘可以通过终端设置预警状态，当某个度量达到了阈值时，应及时通知使用者。

5. 信息可解释性

信息可解释性是指在提供数据前解释结果和总结概况，如直接通过“冷冰冰”的数据“说话”，会让人产生误解或迷惑的情形，而通过可视化的形式展示，则会让数据更加立体、更具有说服力。如通过某些业务标签展示项目的概括性总结，同时辅以可视化展现形式会让展示的内容更加具有内涵，使用户更理解展示内容的数据内涵。

仪表盘上信息的展示位置至关重要，将相互关联的信息尽量放在一起会突显出重要的信息。因此，在考虑仪表盘的信息布局时，需要从策略和结构入手，根据国内外已有成果可以将仪表盘分为三种类型：流程型、关系型和分组型。

（1）流程型。基于流程型的可视化仪表盘强调随着时间发生的一系列事件或行为。如商业上销售渠道可以用流程结构，从货物渠道—销售—客户，形成一系列的事件集合；在政务服务领域，通过线性流程或垂直流程可以清晰反映政务审批的所经历的阶段、流程节点和审批节点信息，便于人们清楚知道活动顺序，或根据当前节点明晰下一节点及事件的整体流向。

（2）关系型。基于关系结构的仪表盘能够体现各个要素或环节之间的关系。这些关系或联系可以是数理上的、地理上的、组成上的，或是功能上的。因此，面向业务应用的仪表盘需要根据模型指标之间的关系，向用户展示特定的关系模型。

（3）分组型。基于分组结构的仪表盘是将相关信息按照分组或者分类的特征，将强相关或者类似的指标放在一起。

5.2 指标体系建设

结合国家相关政策文件和仿真实验室工作，构建城市的指标体系。

5.2.1 现行指标梳理

从主体功能区、土地利用总体规划、城市总体规划、国民经济和社会发展规划、市县国土空间开发保护和现状评估、国土空间规划城市体检评估等方面，梳理现行指标体系。

5.2.1.1 主体功能区规划

根据《国务院关于印发全国主体功能区规划的通知》（国发〔2010〕46 号），全国主体功能区规划的指标体系包括 6 项核心指标（见表 5.1），覆盖城乡建设、农业生产和生态保护三个方面。其中城市空间指城市、建制镇居民点和独立工矿空间。部分省（直辖市）在 6 项核心指标基础上增加了基本农田保护面积、粮食播种面积、粮食总产量、森林蓄积量等管控指标。

表 5.1 全国主体功能区规划指标体系

序号	指标名称	单位	2008 年	2020 年
1	国土开发强度	%	3.48	3.91
2	城市空间面积	万平方千米	8.21	10.65
3	农村居民点面积	万平方千米	16.53	16
4	耕地保有量	万平方千米	121.72	120.33
5	林地保有量	万平方千米	303.78	312
6	森林覆盖率	%	20.36	23

5.2.1.2 土地利用总体规划

土地利用总体规划分为国家、省、市、县、乡五级，其中市、县、乡级土地利用总体规划（2006—2020 年）指标体系基本遵循《市（地）级土地利用总体规划编制规程》（TD/T 1023—2010），包括 8 项总量指标、4 项增量指标和 1 项效率指标，其中约束性指标 6 项，预期性指标 7 项（见表 5.2）。土地利用总体规划指标体系涉及耕地保护、农用地保护、建设用地规模控制和节约集约利用 4 个方面，指标数量分布均衡。部分城市补充了单位建设用地二三产业增加值、盘活存量建设用地规模等效率指标，以提高建设用地集约节约利用水平。

表 5.2 市级土地利用总体规划（2006—2020 年）指标体系

指标类型	序号	指标名称	单位	指标属性
总量指标	1	耕地保有量	公顷	约束性
	2	基本农田保护面积	公顷	约束性
	3	园地面积	公顷	预期性
	4	林地面积	公顷	预期性
	5	牧草地面积	公顷	预期性
	6	建设用地总规模	公顷	预期性
	7	城乡建设用地规模	公顷	约束性
	8	城镇工矿用地规模	公顷	预期性

续表

指标类型	序号	指标名称	单位	指标属性
增量指标	9	新增建设用地规模	公顷	预期性
	10	新增建设占用农用地规模	公顷	预期性
	11	新增建设占用耕地规模	公顷	约束性
	12	国土综合整治补充耕地任务量	公顷	约束性
效率指标	13	人均城镇工矿用地	平方米 / 人	约束性

5.2.1.3 城市总体规划

2007 年，住房和城乡建设部《关于贯彻落实城市总体规划指标体系的指导意见》（建办规〔2007〕65 号）提出建立落实城市总体规划指标体系实施保障机制，并颁布了一套城市总体规划指标体系作为参考（见表 5.3）。指标体系分为经济、社会人文、资源和环境 4 个大类，13 个中类，共包含 27 项指标。指标类型分为控制型和引导型两种。2017 年，住房和城乡建设部《关于城市总体规划编制试点的指导意见》（建规字〔2017〕199 号）围绕"创新、协调、绿色、开放、共享"五大发展理念，提出新一轮城市总体规划的参考指标体系（见表 5.4）。

住房和城乡建设部研究制定的两套城市总体规划指标体系涉及社会经济发展、基础设施建设、公共服务设施保障、生态环境保护、空间利用和布局等多方面内容，并且指标类型多样，有绝对的总量规模指标和相对的变化率指标，还有结构指标和效率指标。其中新一轮规划的指标体系更加注重创新驱动发展、城乡统筹、自然资源开发和保护、社区建设、市民满意度等内容。

表 5.3 城市总体规划指标体系

指标大类	指标中类	序号	指标名称	单位	指标属性
经济	地区国内生产总值（GDP）	1	GDP 总量	亿元	引导型
		2	人均 GDP	元 / 人	引导型
		3	服务业增加值占 GDP 比重	%	引导型
		4	单位工业用地增加值	亿元 / 平方千米	控制型
社会人文	人口	5	人口规模	万人	引导型
		6	人口结构	%	引导型
	医疗教育	7	每万人拥有医疗床位数 / 医生数	个、人	控制型
		8	九年义务教育学校数量及服务半径	所、米	控制型
		9	高中阶段教育毛入学率	%	控制型
		10	高等教育毛入学率	%	控制型

续表

指标大类	指标中类	序号	指标名称	单位	指标属性
社会人文	居住就业	11	低收入家庭保障性住房人均居住用地面积	平方米 / 人	控制型
		12	预期平均就业年限	年	引导型
	公共交通	13	公交出行率	%	控制型
	公共服务	14	各项人均公共服务设施（文化、教育、医疗、体育、托老所、老年活动中心）用地面积	平方米 / 人	控制型
		15	人均避难场所用地	平方米 / 人	控制型
资源	水资源	16	地区性可利用水资源	亿平方米	控制型
		17	万元 GDP 耗水量	平方米 / 万元	控制型
		18	水平衡（用水量与可供水量之间的比值）	%	控制型
	能源	19	单位 GDP 能耗水平	吨标准煤 / 万元 GDP	控制型
		20	能源结构及可再生能源使用比例	%	引导型
	土地资源	21	人均建设用地面积	平方米 / 人	控制型
环境	生态	22	绿化覆盖率	%	控制型
	污水	23	污水处理率	%	控制型
		24	污水资源化利用率	%	控制型
	垃圾	25	垃圾无害化处理率	%	控制型
		26	垃圾资源化处理率	%	控制型
	大气	27	SO_2、CO_2 排放消减指标	%	控制型

表 5.4 新一轮城市总体规划的参考指标体系

<table>
<tr><th>目标</th><th>序号</th><th colspan="2">指标</th></tr>
<tr><td rowspan="4">坚持创新发展（4 项）</td><td>1</td><td colspan="2">受过高等教育人口占劳动年龄人口比例（%）</td></tr>
<tr><td>2</td><td colspan="2">当年新增企业数与企业总数比例（%）</td></tr>
<tr><td>3</td><td colspan="2">研究与试验发展（R&D）经费支出占地区生产总值的比重（%）</td></tr>
<tr><td>4</td><td colspan="2">工业用地地均产值（亿元 / 平方千米）</td></tr>
<tr><td rowspan="6">坚持协调发展
（12 项）</td><td rowspan="2">5</td><td rowspan="2">常住人口规模（万人）</td><td>市域常住人口规模</td></tr>
<tr><td>（12 项）</td></tr>
<tr><td>6</td><td colspan="2">人类发展指数（HDI）</td></tr>
<tr><td>7</td><td colspan="2">常住人口人均 GDP（万元 / 人）</td></tr>
<tr><td>8</td><td colspan="2">城乡居民收入比</td></tr>
<tr><td rowspan="2">9</td><td rowspan="2">城镇化率（%）</td><td>常住人口城镇化率</td></tr>
<tr><td></td><td></td><td>户籍人口城镇化率</td></tr>
</table>

续表

目标	序号	指标	
坚持协调发展（12项）	10	城乡建设用地	城乡建设用地总规模（平方千米）
			各市县城乡建设用地规模（平方千米）
			集体建设用地比例（%）
			人均城乡建设用地（平方米/人）
			农村人均建设用地（平方米/人）
	11	用水总量（亿立方米）	
	12	人均水资源量（立方米/人）	
	13	耕地保有量（万亩）	
	14	森林覆盖率（%）	
	15	河湖水面率（%）	
	16	农村人均环境	农村自来水普及率（%）
			农村生活垃圾集中处理率（%）
			农村卫生厕所普及率（%）
坚持绿色发展（14项）	17	城镇、农业、生态三类空间比例（%）	
	18	国土开发强度（%）	
	19	（城镇）开发边界内建设用地比重（%）	
	20	水功能区达标率（%）	
	21	城市空气质量优良天数（天）	
	22	单位地区生产总值水耗（立方米/万元）	
	23	单位地区生产总值能耗（吨标煤/万元）	
	24	中水回用率（%）	
	25	城乡污水处理率（%）	
	26	城乡生活垃圾无害化处理率（%）	
	27	绿色出行比例（%）	
	28	道路网密度（千米/平方千米）	
	29	机动车平均行驶速度（千米/小时）	
	30	新增绿色建筑比例（%）	
坚持开放发展（3项）	31	年新增常住人口（万人/年）	
	32	互联网普及率（%）	
	33	国际学校数量（个）	
坚持共享发展（11项）	34	人均基础教育设施用地面积（平方米/人）	
	35	人均公共医疗卫生服务设施用地面积（平方米/人）	
	36	人均公共文化服务设施用地面积（平方米/人）	
	37	人均公共体育用地面积（平方米/人）	
	38	人均公园和开敞空间面积（平方米/人）	
	39	人均紧急避难场所面积（平方米/人）	
	40	人均人防建筑面积（平方米/人）	

续表

目标	序号	指标	
坚持共享发展（11 项）	41	社区公共服务设施步行 15 分钟覆盖率（%）	
	42	公园绿地步行 5 分钟覆盖率（%）	
	43	社区养老服务设施覆盖率（%）	
	44	公共服务设施无障碍普及率（%）	
提升居民获得感(1 项）	45	居民满意度	居民对当地历史文化保护和利用工作的满意度（%）
			居民对社区服务管理的满意度（%）
			居民对城市社会安全满意度（%）

5.2.1.4 国民经济和社会发展规划

根据政府网站上我国 31 个省级行政中心（不含香港、澳门和台湾）“十二五”国民经济和社会发展规划纲要（以下简称“发展规划”），汇总规划指标，得到各城市发展规划指标体系中出现频次大于 10 次的高频指标（见表 5.5）。

表 5.5 国民经济和社会发展规划高频指标

指标主题	序号	指标名称	单位	出现频次
经济增长	1	地区生产总值	亿元	27
	2	全社会固定资产投资	亿元	22
	3	社会消费品零售总额	亿元	21
	4	人均地区生产总值	元	20
	5	一般公共预算收入	亿元	17
	6	进出口总额	亿美元	13
结构调整	7	研发经费占地区生产总值比重	%	27
	8	服务业增加值占地区生产总值比重	%	15
	9	实际利用外资	亿美元	10
民生福祉	10	城镇登记失业率	%	29
	11	城镇居民人均可支配收入	元	26
	12	城镇化率	%	25
	13	城镇新增就业人数	万人	23
	14	高中阶段毛入学率	%	16
	15	农村居民人均纯收入	元	15
	16	城镇保障性安居工程建设	万套	14
	17	人均期望寿命	岁	14
	18	人口自然增长率	‰	13
	19	农村居民人均可支配收入	元	12
	20	总人口	万人	12
	21	城乡居民医疗保险参保率	%	11
	22	九年义务教育巩固率	%	11

续表

指标主题	序号	指标名称	单位	出现频次
生态保护	23	主要污染排放 / 减少	万吨	29
	24	森林覆盖率	%	22
	25	单位地区生产总值能耗（降低）	%	21
	26	单位地区生产总值二氧化碳排放量（降低）	%	20
	27	耕地保有量	万亩	19
	28	城市污水处理率	%	15
	29	城市生活垃圾无害化处理率	%	12
	30	建成区绿化覆盖率	%	12
	31	单位工业增加值用水量（降低）	%	12
	32	森林蓄积量	万立方米	11
	33	城市空气质量优良率	%	10

发展规划指标体系结构完整、覆盖全面，包括经济增长、结构调整、民生福祉和生态环境保护四大类主题。根据指标属性又可分为预期性指标和约束性指标，预期性指标通过政府营造良好的宏观政策环境、制度环境和市场环境，引导市场主体自主实现；约束性指标通常涉及公共服务和公共利益，通过政府的资源配置和行政手段确保实现。

5.2.1.5 市县国土空间开发保护和现状评估

《自然资源部办公厅关于开展国土空间规划“一张图”建设和现状评估工作的通知》（自然资办发〔2019〕38 号）从基础指标和推荐指标两个方面提出 88 项指标，并要求依据这些指标开展现状评估，形成评估报告。其中基础指标分为底线管控、结构效率、生活品质 3 个层级，共 28 项指标；推荐指标分为安全、创新、协调、绿色、开放和共享 6 个方面，共 60 项指标（见表 5.6）。

表 5.6 市县国土空间开发保护现状评估指标体系

编号	分类	二级分类	指标项	单位	范围
1	基础指标	底线管控	生态保护红线范围内建设用地面积	平方千米	全域
2			永久基本农田保护面积	平方千米	全域
3			耕地保有量	平方千米	全域
4			城乡建设用地面积	平方千米	全域
5			森林覆盖率	%	全域
6			湿地面积	平方千米	全域
7			河湖水面率	%	全域

续表

<table>
<tr><th>编号</th><th>分类</th><th colspan="2">二级分类</th><th>指标项</th><th>单位</th><th>范围</th></tr>
<tr><td>8</td><td rowspan="21">基础指标</td><td colspan="2" rowspan="4">底线管控</td><td>水资源开发利用率</td><td>%</td><td>全域</td></tr>
<tr><td>9</td><td>自然岸线保有率</td><td>%</td><td>全域</td></tr>
<tr><td>10</td><td>重要江河湖泊水功能区水质达标率</td><td>%</td><td>全域</td></tr>
<tr><td>11</td><td>近岸海域水质优良（一、二类）比例</td><td>%</td><td>全域</td></tr>
<tr><td>12</td><td colspan="2" rowspan="6">结构效率</td><td>人均应急避难场所面积</td><td>平方米</td><td>城区</td></tr>
<tr><td>13</td><td>道路网密度</td><td>千米/平方千米</td><td>城区</td></tr>
<tr><td>14</td><td>人均城镇建设用地</td><td>平方米</td><td>全域</td></tr>
<tr><td>15</td><td>人均农村居民点用地</td><td>平方米</td><td>全域</td></tr>
<tr><td>16</td><td>存量土地供应比例</td><td>%</td><td>全域</td></tr>
<tr><td>17</td><td>每万元 GDP 地耗</td><td>平方米</td><td>全域</td></tr>
<tr><td>18</td><td colspan="2" rowspan="11">生活品质</td><td>森林步行 15 分钟覆盖率</td><td>%</td><td>城区</td></tr>
<tr><td>19</td><td>公园绿地、广场步行 5 分钟覆盖率</td><td>%</td><td>城区</td></tr>
<tr><td>20</td><td>社区卫生医疗设施步行 15 分钟覆盖率</td><td>%</td><td>城区</td></tr>
<tr><td>21</td><td>社区中小学步行 15 分钟覆盖率</td><td>%</td><td>城区</td></tr>
<tr><td>22</td><td>社区体育设施步行 15 分钟覆盖率</td><td>%</td><td>城区</td></tr>
<tr><td>23</td><td>城镇人均住房建筑面积</td><td>平方米</td><td>全域</td></tr>
<tr><td>24</td><td>历史文化风貌保护面积</td><td>平方千米</td><td>全域</td></tr>
<tr><td>25</td><td>消防救援 5 分钟可达覆盖率</td><td>%</td><td>城区</td></tr>
<tr><td>26</td><td>每千名老年人拥有养老床位数</td><td>张</td><td>全域</td></tr>
<tr><td>27</td><td>生活垃圾回收利用率</td><td>%</td><td>城区</td></tr>
<tr><td>28</td><td>农村生活垃圾处理率</td><td>%</td><td>全域</td></tr>
<tr><td>29</td><td rowspan="8">推荐指标</td><td rowspan="8">安全</td><td rowspan="2">底线管控</td><td>城镇开发边界范围内建设用地面积</td><td>平方千米</td><td>全域</td></tr>
<tr><td>30</td><td>三线范围外建设用地面积</td><td>平方千米</td><td>全域</td></tr>
<tr><td>31</td><td>粮食安全</td><td>高标准农田面积占比</td><td>%</td><td>全域</td></tr>
<tr><td>32</td><td rowspan="3">水安全</td><td>地下水供水量占总供水量比例</td><td>%</td><td>全域</td></tr>
<tr><td>33</td><td>再生水利用率</td><td>%</td><td>全域</td></tr>
<tr><td>34</td><td>地下水水质优良比例</td><td>%</td><td>全域</td></tr>
<tr><td>35</td><td rowspan="2">防灾减灾</td><td>年平均地面沉降量</td><td>毫米</td><td>全域</td></tr>
<tr><td>36</td><td>防洪堤防达标率</td><td>%</td><td>全域</td></tr>
</table>

续表

编号	分类	二级分类		指标项	单位	范围
37	推荐指标	创新	创新投入产出	研究与试验发展经费投入强度	%	全域
38				万人发明专利拥有量	件	全域
39				科研用地占比	%	城区
40			创新环境	在校大学生数量	万人	全域
41				受过高等教育人员占比	%	全域
42				高新技术企业数量	家	全域
43		协调	城乡融合	户籍人口城镇化率	%	全域
44				常住人口城镇化率	%	全域
45				常住人口数量	万人	全域
46				实际服务人口数量	万人	城区
47				等级医院交通30分钟村庄覆盖率	%	全域
48				行政村等级公路通达率	%	全域
49				农村自来水普及率	%	全域
50				城乡居民人均可支配收入比	–	全域
51			陆海统筹	海洋生产总值占GDP比重	%	全域
52			地上地下统筹	人均地下空间面积	平方米	城区
53		绿色	生态保护	生物多样性指数	–	全域
54				森林蓄积量	亿立方米	全域
55				新增国土空间生态修复面积	平方千米	全域
56			绿色生产	单位GDP二氧化碳排放降低	%	全域
57				每万元GDP能耗	吨标准煤	全域
58				每万元GDP水耗	立方米	全域
59				工业用地地均增加值	亿元/平方千米	全域
60				年新增城市更新改造用地面积	平方千米	城区
61			绿色生活	原生垃圾填埋率	%	城区
62				绿色交通出行比例	%	城区
63				人均年用水量	立方米	全域

续表

编号	分类	二级分类		指标项	单位	范围
64	推荐指标	开放	网络联通	定期国际通航城市数量	个	全域
65				机场国内通航城市数量	个	全域
66			对外交往	国内旅游人数	万人次/年	全域
67				入境旅游人数	万人次/年	全域
68				外籍常住人口数量	万人	全域
69				机场年旅客吞吐量	万人次	全域
70				铁路年旅客运输量	万人次	全域
71				城市对外日均人流联系量	万人次	全域
72				国际会议、展览、体育赛事数量	次	全域
73			对外贸易	港口年集装箱吞吐量	万标箱	全域
74				机场年货邮吞吐量	万吨	全域
75				对外贸易进出口总额	亿元	全域
76		共享	宜居	年新增政策性住房占比	%	–
77				人均公园绿地面积	平方米	城区
78				空气质量优良天数	天	全域
79				人均绿道长度	米	城区
80				每万人拥有咖啡馆、茶舍、书吧等数量	个	城区
81				每10万人拥有的博物馆、图书馆、科技馆、艺术馆等文化艺术场馆数量	处	城区
82				轨道站点800米范围人口和岗位覆盖率	%	城区
83				足球场地设施步行15分钟覆盖率	%	城区
84			宜养	平均每社区拥有老人日间照料中心数量	个	城区
85				万人拥有幼儿园班数	班	城区
86			宜业	城镇年新增就业人数	万人	全域
87				工作日平均通勤时间	分钟	城区
88				45分钟通勤时间内居民占比	%	城区

5.2.1.6 国土空间规划城市体检评估

在安全、创新、协调、绿色、开放、共享6个一级类别的基础上，按照时代要求，结合社会需求又进一步划分出18个二级指标和110个三级指标（见表5.7）。

表 5.7 体检评估指标体系

一级	二级	编号	指标项	指标类别
安全	底线管控	A-01	生态保护红线面积（平方千米）	基本
		A-02	生态保护红线范围内城乡建设用地面积（平方千米）	基本
		A-03	城镇开发边界范围内城乡建设用地面积（平方千米）	基本
		B-01	三线范围外建设用地面积（平方千米）	推荐
	粮食安全	A-04	永久基本农田保护面积（万亩）	基本
		A-05	耕地保有量（万亩）	基本
		B-02	高标准农田面积占比（%）	推荐
	水安全	A-06	湿地面积（平方千米）	基本
		A-07	河湖水面率（%）	基本
		A-08	用水总量（亿立方米）	基本
		A-09	水资源开发利用率（%）	基本
		A-10	重要江河湖泊水功能区水质达标率（%）	基本
		B-03	地下水供水量占总供水量比例（%）	推荐
		B-04	再生水利用率（%）	推荐▲
		B-05	地下水水质优良比例（%）	推荐
		B-06	地下水埋深（米）	推荐
	防灾减灾与城市韧性	A-11	人均应急避难场所面积（平方米）	基本
		A-12	消防救援 5 分钟可达覆盖率(%)	基本
		B-07	年平均地面沉降量（毫米）	推荐
		B-08	经过治理的地质灾害隐患点数量	推荐
		B-09	防洪堤防达标率（%）	推荐
		B-10	降雨就地消纳率（%）	推荐
		B-11	综合风险增长率(%)	推荐
		B-12	综合减灾示范社区比例（%）	推荐▲
		B-13	超高层建筑数量（幢）	推荐
创新	创新投入产出	B-14	研究与试验发展经费投入强度（%）	推荐
		B-15	万人发明专利拥有量（件）	推荐
		B-16	科研用地占比（%）	推荐
		B-17	社会劳动生产率（万元/人）	推荐▲

续表

一级	二级	编号	指标项	指标类别
创新	创新环境	B-18	在校大学生数量（万人）	推荐
		B-19	高新技术制造业增长率（%）	推荐
协调	城乡融合	A-13	建设用地面积（平方千米）	基本
		A-14	城乡建设用地面积（平方千米）	基本
		A-15	常住人口数量（万人）	基本
		B-20	城市日均实际服务管理人口数量（万人）	推荐▲
		A-16	常住人口城镇化率（%）	基本
		B-21	户籍人口城镇化率（%）	推荐
		A-17	人均城镇建设用地面积（平方米）	基本
		A-18	人均村庄用地面积（平方米）	基本
		B-22	城区常住人口密度（万人/平方千米）	推荐▲
		A-19	存量土地供应比例（%）	基本
		B-23	等级医院交通 30 分钟行政村覆盖率（%）	推荐▲
		B-24	行政村等级公路通达率（%）	推荐
		B-25	农村自来水普及率（%）	推荐
		B-26	城乡居民人均可支配收入比	推荐
	陆海统筹	B-27	海洋生产总值占 GDP 比重（%）	推荐
		A-20	大陆自然海岸线保有率（%）	基本
	地上地下统筹	B-28	人均地下空间面积（平方米）	推荐▲
绿色	生态保护	A-21	森林覆盖率（%）	基本
		B-29	森林蓄积量（亿立方米）	推荐
		B-30	林地保有量（公顷）	推荐
		B-31	基本草原面积（平方千米）	推荐
		B-32	本地指示性物种种类（种）	推荐
		B-33	新增生态修复面积（平方千米）	推荐▲
		A-22	近岸海域水质优良（一、二类）比例（%）	基本
	绿色生产	A-23	每万元 GDP 地耗（平方米）	基本
		B-34	单位 GDP 二氧化碳排放降低比例（%）	推荐▲
		B-35	每万元 GDP 能耗（吨标准煤）	推荐
		A-24	每万元 GDP 水耗（立方米）	基本

续表

一级	二级	编号	指标项	指标类别
绿色	绿色生产	B-36	工业用地地均增加值（亿元/平方千米）	推荐▲
		B-37	年新增城市更新改造用地面积（平方千米）	推荐▲
		B-38	综合管廊长度（千米）	推荐
		B-39	新能源和可再生能源比重（%）	推荐
	绿色生活	A-25	城镇生活垃圾回收利用率（%）	基本
		A-26	农村生活垃圾处理率（%）	基本
		B-40	原生垃圾填埋率（%）	推荐▲
		B-41	绿色交通出行比例（%）	推荐▲
		B-42	装配式建筑比重（%）	推荐
开放	网络联通	B-43	定期国际通航城市数量（个）	推荐
		B-44	定期国内通航城市数量（个）	推荐
	对外交往	B-45	国内旅游人数（万人次/年）	推荐
		B-46	入境旅游人数（万人次/年）	推荐
		B-47	外籍常住人口数量（万人）	推荐
		B-48	机场年旅客吞吐量（万人次）	推荐
		B-49	铁路年旅客运输量（万人次）	推荐▲
		B-50	城市对外日均人流联系量（万人次）	推荐
		B-51	国际会议、展览、体育赛事数量（次）	推荐
	对外贸易	B-52	港口年集装箱吞吐量（万标箱）	推荐
		B-53	机场年货邮吞吐量（万吨）	推荐
		B-54	对外贸易进出口总额（亿元）	推荐
共享	宜居	A-27	道路网密度（千米/平方千米）	基本
		B-55	森林步行 15 分钟覆盖率（%）	推荐
		A-28	公园绿地、广场用地步行 5 分钟覆盖率（%）	基本
		A-29	社区卫生服务设施步行 15 分钟覆盖率（%）	基本
		A-30	社区小学步行 10 分钟覆盖率（%）	基本
		A-31	社区中学步行 15 分钟覆盖率（%）	基本
		A-32	社区体育设施步行 15 分钟覆盖率（%）	基本
		B-56	足球场地设施步行 15 分钟覆盖率（%）	推荐
		B-57	人均公共体育用地面积（平方米）	推荐

续表

一级	二级	编号	指标项	指标类别
共享	宜居	B-58	社区文化活动设施步行 15 分钟覆盖率（%）	推荐▲
		B-59	标准化菜市场（生鲜超市）步行 10 分钟覆盖率（%）	推荐▲
		A-33	每千人口医疗卫生机构床位数（张）	基本
		A-34	市区级医院 2 千米覆盖率（%）	基本
		B-60	城镇人均住房面积（平方米）	推荐
		B-61	年新增政策性住房占比（%）	推荐▲
		A-35	历史文化街区面积（平方千米）	基本
		B-62	自然和文化遗产（处）	推荐
		B-63	人均公园绿地面积（平方米）	推荐▲
		B-64	空气质量优良天数（天）	推荐
		B-65	人均绿道长度（米）	推荐▲
		B-66	每万人拥有的咖啡馆、茶舍等的数量（个）	推荐
		B-67	每 10 万人拥有的博物馆、图书馆、科技馆、艺术馆等文化艺术场馆数量（处）	推荐▲
		B-68	轨道交通站点 800 米半径范围内人口和岗位覆盖率 (%)	推荐
	宜养	A-36	每千名老年人养老床位数（张）	基本
		B-69	社区养老设施步行 5 分钟覆盖率（%）	推荐
		B-70	每万人拥有幼儿园班数（班）	推荐▲
	宜业	B-71	城镇年新增就业人数（万人）	推荐
		B-72	工作日平均通勤时间（分钟）	推荐
		B-73	45 分钟通勤时间内居民占比 (%)	推荐▲
		B-74	都市圈 1 小时人口覆盖率（%）	推荐

1. 安全方面

从底线管控、粮食安全、水安全、防灾减灾与城市韧性等方面监测安全与底线的坚守力度，对指标的实施进展进行分类说明，如符合目标方向、与目标差距拉大、需要调整规划目标等类型，符合目标方向可细分为进展较快完成较好、进展缓慢需重点推进等。

2. 创新方面

从创新投入产出、创新环境等方面监测指标实施进展，具体写法参考安全方面评估内容。

3. 协调方面

从城乡融合、陆海统筹、地上地下统筹等方面监测协调发展实施进展，具体写法参考安全方面评估内容。

4. 绿色方面

从生态保护、绿色生产、绿色生活等方面监测绿色发展实施进展，具体写法参考安全方面评估内容。

5. 开放方面

从网络联通、对外交往和对外贸易等方面监测对外开放的实施进展，具体写法参考安全方面评估内容。

6. 共享方面

从宜居、宜养、宜业等方面监测设施共享及居民幸福感、获得感的指标实施进展，具体写法参考安全方面评估内容。

5.2.2 仿真实验室指标体系构建

1. 构建原则

系统性原则：强化对城市的系统量化与可持续跟踪。

灵活性原则：强化规划层级与专项之间的相互传导，形成可分可合的指标体系。

归属性原则：强化事权划分与指标归属。

动态性原则：指标体系的外延，计算方法应可扩展、扩充。

联动性原则：强化仪表盘的可视化显示与规划模拟预演之间的指标互动。

2. 指标分级

在总规指标体系的基础上，以城市为完整研究对象，综合考虑分区、控规、城市设计与各类专项规划、详细规划等内容，构建四级指标体系，具体如下。

（1）基础指标：人口、用地、经济等。

（2）系统指标：功能、环境、交通、形态、产业等。

（3）核心指标：创新、协调、绿色、开放、共享等。

（4）扩展指标：友好指数、繁荣指数、创新指数、可持续发展、综合竞争力等。

其中，基础指标是所有指标的计算基础，也是所有指标的最小传导单元和比对单元；系统指标是所有指标的计算依据，也是对城市进行完整量化的分类，暂分为 5 个方向，共计 133 项指标，主要面向各区或各领域职能部门；核心指标是对城市综合发展状态的描述，在核心指标的基础上，通过城市综合模型研究与计算，构建指标计算方法，面向市政府；扩展指标是结合专题研究，对核心指标的综合计算，面向市政府与公众。

3. 指标体系内容

将城市从整体上可划分为城市功能、城市环境、综合交通、空间形态和经济产业 5 个研究方向、32 个研究课题，共计 133 项指标。

1）城市功能

城市功能重点研究城市在发展中的动力因素，以及城市在一定区域中具备的能力和发挥的作用。包括居住、公共管理、公共服务、商业服务业、工业、物流仓储、交通与市政设施、公用设施、绿地与广场 9 个部分，共 33 项指标。

（1）居住：包括 15 分钟生活圈、居住空间价值指数、居住空间匹配指数共 3 项指标。

（2）公共管理：包括党政机关分布指数、社会团体活跃指数、科研事业活跃指数，共 3 项指标。

（3）公共服务：包括文化、教育、体育、医疗、养老、菜市场等设施服务指数，共 6 项指标。

（4）商业服务业：包括商业集聚功能指数，共 1 项指标。

（5）工业：包括工业用地效率指数、工业潜力指数、工业转化率指数，共 3 项指标。

（6）物流仓储：包括物流运输指数、物流交通匹配指数，共 2 项指标。

（7）交通与市政设施：包括路网密度、公交站场服务指数、公共停车场服务指数、轨道交通运输指数，共 4 项指标。

（8）公用设施：包括供水、排水、供电、供气、供热、消防、环卫等设施服务指数，以及海绵指数，共 8 项指标。

（9）绿地与广场：包括绿地服务指数、广场集散指数、绿地多样性指数，共 3 项指标。

人均指标、地均指标等基本指标不计算在内。

2）城市环境

城市环境重点研究影响城市发展和布局的环境条件，以及建设活动给环境带来的影响。包括社会环境（历史、人口）和自然环境（地质地貌、水环境、大气环境、生态资源）中的 6 个部分，共计 29 项指标。

（1）历史资源：包括历史资源分布、历史资源空间价值、历史资源利用度，共 3 项指标。

（2）人口资源：包括人口结构、人口竞争力、人口红利转化指数、人口吸引力，共 4 项指标。

（3）地质地貌：包括地基承载力、基岩埋深、软土地面沉降、岩溶地面塌陷、土壤综合质量、地形高程、坡度、坡向等，共 10 项指标（从地质调查中的 12 项数据中综合选取了 8 项）。

（4）水环境：包括水体质量、防洪调蓄指数、岸线利用指数、中水利用指数、海绵指数（不重复计）、水资源消耗指数，共 6 项指标（涵盖水安全、水生态、水景观）。

（5）大气环境：包括风环境、热度环境、噪声指数、空气质量指数、碳排放指数，共 5 项指标。

（6）生态资源：包括生态承载指数、生态足迹、生态敏感指数，共 3 项指标。

人均指标、地均指标等基本指标不计算在内。

3）综合交通

综合交通重点研究城市内部或城市之间的人群出行和货物运输。包括外部交通中的铁路、航空、公路、水运，内部交通中的公共交通、慢行交通，以及交通组织与用地布局之间的关联 7 个部分，共 43 项指标。

（1）铁路运输：包括客运指数、货运指数、客运联系度、货运联系度、列车班次（高铁动车）频度、国际联系度，共 6 项指标。

（2）航空运输：包括客运指数、货运指数、起落架次、客运联系度、货运联系度、国际联系度，共 6 项指标。

（3）公路运输：包括客运指数、货运指数、客车班次（小汽车）、客运联系度、货运联系度，共 5 项指标。

（4）水运：包括水路客运量指数、水路货运量指数、内河航道历程、港口吞吐量、港口联系度。

（5）公共交通：包括 TOD 指数，轨道交通服务能力，公共汽车服务能力，公共交通匹配度，通勤交通指中的时间、距离、占交通总量比例，过量交通指数中的时间、距离、占交通总量比例，共 10 项指标。

（6）慢行交通：包括慢行路网密度，慢行网络连通度，慢行设施服务能力中的照明、休憩、引导，慢行交通占比，慢行交通接驳率，交织程度，共 8 项指标。

（7）交通组织与用地布局之间的关联：包括交通引发指数、交通平衡指数、交通匹配指数，共 3 项指标。

人均指标、地均指标等基本指标不计算在内。

4）空间形态

空间形态重点研究城市的物质形态，以及对人群心理的影响。包括城市发展扩张、用地结构和建筑空间组织、公共空间、街道景观 5 个部分，共 20 项指标。

（1）城市发展扩张：包括城市引力指数、区域空间联系度、城市收缩指数，共 3 项指标。

（2）用地结构：包括土地利用（资源）生命指数、规划用地生命指数、用地活跃度、用地传导指数、土地价值指数，共 5 项指标。

（3）建筑空间组织：包括空间关联度、空间吸引力、商业空间价值指数、居住空间价值指数、创新空间指数，共 5 项指标。

（4）公共空间：包括公共空间价值指数、公共空间活跃度、公共空间联系强度，共 3 项指标。

（5）街道景观：包括街道慢行指数、街道宜居指数、街道活跃指数、街道人群指数，共 4 项指标。

人均指标、地均指标等基本指标不计算在内。

5）经济产业

经济产业重点研究经济发展与产业结构，以及与城市空间资源的相互关联。包括资本、产业、劳动力、技术、信息 5 个部分，共 15 项指标。

（1）资本：包括城镇化资本关联指数、资本结构指数、资本关联强度等，共 3 项指标。

（2）产业：包括产业结构指数、产业竞争力指数，共 2 项指标。

（3）劳动力：包括劳动力竞争指数、劳动力吸引指数，共 2 项指标。

（4）技术：包括创新能力指数、科研力量指数、科研转化指数、技术吸引指数、技术输出指数，共 5 项指标。

（5）信息：包括信息开放指数、信息智慧指数、信息流通指数等，共 3 项指标。

人均指标、地均指标等基本指标不计算在内。仿真实验室指标体系见表 5.8。

表 5.8 仿真实验室指标体系

<table>
<tr><th>编号</th><th>一级分类</th><th>二级分类</th><th>一级指标</th><th>二级指标</th><th>指标单位</th><th>指标属性</th><th>监测类型</th><th>监测周期</th><th>部省对市指标</th><th>市对区指标</th></tr>
<tr><td>1</td><td rowspan="8">资源环境</td><td rowspan="8">耕地资源</td><td rowspan="5">耕地数量</td><td>耕地保有量</td><td>平方千米</td><td>强制性</td><td>监测</td><td>年</td><td>●</td><td>●</td></tr>
<tr><td>2</td><td>永久基本农田面积</td><td>平方千米</td><td>强制性</td><td>监测</td><td>年</td><td>●</td><td>●</td></tr>
<tr><td>3</td><td>高标准农田规模</td><td>平方千米</td><td>强制性</td><td>监测</td><td>年</td><td>●</td><td>●</td></tr>
<tr><td>4</td><td>基本农田补划储备区</td><td>平方千米</td><td>指导性</td><td>评估</td><td>年</td><td>–</td><td>–</td></tr>
<tr><td>5</td><td>粮食产量</td><td>吨</td><td>支撑性</td><td>–</td><td>年</td><td>–</td><td>–</td></tr>
<tr><td>6</td><td rowspan="3">耕地质量</td><td>耕地提质改造规模</td><td>平方千米</td><td>指导性</td><td>评估</td><td>年</td><td>–</td><td>–</td></tr>
<tr><td>7</td><td>土地垦殖率</td><td>%</td><td>指导性</td><td>–</td><td>年</td><td>–</td><td>–</td></tr>
<tr><td>8</td><td>耕地复种指数</td><td>%</td><td>指导性</td><td>–</td><td>年</td><td>–</td><td>–</td></tr>
</table>

续表

编号	一级分类	二级分类	一级指标	二级指标	指标单位	指标属性	监测类型	监测周期	部省对市指标	市对区指标
9	资源环境	耕地资源	耕地生态	受污染耕地安全利用率	%	支撑性	–	年	–	–
10				耕地生态退耕面积（还林、还草、还湖等）	平方千米	支撑性	评估	年	–	–
11		水资源	水面	河湖水面面积	平方千米	支撑性	监测	年	●	●
12			水功能	重要江河湖泊水功能区水质达标率	%	支撑性	评估	年	–	–
13		湿地资源	湿地	湿地面积	平方千米	指导性	监测	年	–	●
14				湿地公园面积	平方千米	指导性	评估	年	–	–
15				水源保护区面积	平方千米	强制性	监测	–	●	●
16		森林资源	林地	林地面积	平方千米	指导性	监测	年	–	●
17			森林覆盖	森林覆盖率	%	指导性	评估	年	–	–
18		草地资源	草地	草地面积	平方千米	指导性	监测	年	–	●
19		矿山资源	矿产开采	采矿权总数	个	支撑性	–	年	–	–
20			矿山治理	矿山治理恢复面积	平方千米	指导性	评估	年	–	–
21		生态资源	大气环境	环境空气质量优良天数	天	强制性	监测	年	●	●
22				PM2.5 年均浓度	微克/立方米	指导性	监测	年	●	●
23			生态影响	生态足迹	公顷	支撑性	–	–	–	–
24				碳排放	吨	指导性	评估	年	–	–
25				清洁能源占能源消费比例	%	指导性	评估	年	–	–
26	空间规划	空间管制	生态保护	生态保护红线（生态底线）	平方千米	强制性	监测	–	●	●
27			国土开发	城镇开发边界	–	强制性	监测	–	●	●
28				国土开发强度	%	指导性	评估	规划期	–	–
29				混合土地	–	指导性	评估	规划期	–	–

续表

编号	一级分类	二级分类	一级指标	二级指标	指标单位	指标属性	监测类型	监测周期	部省对市指标	市对区指标
30	空间规划	空间管制	主体功能区	各类主体功能区比例	–	指导性	评估	规划期	–	–
31		规模控制	城镇规模	建设用地总规模	平方千米	强制性	监测	规划期	●	–
32				城镇建设用地规模	平方千米	强制性	监测	规划期	●	–
33				工矿用地规模	平方千米	指导性	–	规划期	–	–
34				人均城镇建设用地	平方千米	强制性	监测	规划期	●	●
35				城镇化率	%	指导性	监测	规划期	–	●
36			农村居民点	农村居民点建设用地规模	平方米/人	指导性	监测	规划期	–	●
37				人均农村居民点用地	平方米/人	指导性	–	规划期	–	–
38				城镇开发边界内允许建设区规模	平方千米	指导性	评估	规划期	–	–
39	行政许可	用地许可	获批新增建设用地	获批新增建设用地规模（本年）	公顷	支撑性	评估	年	–	–
40				前五年获批新增建设用地规模	公顷	支撑性	评估	五年	–	–
41				新增建设用地占用农用地规模（本年）	公顷	支撑性	评估	年	–	–
42				新增建设用地占用耕地规模（本年）	公顷	支撑性	评估	年	–	–
43			获批新增建设用地征地效率	前五年获批新增建设用地中已征土地面积	公顷	支撑性	评估	五年	–	–
44				征地率	%	强制性	监测	年	●	●
45			获批新增建设用地供地效率	前五年获批新增建设用地中已供土地面积	公顷	支撑性	评估	五年	–	–
46				供地率	%	强制性	监测	年	●	●

续表

编号	一级分类	二级分类	一级指标	二级指标	指标单位	指标属性	监测类型	监测周期	部省对市指标	市对区指标
47	行政许可	用地许可	土地闲置	某段时间内供地项目中已认定闲置土地面积	公顷	支撑性	评估	–	–	–
48				闲置率	%	强制性	监测	–	●	●
49			开工	某段时间内供地项目中已发工程规划许可证的项目土地面积	公顷	支撑性	评估	–	–	–
50				开工率	%	强制性	监测	年	●	●
51				及时开工预警	–	指导性	监测	适时	–	–
52				疑似闲置预警	–	指导性	监测	适时	–	–
53			竣工	某段时间内供地项目中已发规划条件核实证明的项目土地面积	公顷	支撑性	评估	–	–	–
54				竣工率	%	指导性	评估	年	–	–
55				及时竣工预警	–	指导性	监测	适时	–	–
56		建筑许可	违建	未批先建面积	公顷	强制性	监测	年	●	●
57				批而未供面积	公顷	强制性	监测	年	●	●
58				违法占耕比	%	强制性	监测	年	●	●
59			建筑审批	年度审批建筑总量	公顷	支撑性	评估	年	–	–
60				年度审批住宅建筑量	公顷	支撑性	–	年	–	–
61				年度核准建筑总量	公顷	支撑性	评估	年	–	–
62				年度核准住宅建筑量	公顷	支撑性	–	年	–	–
63	资产利用	用地效益	土地资产	单位 GDP 地耗下降率	平方千米/万元	强制性	监测	年	●	●
64				新增建设用地占用耕地下降率	%	指导性	监测	年	●	●
65			建设强度	城市综合容积率	–	指导性	评估	年	–	–
66				城市绿地率	%	指导性	评估	年	–	–
67				城市建筑密度	%	支撑性	评估	–	–	–
68				村庄平均规模	公顷/个	支撑性	评估	–	–	–
69			经济强度	建设用地地均固定资产投资规模	万元/平方千米	支撑性	评估	年	–	–
70				建设用地地均地区生产总值	万元/平方千米	指导性	评估	年	–	–

续表

编号	一级分类	二级分类	一级指标	二级指标	指标单位	指标属性	监测类型	监测周期	部省对市指标	市对区指标
71	资产利用	消耗水平	人口增长耗地	单位人口增长消耗新增城乡建设用地	公顷 / 万人	支撑性	评估	年	–	–
72				单位人口增长消耗耕地	公顷 / 万人	支撑性	评估	年	–	–
73				单位地区生产总值增长消耗新增建设用地	公顷 / 万元	支撑性	评估	年	–	–
74				单位固定资产投资消耗新增建设用地	公顷 / 万元	支撑性	评估	年	–	–
75			经济增长能耗	单位地区生产总值增长耗水量	吨 / 万元	支撑性	评估	年	–	–
76				单位地区生产总值增长耗煤量	吨 · 标准煤 / 万元	支撑性	评估	年	–	–
77				单位地区生产总值增长耗电量	度 / 万元	支撑性	评估	年	–	–
78		资产利用	人口资产弹性水平	人口与城乡建设用地增长弹性系数	–	支撑性	评估	–	–	–
79				人口与耕地减少弹性系数	–	支撑性	评估	–	–	–
80			经济资产弹性水平	地区生产总值与建设用地增长弹性系数	–	支撑性	评估	–	–	–
81				固定资产投资与建设用地增长弹性系数	–	支撑性	评估	–	–	–
82			居住用地	居住用地比例	%	支撑性	评估	年	–	–
83				居住用地综合容积率	–	支撑性	评估	年	–	–
84				人均住宅建筑面积	平方米 / 人	指导性	监测	年	–	●
85			工业用地	工业用地比例	%	支撑性	评估	年	–	–
86				工业用地综合容积率	–	支撑性	监测	年	●	●
87				单位工业用地固定资产投资额	万元 / 公顷	指导性	评估	年	–	–
88				单位工业用地税收	万元 / 公顷	指导性	评估	年	–	–
89				单位工业用地就业人数	人 / 公顷	支撑性	评估	年	–	–

续表

编号	一级分类	二级分类	一级指标	二级指标	指标单位	指标属性	监测类型	监测周期	部省对市指标	市对区指标
90	资产利用	地价水平	工业用地	地价水平值	元/平方米	支撑性	监测	季度	●	–
91				地价环比增长率	%	支撑性	监测	季度	–	–
92				地价指数	–	支撑性	监测	季度	–	●
93				标定地价涨幅	元/平方米	支撑性	监测	季度	–	–
94	历史风貌	历史文化名城	历史文化街区	名城保护规划覆盖率	%	强制性	监测	适时	●	–
95				历史城区面积	平方千米	支撑性	评估	规划期	●	–
96				历史文化街区数量	个	强制性	监测	适时	●	–
97				历史文化街区保护规划覆盖率	%	强制性	监测	适时	●	●
98				历史文化街区面积	公顷	支撑性	评估	适时	●	●
99				历史文化街区核心保护范围面积	公顷	强制性	监测	适时	●	●
100				历史文化街区核心保护范围保护性建筑用地面积占比	%	强制性	监测	适时	●	●
101				历史文化街区核心保护范围历史街巷面积占比	%	强制性	监测	适时	●	●
102		历史文化街区	历史地段和传统特色街区	历史地段和传统特色街区数量	个	支撑性	评估	适时	–	●
103				历史地段面积	公顷	支撑性	评估	适时	–	●
104				传统特色街区面积	公顷	支撑性	评估	适时	–	●
105		历史文化名村	历史文化名村	国家、省级、市级历史文化名村数量	个	支撑性	监测	适时	●	●
106				历史文化名村保护规划编制覆盖率	%	支撑性	评估	适时	–	●
107				历史文化名村保护范围面积	公顷	支撑性	评估	适时	●	●
109				历史文化名村核心保护范围面积	公顷	强制性	监测	适时	●	●
109				各级历史文化名村历史传统建筑的建筑面积总和	平方米	强制性	监测	适时	●	●
110			传统村落	中国传统村落数量	个	强制性	监测	适时	●	●
111				一般传统村落数量	个	支撑性	评估	适时	–	●

续表

编号	一级分类	二级分类	一级指标	二级指标	指标单位	指标属性	监测类型	监测周期	部省对市指标	市对区指标
112	历史风貌	保护性建筑	保护性建筑	各级文物保护单位数量	个	强制性	监测	适时	●	●
113				已登记不可移动文物数量	个	强制性	监测	适时	●	●
114				优秀历史建筑数量	个	强制性	监测	适时	–	●
115				各类保护性建筑的建筑面积	公顷	强制性	监测	适时	●	●
116				保护性建筑的紫线划定覆盖率	%	支撑性	评估	适时	–	●
117		其他保护区	非物质文化遗产	各级非物质文化遗产数量	个	支撑性	评估	适时	●	●
118	生活品质	公共设施	教育设施	人均教育基础设施用地面积	平方米/人	指导性	监测	年度	–	●
119				小学生均用地面积	平方米/生	支撑性	评估	年度	–	–
120			教育设施	初中生均用地面积	平方米/生	支撑性	评估	年度	–	–
121				高中生均用地面积	平方米/生	支撑性	评估	年度	–	–
122				小学服务半径平均覆盖率	%	指导性	评估	年度	–	–
123				初中服务半径平均覆盖率	%	指导性	评估	年度	–	–
124			医疗设施	每千常住人口医疗卫生机构床位数	张	指导性	监测	年度	–	●
125				人均医疗卫生服务设施用地面积	平方米/人	指导性	评估	年度	–	–
126				医生密度	人/千人	指导性	评估	年度	–	–
127				规划医疗卫生用地实施率	%	支撑性	评估	年度	–	–
128			文化设施	人均公共文化服务设施用地面积	平方米/人	指导性	监测	年度	–	●
129				每10万人拥有的博物馆、图书馆、演出场馆、美术馆或画廊数量	处	支撑性	评估	年度	–	–
130				规划公共文化设施用地实施率	%	支撑性	评估	年度	–	–

续表

编号	一级分类	二级分类	一级指标	二级指标	指标单位	指标属性	监测类型	监测周期	部省对市指标	市对区指标
131	生活品质	公共设施	体育设施	人均公共体育用地面积	平方米/人	指导性	监测	年度	–	●
132				规划公共体育用地实施率	%	支撑性	评估	年度	–	–
133			养老设施	百名老人床位数	张	指导性	监测	年度	–	●
134				人均养老设施用地面积	平方米/人	指导性	监测	年度	–	●
135				社区养老设施普及率	%	支撑性	评估	年度	–	–
136				规划养老设施实施率	%	支撑性	评估	年度	–	–
137				福利设施用地面积	–	指导性	监测	年度	–	●
138			公园绿地	市级公园绿地面积	平方千米	强制性	评估	年度	●	–
139				区级公园绿地面积	平方千米	强制性	评估	年度	–	●
140				人均公园绿地面积	平方米/人	强制性	监测	年度	●	●
141				公园绿地500米服务半径覆盖率	%	指导性	监测	年度	–	●
142				街头绿地面积	公顷	指导性	评估	年度	–	●
143				规划公园绿地实施率	%	支撑性	评估	年度	–	
144		住房保障	保障房建设	保障房建设套数	套	强制性	监测	年度	●	●
145				保障房建设面积	平方米	指导性	监测	年度	–	–
146		综合水平	公共设施综合水平	公共设施15分钟覆盖率	%	指导性	监测	年度	–	–
147				公共开敞空间面积	公顷	支撑性	评估	年度	–	–
148				公共开放区域可达性	–	支撑性	评估	年度	–	–
149				公共设施无障碍普及率	%	指导性	评估	年度	–	●
150				噪声达标区覆盖率	%	指导性	监测	年度	–	–
151			职业平衡	职住平衡指数	–	支撑性	评估	年度	–	–
152				城镇居民通勤平均通勤距离	千米	支撑性	评估	年度	–	–
153				城镇居民通勤平均通勤时间	分钟	支撑性	评估	年度	–	–
154				城镇居民日平均出行时间	分钟	支撑性	评估	年度	–	–

续表

编号	一级分类	二级分类	一级指标	二级指标	指标单位	指标属性	监测类型	监测周期	部省对市指标	市对区指标
155	生活品质	乡村振兴	农村供应	农村自来水普及率	%	指导性	评估	年度	–	–
156			农村卫生	农村卫生厕所普及率	%	指导性	评估	年度	–	–
157				农村生活垃圾集中处理率	%	指导性	评估	年度	–	●
158		供应保障	水资源	集中式饮用水水源水质达标率	%	指导性	监测	–	●	–
159				人均用水量	升/人日	支撑性	评估	年	–	–
160				给水设施用地	公顷	支撑性	–	–	–	–
161			能源	万元工业产值综合能源消费量（吨煤）	吨标准煤/万元	支撑性	评估	年	–	–
162				人均用电量	度	支撑性	评估	年	–	–
163				燃气设施用地	公顷	支撑性	–	–	–	–
164				居民家庭人均天然气用气量	升/人	支撑性	评估	年	–	–
165				电力设施用地	公顷	支撑性	–	–	–	–
166				供气管网长度	千米	支撑性	–	–	–	–
167		环境卫生	污水处理	城市生活污水集中处理率	%	支撑性	监测	–	●	–
168				污水设施用地	公顷	支撑性	–	–	–	–
169			垃圾处理	生活垃圾无害化处理率	%	强制性	监测	–	●	–
170				生活垃圾资源化处理率	%	支撑性	–	–	–	–
171				垃圾处理设施用地	公顷	支撑性	–	–	–	–
172			海绵城市	年地表径流总量控制率	%	强制性	监测	–	●	●
173				湖泊三线控制面积	平方千米	强制性	监测	–	●	–
174		公共安全	消防	消防设施数量	处	支撑性	–	–	–	–
175				城市消防站平均服务面积	平方千米	指导性	评估	–	–	–
176			人防	紧急避难场所面积	平方千米	指导性	–	–	–	–
177				人均紧急避难场所面积	平方千米	指导性	评估	–	–	–
178				人均防空工程设施面积	平方米	指导性	评估	–	–	–

续表

编号	一级分类	二级分类	一级指标	二级指标	指标单位	指标属性	监测类型	监测周期	部省对市指标	市对区指标
179	生活品质	公共安全	洪涝灾害	排涝能力	立方米 / 秒	支撑性	监测	–	●	–
180				排涝设施用地	公顷	指导性	–	–	–	–
181				防洪堤达标率	–	指导性	–	–	–	–
182		区域交通	航空	航空线路数量	条	支撑性	评估	–	–	–
183				机场旅客吞吐量	万人次	支撑性	评估	年	–	–
184				机场货邮吞吐量	万吨	支撑性	–	年	–	–
185			铁路	铁路班次	–	支撑性	–	年	–	–
186				铁路客运量	–	支撑性	–	年	–	–
187				铁路货运量	–	支撑性	–	年	–	–
188			水运	港口货运吞吐量	万吨	支撑性	评估	年	–	–
189				集装箱吞吐量	万吨	支撑性	评估	年	–	–
190			公路	公路里程	千米	支撑性	评估	–	–	–
191				高速公路里程	千米	支撑性	评估	–	–	–
192				公路网密度	千米 / 平方千米	指导性	评估	–	–	●
193				公路客运量	万人次	支撑性	–	年	–	–
194		轨道交通	轨道交通	轨道交通里程	千米	强制性	评估	–	–	–
195				轨道交通客运量	万人次	支撑性	–	年	–	–
196				轨道交通占公共交通客运量比例	%	指导性	评估	–	–	–
197		道路交通	城市道路规模	城市道路长度	千米	支撑性	评估	–	–	–
198				城市道路路网密度	千米 / 平方千米	指导性	评估	–	–	●
199				道路面积	平方米	指导性	评估	–	–	●
200				人均道路面积	平方米	指导性	评估	–	–	●
201				道路面积率	%	支撑性	评估	–	–	–
202			道路运行效率	拥堵率	%	支撑性	评估	–	–	–
203				全路网平均车速	千米 / 小时	支撑性	评估	–	–	–
204				机动车拥有量	万辆	支撑性	评估	–	–	●

续表

编号	一级分类	二级分类	一级指标	二级指标	指标单位	指标属性	监测类型	监测周期	部省对市指标	市对区指标
205	生活品质	道路交通	道路运行效率	公共停车位数量	万个	支撑性	评估	–	–	●
206				交通设施用地	公顷	支撑性	–	–	–	–
207		居民出行	公交比例	公交站点500米覆盖率	%	指导性	监测	–	–	●
208				公共交通出行比例	%	支撑性	–	–	–	–
209				出行结构	%	支撑性	–	–	–	–
210				绿色出行比例	%	支撑性	评估	–	–	–
211	社会经济	人口社会	人口数量	常住人口	万人	指导性	监测	年	–	●
212				户籍人口	万人	支撑性	评估	年	–	–
213				流动人口	万人	支撑性	评估	年	–	–
214				城镇人口	万人	指导性	评估	年	–	–
215				乡村人口	万人	支撑性	评估	年	–	–
216			人口结构	年龄结构	万人	支撑性	评估	年	–	–
217				性别结构	万人	支撑性	评估	年	–	–
218				受教育程度	万人	支撑性	评估	年	–	–
219			人口变动	人口死亡率	%	支撑性	评估	年	–	–
220				人口出生率	%	支撑性	评估	年	–	–
221			就业	从业人员数	万人	指导性	评估	年	–	–
222				非私营单位从业人员数	万人	支撑性	评估	年	–	–
223				城镇登记失业率	万人	指导性	监测	年	–	●
224			综合发展	人类发展指数（HDI）	–	支撑性	评估	年	–	–
225				平均寿命	岁	支撑性	评估	年	–	–
226		经济产业	GDP	GDP总量	亿元	指导性	监测	年	–	●
227				人均GDP	美元	指导性	评估	年	–	–
228			产业结构	三次产业结构	亿元	指导性	评估	年	–	–
229				规模以上企业数量	个	支撑性	评估	年	–	–
230				全社会劳动生产率	亿元	支撑性	–	年	–	–
231			科技创新	R&D经费支出占地区生产总值的比例	–	支撑性	评估	–	–	–
232				每万人拥有专利数	–	支撑性	评估	–	–	–
233				平均受教育年限	–	支撑性	评估	–	–	–
234		投资贸易	对外贸易	进出口总额	–	支撑性	评估	年	–	●
235				进出口总额占GDP比重	–	支撑性	评估	–	–	–
236				社会消费品总额	–	支撑性	评估	–	–	●
237			旅游	接待国内游客量	万人	支撑性	评估	年	–	–
238				接待境外游客量	万人	支撑性	评估	年	–	–

续表

编号	一级分类	二级分类	一级指标	二级指标	指标单位	指标属性	监测类型	监测周期	部省对市指标	市对区指标
239	社会经济	投资贸易	固定资产投资	全社会固定资产投资总额	亿元	指导性	评估	年	–	●
240		居民收入	收入水平	地方财政收入	亿元	指导性	评估	年	–	●
241				地方一般公共预算收入	亿元	支撑性	评估	年	–	–
242				平均家庭年收入	元	支撑性	评估	年	–	–
243				居民人均可支配收入	元	支撑性	评估	年	–	–
244				城乡居民收入比	%	支撑性	评估	年	–	–
245			脱贫	农村贫困人口脱贫	人	强制性	监测	年	–	●

5.3 仪表盘建设

下面主要从监测评估预警架构、仪表盘功能作用两个方面，详细介绍仪表盘建设情况。

5.3.1 监测评估预警架构

构建基础—过程—结果三环节统一的监测评估预警架构，实现监测—评价—考核—监督的全方位预警。具体从以下四个方面进行监测评估预警。

1. 指标监测

指标监测是一种可量化的监测，指标涵盖资源现状、规划编制、规划管理、实施结果等有关指标控制要求。建立对标值、预警值，与当前值进行比对，根据比对结果自动发出预警信息。

2. 用途监测

用途监测是对行政审批许可中的规划用地性质的执行和上下传导进行监测，一旦有用途改变，或者不符合要求（如兼容性等）的用途改变提出警示，提醒补充相关支撑依据（如政府会议纪要等），才能作出行政许可，并作标识和记录。

3. 位置监测

位置监测是对现状或规划的不可移动的用地进行范围、边界监测（如三区三线、规划五线等），直到纠正错误或者补充相关支撑依据，才能作出行政许可，并作标识和记录。

4. 程序监测

程序监测是对行政审批许可程序的规范性进行监测，包括许可流程、许可支持、横向衔接等。

5.3.2 仪表盘功能作用

依据城市仿真实验室平台指标体系，通过现状与规划的差值对比、历史各年度的指标趋势研究、与兄弟城市相同指标的对标分析等手段，对城市发展、建设情况进行全面监测，把握城市发展状态。

5.3.2.1 指标总览

指标总览即总览各类指标接入情况、计算周期，以及指标的更新时间。按照人口社会、产业经济、国土规划、公共服务、交通体系、市政设施、资源生态和空间形态八大领域将指标分类，并通过指标的健康状态过滤八大类指标，帮助用户快速定位各类指标，通过指标健康状态筛选预警指标。预警指标等级分为严重预警、中度预警、轻度预警三类。

应用人员请求指标总览的数据，系统弹出指标总览模态窗口（见图 5.2）。指标总览所示：指标总览模态窗口按八大专项领域将指标进行分类展示并支持每一类指标的折叠与展开。每类指标包括指标名称和指标总量，预警指标需提供预警标识，应用人员可在模态窗口进行条件筛选，筛选条件分两种，即全部指标和预警指标。应用人员点击某个指标，定位到指标详情界面。

图 5.2 指标总览模态窗口

5.3.2.2 指标统计

仪表盘支持指标体系、指标分类的概览，并以统计图表的形式直观地呈现指标总量及各体系指标总量，同时展示各指标体系内指标数、指标类目数及各类目指标数量的分布情况等（见图 5.3）。

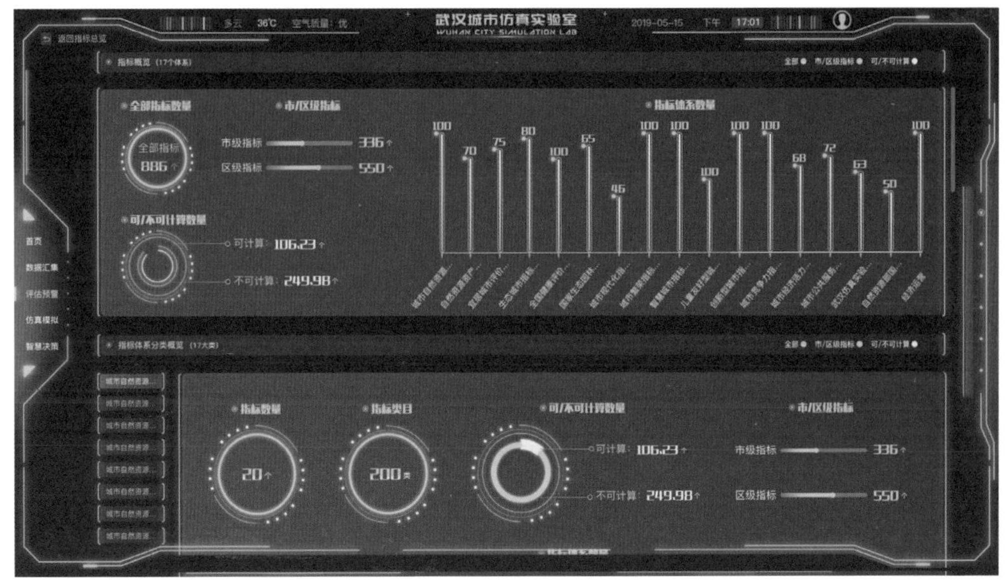

图 5.3 指标统计

5.3.2.3 指标监测

指标概览是指由指标名称和总量构成，展示全市建设用地、产业经济、人口规模等宏观数值；各类指标监测是指通过多维图形表格（如柱状图和折线图）、带有交互的数字仪表盘等多种展现形式，按照指标的时间维度、空间维度和业务属性，分别从趋势、分布和结构三个层次进行指标展示模式的切换；指标解读是指支持对全市 / 各类指标的趋势、同比、环比、占比等分析，指标详情见图 5.4。

5.3.2.4 指标预警

仪表盘提供指标预警总览。在预警总览页展示所有预警指标，提供单项预警指标入口，提供预警信息推送。当指标数据发生更新时，若指标的监测值超出参考标准，能及时对此指标进行预警提示。预警提示有两种形式，即指标预警（见图 5.5）和事件预警。指标预警是指以弹窗模式提示应用人员查看该指标变化。应用人员请求查看弹窗信息，界面定位到单指标详情界面，在方案中显示原指标和现指标预警说明。事件预警是指以弹窗模式提示应用人员查看该事件信息。应用人员请求查看弹窗信息，界面定位到单指标详情界面，在地图上分布事件预警信息。

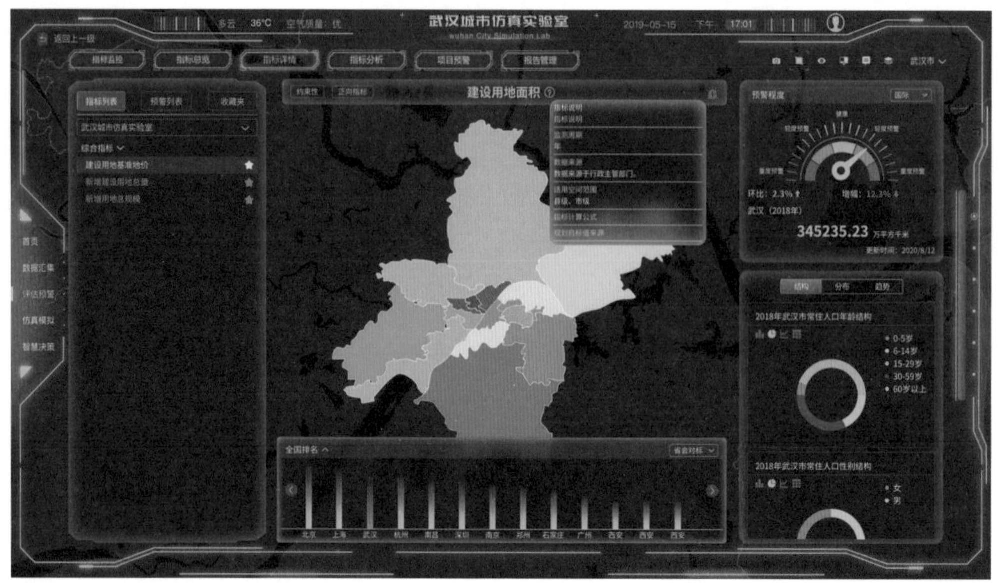

图 5.4 指标详情

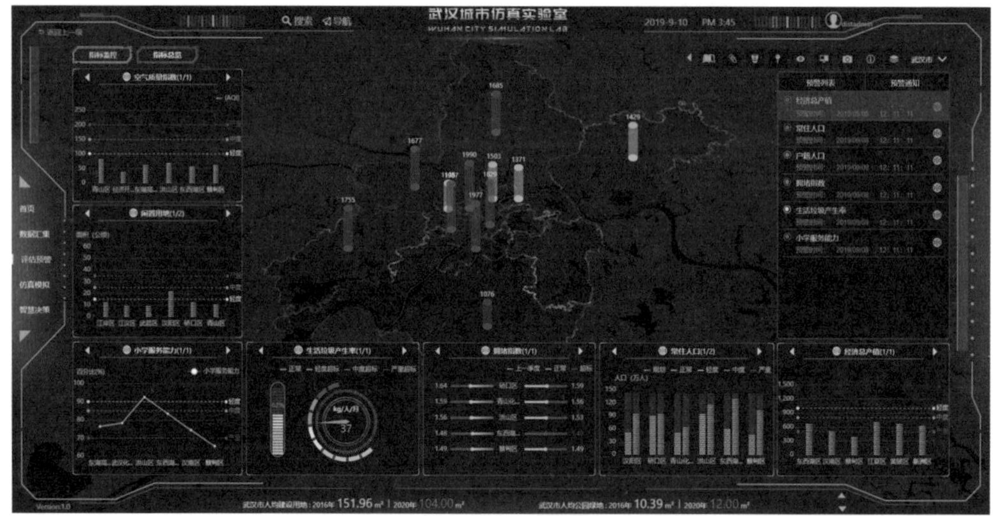

图 5.5 指标预警

5.3.2.5 指标管理

1. 指标库管理

1）指标

指标由维度、汇总方式和量度共同构成。维度是指看待事物的视角和角度，常用的维度有时间维度、空间维度。汇总方式是指衡量问题的方法。量度则是对物理量的衡量，通常以数字单位表示。以年度用水量指标为例，“年度”是指标的时间维度，“用水”是指标的汇总方式，“量”则是指标的量度。按照指标计算的复杂程度，指标通常可以划分为基础指标、普通指标和计算指标三类。其中，基础指标是指没有上游限定直接获取数据得到的指标，如用水量指标；普通指标是由维度和基础指标构成的指标，如年度用水总量指标；而计算指标则是由若干个基础指标计算出来的指标，如轨道交通站点 600 m 用地覆盖率指标、单位地区生产总值（GDP）用电量等。

从上述指标的构成和划分方式可知，所有定量指标都能够由基础指标直接或间接得到。因此，应针对选取的指标建立基础指标库，对指标和指标数值进行储存、管理、可视化分析，以及更新维护等操作。

2）指标多维属性

国土空间规划“一张图”监测指标具有多维结构特征，包括空间、时间、主题、数据来源等若干个维度。基于空间维度，国土空间规划指标体系根据事权的分层分级逐级传导，按照行政区划可以建立市级—区（县）—镇街（单元）的层次结构；基于时间维度，不同特性指标监测数据获取难度的差异，导致所有指标不可能同时更新，可以按照指标更新的时间建立时—日—周—月—季度—年的层次结构；基于主题维度，可以按照指标的划分方式建立创新—绿色—开放—共享—安全的层次结构等。

根据各层级事权监测评估的需要，监测指标值可以分为本级规划的基期值、目标值、监测的现状值、评价的标准值，以及上位规划分解值与下位规划上报值等。其中，基期值是评估起始期各项指标的数值，起到参照的作用；目标值是在规定年限，各项指标应当达到或不能逾越的数值，目标值可以设置多个；监测的现状值是指现年各项指标达成的水平和程度；评价的标准值是评判各项指标实施是否出现问题的重要内容，需要预先设计评价的标准值。

3）指标元数据

元数据（metadata）是一种“关于数据的数据”(data about data)，是用于描述信息资源内容、状况等特性的高度结构化数据。对于指标的元数据来说，一方面通过元数据起到了解释指标的作用，记录指标的含义、指标的责任主体等内容；另一方面通过元数据能够了解数据的存储地址、存储方式及访问方式，当数据源信息发生改变时，可直接对元数据库执行增加、修改及删除操作，实现对信息的管理和维护。指标元数据的应用能够让指标更容易被访问、管理、查询、连续使用和理解。

按照规划实施监测指标查询的需要对指标属性进行梳理，实施监测的指标元数据应包括编码、主题、名称、单位、类型、口径、计算公式、空间范围、监测周期、数据来源、责任主体，以及年度目标值等，其他属性可根据实际需求进行添加。

4）指标管理模型

常用的多维数据模型为联机分析处理（OLAP），可以基于元数据构建数据立方体模型，实现更加复杂的查询和分析。多维立方体由维和事实定义，维是记录的视角，相应维表用来保存该维的元数据。事实是各个维度的交点，其分析的主题由数值度量，事实表存储维度的外键和数值，事实对应指标值。

除了通过 OLAP 对指标进行多维度、分级分类的管理和存储，还可以通过上卷、下钻、切片、切块、钻取等若干操作进行复杂、高效的数据查询和分析，并且能够可视化地观察其趋势、构成情况，等等。上卷是沿着指定维度聚集到高维度层次，或去掉某一个维度获取更加粗粒度的数据，比如在空间维进行上卷操作，可以从“分区”上升到“市”；下钻是上卷的逆操作，可以细化维度或者增加维度以获取更加详细的数据，比如在主题维还可以继续细分子主题；切片和切块是在特定若干维度数据立方体的基础上通过局部切分构造新的数据立方体；钻取则可以通过共享的维度表研究多个实施表。多维立方体信息模式示例如图 5.6 所示。

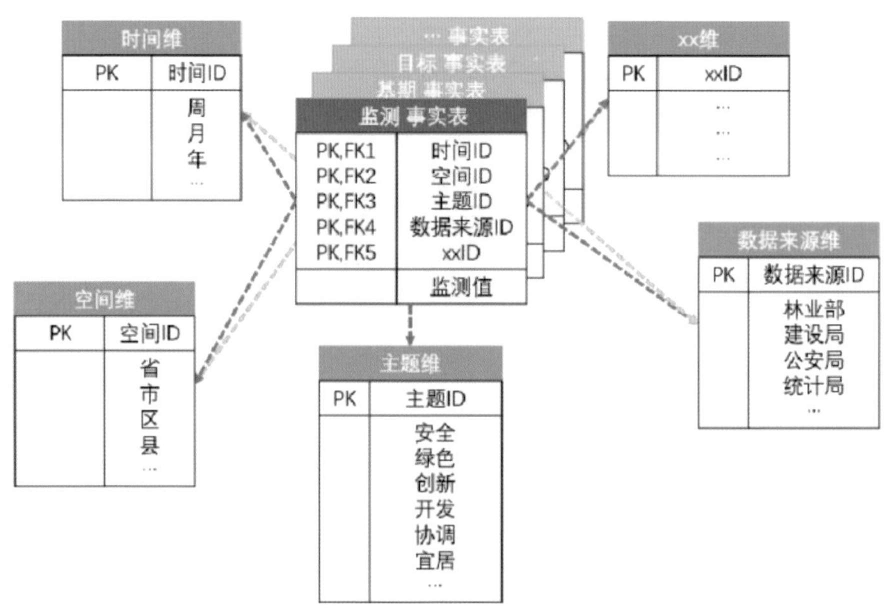

图 5.6 多维立方体信息模式示例

2. 指标管理系统

监测评估指标管理系统主要包括指标库管理、指标填报管理、指标模型关联、指标展现界面配置、指标信息展现五个功能模块。

1）指标库管理功能

指标库管理功能是指标管理体系的基础，指标库相当于一个装载众多指标及指标数值的“仓库”。一方面，指标库维护监测指标的基本信息，各层级国土空间规划管控指标均从中选取。另一方面，指标库承担所采集指标数据的存储及信息流入流出的功能。

2）指标填报管理功能

指标填报管理功能包括指标初始化（指标分解及指标填报记录生成）、年度目标值设置、年度指标完成情况填报等功能模块。

3）指标模型关联功能

指标模型关联功能主要是建立模型库联系，所有指标计算公式事先按照规定的语法录入模型库进行管理。

4）指标展现界面配置功能

展现界面配置功能可灵活地对最终展现出来的指标完成情况表单进行配置。

5）指标信息展现功能

指标现状完成情况、指标目标值等信息的展示，能够让用户更加直观地看到所监测指标的完成情况。

6 仿真模拟

城市是一个复杂的系统，具有空间边界和空间特征，是人群活动、经济联系和社会发展的空间载体。以城市系统为研究对象的仿真技术，重点是研究城市的边界与特征、人群活动与需求、经济联系与社会发展等内容，而这些内容会随着城市的不断发展而变化。也就是说，城市仿真是研究组成城市各要素的“变”与“不变”。

6.1 仿真模拟解读

6.1.1 仿真模拟的含义

仿真模拟以复杂城市系统为研究对象，对城市进行整体量化解构，建立空间可计量的巨型数学模型库，开展城市仿真的研究与建设。其核心是利用城市各项要素运行的感知数据，对各领域活动主体与城市空间交互联系，以及存在的内在规律与外在表现进行系统解释。仿真模拟针对城市各项要素运行交互规律和现象，构建一系列的数学模型，进行量化分析，解读其背后的运行规则，为城市各项体征“把脉”；同时，结合空间分析、虚拟现实、大数据、人工智能等新技术，从时间和空间等多维度出发，对城市各类要素运行状态进行动态展示，形成城市未来预演室，指引城市高质量发展。

6.1.2 仿真模拟的意义

由于中国城市的快速城镇化发展，城市逐步从增量发展转向存量发展，城市热岛、洪涝灾害等“城市病”问题也日益凸显。在这个转型的关键时期，城市的管理者对城市精细化管理、高质量发展的诉求越来越强烈，需要像医生一样，实时掌握城市生命特征，进行对症下药。由于城市是一个高速、复杂运算的系统，城市建设试错成本很高，因此任何一项重大的决策都会给城市带来不可逆转的后果。那么仿真模拟，就是对开的“药方”进行模拟，预演城市未来发展，并与预期目标进行比对，供管理者科学决策。

“计算式”城市仿真建设是通过整合城市各类感知数据，利用数据模型，解读城市运行规律，发现和解决城市问题，提高城市运行效率和发展质量。基于“计算式”城市仿真模型，对城市不同发展情景的动态模拟，可以为城市规划决策提供分析依据，也为城市管理部门科学预测未来城市在重大政策、挑战、事件及风险等环境下的发展方向提供技术支撑，提高城市建设效率、城市管理效能和城市安全韧性，从而促进城市可持续发展。

6.1.3 仿真模拟发展的历程

随着系统论、信息论和控制论的出现，计算机技术的发展，尤其是地理信息系统这一崭新领域的进展，城市仿真模型正经历着从检测到仿真的过程。城市仿真主要包含两个方面：一方面是利用虚拟现实、三维建模等技术，进行可视化展示城市发展；另一方面是构建数学模型，对城市运行规律进行模拟。

1. 数字城市仿真发展历程

早期，城市仿真主要是从地理空间出发，基于地理对象的位置和形态的空间数据，构建二维场景，真实表达各项要素的地物关系，利用地理空间分析理论，计算各项要素空间关联关系。结合城市虚拟现实技术发展，逐步发展到城市三维空间中要素结构关系的仿真，真实还原城市现状。这一时期，主要以“数字城市”“数字地球”等建设为标志，通过计算机技术、3S 技术（地理信息系统、遥感、全球定位系统），以及大规模存储技术，对城市进行多时间分辨率、多空间分辨率及多维度的场景空间描述。

随着物联网技术、云计算技术、5G 技术等新一代信息技术的发展，城市建设逐步从“数字化”向“智慧化”升级，城市管理从“粗放式”向“精细化”转型。因此，对城市的仿真模拟模型提出了更高的要求，不同于传统的城市模型只从注重城市实体要素表达，比如 4D 产品（DLG、DRG、DOM、DEM），逐步向智慧化、可计算方向发展，研究的主要内容是对城市要素间关联关系与作用机理的建模分析，更加强调对要素运行的时空变化特征的动态展示。

2.“计算式”城市仿真模型发展历程

“计算式”城市仿真模型是对城市空间现象与过程的抽象数学表达，具有多系统和多学科协同分析、精细化评估的特点。“计算式”城市仿真模型经历了从理论概念模型、数学分析模型向计算机模拟模型发展的过程。自计算机发明以来，针对城市这一规模庞大、内容复杂的巨系统仿真研究受到广泛关注。随着计算机硬件技术和地理信息技术的快速发展，针对区位格局、互动和交通流动，从经济、社会、土地利用等角度，基于地理空间，构建了统计分析模型，进行动态仿真模拟，探索城市要素之间交互的演化模拟。

从时间尺度上，过去人们通过对特定时间点反映城市空间结构的空间交互和区位活动进行分析、表达，逐步发展到更加详细、连续的动态模型表达，更加丰富地展示空间个体行为和城市发展的过程。城市空间要素在演变时具有时间属性，根据模型构建时是否考虑时间属性，分为静态模型与动态模型。静态城市模型主要是对城市现状发展要素进行基本统计，并初步探讨了不同尺度空间要素相互作用关系。随着城市建设的发展，积累多年城市建设时序数据，并以此为基础，建立动态城市研究模型，这将是未来研究的重点内容。

从研究尺度上，城市模型分为宏观模型与微观模型。宏观模型主要采用系统动力学方法，研究宏观尺度城市内部、城市之间等大范围区域各项城市组成要素的相互作用。但由于受到数据来源与空间尺度的制约，宏观尺度的动态模型通常具有时间和空间跨度大的特性，无法精细反映时空尺度下城市内各主体运行过程中的复杂性特征。目前，随着城市快速发展，当具有一定城市发展规模时，城市模型研究的重点转向反映城市内部各主体活动运行过程内在联系的内容中来，借助类似离散动力学、系统动力学、元胞自动机等模型，从微观视角研究城市内部组成要素的运行规律成为当前研究的热点。现有“计算式”城市仿真模型主要分类见表 6.1。

表 6.1 现有“计算式”城市仿真模型主要分类

研究尺度	起始时期	建模方法	研究内容	代表模型
区域	20 世纪 60 年代	空间相互作用理论、离散选择理论	研究区域要素空间相互作用、离散选择效应等	POLIS（美国）、DRAM/EMPAL（美国）
城市	20 世纪 80 年代	最大熵理论、地租理论、空间投入产出理论	基于空间投入产出等理论模型研究土地利用经济效应变化规律	POLIS（美国）、DRAM/EMPAL（美国）
小区	20 世纪 90 年代	元胞自动机理论、基础个体建模	基于个体建模等方法探索地块发展变化特征与离散选择效应	URBANSIM（美国）、PECAS（加拿大）
网格	20 世纪 90 年代	元胞自动机理论、基础规则建模	基于元胞自动机等微观建模方法探索城市主体活动与空间演化关系	SLEUTH（美国）、BUDEM（中国）、AGENTICITY（加拿大）

自二十世纪五六十年代以来，国外在城市规划设计中大规模应用数学模型辅助科学规划。随着地理信息技术的发展，国内也广泛开展相关的应用研究。在城市规划、设计、建设和管理的领域中，采用定量分析方式，对研究对象进行客观、准确的描述，促进管理决策的科学性和可实施性。但这并不意味着定量分析可以取代定性分析，而是需要将两者融合，以定性分析为出发点，明确总体目标，以定量分析法加以辅助，并对预期目标结果予以数量上的比对。

6.1.4 仿真模拟在“计算式”城市仿真中的作用

目前，现有各种各样的城市数学模型都是建立在对问题进行实际分析的基础上。不同城市尺度、不同应用场景，对模型计算的数据来源、结果精度等方面要求殊异。针对城市发展中的各种问题，目前还没有一个模型能进行全面、系统的模拟和解释。因此，需要将城市系统解构成不同的要素，构建量化模型，进行组合，探索系统考虑城市运行规律的数据模型。

“计算式”城市仿真模型的作用主要体现在以下三个方面。

1. 现状分析

通过对城市各类要素进行解构，利用多源感知数据，分析城市构成要素及其运行规律，对各类要素进行动态监测、实时预警。针对城市建设和发展过程中的各项短板，采取相应的补救措施或发展措施。

2. 未来预测

城市规划本身不仅能解决现状问题，更重要的是对未来的城市发展作出科学预测和准确描述。因此，需要用数据模型进行规划方案的模拟和预测，为城市管理提供可靠的依据。例如，根据一片新区的用地规划方案，建立数学模型，模拟预测未来人口、设施承载力、交通等方面的发展情况。同样，对城市发展可能存在的一些风险，也需要进行精准预测，提前做好防范。例如，气象局一般都会对台风登陆时间、地点、风速等进行预报，但实际上不同区域、不同时间的风速是不同的，那么在进行避难时，采取的应对措施也是不同的。这就需要提前进行城市仿真预测，评估存在风险，提出紧急预案。

3. 政策模拟

在城市规划及城市管理方面，各种政策的影响作用，如果单凭观察法是难以确切知晓的。土地政策、住宅政策、交通政策等诸多政策都会对城市内部及外部的分布格局产生不同程度的影响。城市的建设和发展是不可逆的，试错成本较高，我们无法采用实地检验的方法进行模拟。但在城市规划实践中，要想制定科学的规划方案，必须综合考虑政策因素，建立数学模型进行模拟。目前，国内已经开展了许多相关的探索和实践。通过量化的方式，得到对各种城市政策的影响范围及程度，辅助决策者制定合理、科学的决策方案。

6.2 仿真模拟体系建设

6.2.1 “计算式”城市仿真模拟运用存在的问题

量化分析方法在我国城市规划领域的研究和应用有近 20 年历史，对于提升规划编制方法科学性产生了一定的积极作用。但是，总体来讲，量化分析方法在城市规划编制中更多的是起到锦上添花的作用，始终无法取代规划师的经验判断，其原因到底是什么？从当前模型统计数据来看，大致可以归纳出以下几点原因。

1. 模型缺乏一定的普适性

城市组成要素众多，非常复杂，对仿真技术要求比较高。不同模型的构建具有特殊性，因此适合的应用场景不同。模型使用存在一定的技术门槛，需要充分了解模型特性，随意使用模型进行模拟，会导致模型无法做到与应用场景完美结合，无法模拟满意结果。比如以雨洪模型为例，不同尺度、不同雨量下雨水径流模拟，需要对 CFD 模型进行适当的优化，才能精准模拟出下雨时积水的严重程度，这样才能更好地解决实际问题。

2. 缺乏系统的理论支撑

城乡规划中除极少数的模型外，比如空间句法等是由规划专家所创立的，其他绝大部分模型都是由其他领域的专家创立的，因此当其应用于城市规划领域时，其背后缺乏完整的理论支撑，传统的规划师可以轻易地提出质疑，而使用者又很难自圆其说，导致模型的推广存在问题。

3. 量化研究的方法缺乏系统性

研究城市要素大多是单独考虑的，为考虑要素之间关系，没有将城市作为一个整体进行系统考虑。即使是同一大类下的研究领域，其内部之间的关系也不紧密。例如，设施承载力研究仅考虑了单项设施承载力情况，并未考虑不同设施之间存在的关联关系，可能会对预测结果、方案优化等应用型计量分析产生一定的影响。此外，以城市扩张为例，建成区面积和城市土地需求的预测没有结合城市特征和管理政策等因素影响，导致大多数模型和研究成果无法真正地精确指导管理实施落地。

4. 模型本身的科学性、严谨性不够

比如有的模型中所采用的某些数学方法是存在先验条件的，而使用者并没有严格按照要求进行验证就直接使用；有的模型中所需要的数据获取困难，而采用其他不严谨的数据代替，或者数据本身就不够准确，这样直接在模型中运用使得产生的结果无法预料；有的模型用小样本、非随机样本的调查结果去预测宏观趋势，等等。以上这些问题都会导致计算结果不准确，从而让规划师对模型的运用产生不信任感，影响模型的深入研究。

5. 总结

随着科学技术的发展，基础数据建设越来越精准，研究的算法和模型计算结果也越来越准确，对城市要素运行模拟更加精准，但是因城市的复杂性，涉及的因素较多，精准模拟城市运行体征仍有较大的提升空间。因此，需要结合城市仿真实验室的建设，按照不同的专业领域对模型进行梳理和汇总，从模型的客观性、科学性、适用性等方面入手，开展深入研究。将对每一个模型及其所使用的数学方法和数据进行逐一剖析，分析模型存在的问题，并进行改进，形成仿真实验室特有的模型框架，最终形成工具方法。

6.2.2 仿真模拟体系建设技术思路

仿真模拟主要是建立城市综合模型，对规划方案进行预演，量化规划目标给城市带来的提升。对接规划编制与管理体系，分为区域、市域、社区等不同层次和公服、市政、交通、产业、人口、土地等专项，分别开展空间数学模型专题研究，判断规划方案对城市资源的调配带来的综合影响，研究建立规划方案的量化评估与预演模型，实现对规划方案的模拟与推敲，最终形成城市综合信息模型。

将规划预演的量化指标结果与城市仪表盘对接，形成现状与规划目标的对照，建立规划目标实施监控与动态预警机制。在各类建设活动不统一时，通过指标之间的对比，预警提示规划干预，为下一步建立智慧化的空间治理体系决策平台奠定基础。

其总体技术思路如下所示。

（1）结合规划管理的需求，梳理“计算式”城市仿真模型。通过城市仿真模型进行总结和归类，从急迫性、难易性、可行性等角度出发，开展模型研究。

（2）结合城市管理特定场景需求，分析城市各类要素特征，建立仿真数学模型。结合城市各要素运行规律进行解读，进行专业领域建模模拟，同时，针对城市复杂的运行情况，建立数学模型并进行综合分析。

（3）开展未来预演室建设。从不同层次出发，以主干模型、专项模型和综合模型为核心，对城市要素进行模拟。同时，探索打通各类模型，实现模型运算互联互通，最终实现对城市运行状态进行全面、动态、实时模拟。

6.2.3 “计算式”城市仿真模型分类

6.2.3.1 城市仿真模型特点

“计算式”城市仿真模型主要是通过构建数学模型，对城市组成要素运行规律进行模拟。总体而言，数学模型具有以下三个特点。

（1）运用抽象化的方式表达某事物的运行规律。通过筛选、摒弃次要因素，突出主要、重点因素；对事物的模拟源于现实，但非实际的原型。

（2）利用数学公式中的数值对事物的表达，推广应用于相似问题。

（3）作为某事物的数学语言，转译成计算语言，进行动态模拟，也就是所谓的数学模型化处理。

6.2.3.2 传统数学模型分类

按照数学模型的应用领域、数学方法、研究对象、建模目的和了解程度等方面对数学模型进行分类。

1. 按照模型的应用领域分类

根据模型模拟的应用领域或所属学科，可分为人口模型、经济模型、生态模型、社会模型、资源模型、交通模型、设施承载力模型、环境污染模型等。

2. 按照模型的数学方法分类

根据模型基于不同的数学方法或所属数学分支，可分为初等数学模型、几何模型、微分方程模型、图论模型、马氏链模型、规划论模型等。

3. 按照模型的研究对象分类

按照数学模型研究对象的特性，可分为确定性和随机性、静态和动态、线性和非线性、连续和离散模型。其中，考虑随机因素的影响，模型可分为确定性模型和随机性模型。近年来，随着数学的发展，又有所谓突变性模型和模糊性模型。考虑到时间因素引起的变化，模型可分为静态模型和动态模型。线性模型和非线性模型取决于模型的基本关系，如微分方程是否是线性的。实际上，大多数问题是随机性的、动态的、非线性的，但是由于确定性、静态、线性模型容易处理，因此通常将问题近似为确定性、静态、线性模型进行处理。将模型中的变量考虑为连续还是离散，模型可分为连续模型和离散模型。连续模型便于利用微积分方法求解，进行理论分析，离散模型便于在计算机上作数值计算，所以采用哪种数学模型要结合实际应用。

4. 按照模型的建模目的分类

按照数学模型的建模目的，模型可分为理论研究、预期结果和优化等。比如描述模型、分析模型、预测模型、仿真模型、决策模型、控制模型等。

5. 按照模型的了解程度分类

按照对构建的数学模型结构的了解程度，可分为白箱模型、灰箱模型、黑箱模型。这是把研究对象当成一只盒子，通过数学建模来揭示它的运行规律。白箱模型主要包括用力学、热学、电学等机理清楚的现象，常用于解决技术工程类问题。白箱模型基本已经定型，未来主要是优化设计和控制。灰箱模型是指研究机理尚不十分清楚的现象，还需要进行大量的研究，去优化和改善模型，主要是生态、气象、经济、交通等领域。黑箱模型是一些机理很不清楚的现象，主要在生命科学和社会科学等领域。在城市要素实际运行过程中，虽然主要基于物理、化学原理，但由于研究涉及的众多要素之间关系复杂和观测数据采集困难等，通常把研究问题当作灰箱模型或黑箱模型。当然，白箱模型、灰箱模型、黑箱模型之间并没有明显的界限，随着科学技术的发展，内部原理必将逐渐解开。

6.2.3.3 基于城市仿真模型分类

城市规划是一项系统工程，涉及城市的人口、社会、经济、文化等众多方面。其需要面对的问题也非常之庞杂，需要规划师在多方利益的博弈中作出最优化的决策。然而，由于缺乏数学模型对城市运行规律进行系统解构，城市规划、建设与管理决策过程中，主要依靠规划人员长期积累的工作经验。这就导致城市规划过多注重城市的物质空间，忽视了城市内部的关联，给人们一种城市规划主观性太强、缺乏科学性、脱离社会现实的感觉。因此，为了促进城市品质提升，提高城市现代化治理水平，要结合当前城市现状和发展定位，从城市的全局性、区域性出发，构建系列数学模型，建立科学的城市规划体系。

城市仿真实验室的建设重点内容之一即通过量化研究与数据分析揭示城市状态，开展基于数据驱动的规划分析与决策。同时，运用数学方法，建立城市的数学模型，量化分析城市空间的各项活动，对城市发展进行计算和预演。为了更好地开展工作，有必要对当前城乡规划中出现的数学模型及其所解决的规划问题进行系统的梳理。为此，以仿真实验室中确立的总体框架为基础，从城市总体研究、城市功能、城市环境、城市交通、空间形态、经济产业 6 个方面对当前城乡规划中出现的模型进行梳理，最终得到 300 余种数学方法或模型，运用这些模型可以对规划中常见的 121 个问题进行量化分析或模拟。

1. 城市总体研究

城市总体研究是从城市整体考虑出发，以时间、空间等维度对城市进行不同层次分析、模拟和评估。城市总体研究主要包括城市间经济联系和经济区划、城市竞争力、城市化、城镇体系，以及城乡统筹等方面（见表 6.2）。

表 6.2 城市总体研究主要模型

规划模型	规划模型小类
城市间经济联系和经济区划	城市间经济联系测度
	经济区划

续表

规划模型	规划模型小类
城市竞争力	城市综合竞争力评价
	城市单项竞争力评价
	城市群竞争力评价
城市化	城市化机制研究
	城市化水平预测
	城市化水平评价
	城市化与城市发展的相互关系
	城市化与城市发展的协调程度
城镇体系	区域协调
	城市群一体化
	城市群发展特征与动力机制
	城市职能分类
	城镇体系的空间结构
城乡统筹	城乡统筹发展水平评价
	城乡统筹发展机制研究

2. 城市功能

城市功能是从城市各项要素运行功能出发进行分类，主要包括城市用地、土地利用、公共设施、规划模拟与评价、职住研究等方面（见表 6.3）。

表 6.3 城市功能主要模型

规划模型	规划模型小类
城市用地	城市扩展机制分析
	建成区面积预测
	城乡耦合地域空间演变
	城市用地适应性评价模型
	城市增长边界划定模型
	城市地块适宜容积率的确定与评价模型
	土地需求与城市扩展相关性
	城市影响腹地模型
	密度分区
	现状容积率快速测算
	规划容积率控制
	用地布局优化效应
	控规其他指标

续表

规划模型	规划模型小类
土地利用	土地利用演化与评价
	土地利用潜力评估
	土地利用绩效评价
	土地可持续利用评价
	城市土地利用的经济效益评价
	城市土地利用经济效益的影响因素
	土地利用与经济发展的协调性
	城市地价的影响因素分析
	城市地价预测
公共设施	公服、市政和商业设施布局
	住宅区位选择
	绿地和开放空间布局
	物质生产用地布局
	商务办公用地选址
	城市公共服务设施公平性分析模型
	城市消防设施选址布局优化模型
规划模拟与评价	城市模拟仿真
	规划方案评价优选
	社区满意度和弹性
	物流园容量和规模
	地下空间需求供给分析
	村庄布点
职住研究	居住分异与隔离测度
	居住分异与隔离的机制
	职住分离程度测度
	职住空间特征
	职住分离的影响因素和机制
	基于供需视角的城市职住平衡分析模型

3. 城市环境

城市环境是从城市运行环境出发进行分类，主要包括人口环境、社会环境、自然环境等方面（见表 6.4）。其中，由于城市运行的核心是人，人的活动受主观意识控制，因此，人口环境建立的模型是最复杂的，也是最难准确模拟的。

表 6.4 城市环境主要模型

规划模型	规划模型小类
人口环境	城市居住人口密度估算模型
	城市—区域适宜人口规模预测模型
	人口规模预测
	城市合理人口规模
	人口增长的影响因素
	人口增长与城市用地扩张的协调性
	人口空间分布估计
	人口空间分布特征拟合
	人口分布的集散程度
	人口重心及其分布
	人口空间分布的影响因素
	社区类型划分和空间分合
	老年人口空间分布特征及演变
	历史风貌特征识别
	历史保护价值评价
社会环境	改造后评价
	城市历史文化街区复兴分析模型
	城市文化空间色彩敏感性评价模型
	城市文化地标空间影响分析模型
自然环境	城市人居环境质量评价
	生态足迹计算
	城市生态系统承载力
	城市规模、形态、空间结构对碳排放的影响
	规划方案的碳排放预测
	社会环境
	城市生态效率测算
	生态敏感性评价
	景观空间格局与生态安全
	自然环境
	城市生态网络构建模型
	城市绿地系统服务效能评价模型
	城市洪涝灾害分析模型
	热环境模拟
	大气环境质量评价
	大气环境容量计算
	风环境模拟
	光环境模拟

4. 城市交通

城市交通是从城市交通要素出发进行分类，主要包括城市交通与土地利用的关系、城市交通分析与评价、城市交通规划和交通影响评价等方面（见表 6.5）。

表 6.5 城市交通主要模型

规划模型	规划模型小类
城市交通与土地利用的关系	城市土地利用特征对城市交通的影响
	城市交通对土地利用形态与城市空间结构的影响
	交通与土地利用的互动关系
	交通与土地利用的协调性评价
城市交通分析与评价	城市交通服务水平评价
	城市交通分析与评价
	城市道路网络评估模型
	城市交通发展模式的适应性分析
	交通可达性分析模型
	城市生态交通评价
城市交通规划	城市交通需求预测
	城市交通规划
交通影响评价	建设项目的交通影响评价
	交通影响评价

5. 空间形态

空间形态是从城市建设的空间形态出发进行分类，主要包括城市形态和空间结构、城市设计等方面（见表 6.6）。

表 6.6 空间形态主要模型

规划模型	规划模型小类
城市形态和空间结构	城市空间结构和形态特征
	城市形态与城市空间结构演变机制
	“土地利用—交通—环境”空间互动关系
	城市空间结构的发展绩效
城市设计	大尺度形态分析
	空间视觉分析
	建筑底层界面形态测度
	景观量化评价

6. 经济产业

经济产业是从城市运行的主导产业选择和战略产业选择等方面进行分析，为城市未来产业布局提供决策依据（见表 6.7）。

表 6.7　经济产业主要模型

规划模型	规划模型小类
产业选择	主导产业选择
	战略产业选择

以上所述的各类规划问题均可根据相关的量化分析来解决，包括数学、统计学、计算机、城乡规划、地理信息等领域的数据模型，在实际应用中需要多种模型进行综合应用。其中，按照先验的或理论的思考，城乡规划学提供了规划量化分析的总体技术思路，是实现量化分析的基础。统计学提供了数据采集方法。数学分析是规划量化分析的核心，提供了运行机制解析、预测方法。计算机科学实现了智能化计算，将计算结果进行可视化展示与交互等。地理信息将分析方法与空间结合，有利于将城市作为一个系统的整体进行考虑。

6.3　仿真模拟建设内容

6.3.1　主干模型

立足于城市发展核心要素，结合各层次规划需求，搭建城市发展的模型主线，结合城市空间拓展、内部空间结构与用地布局等方面的规划需求，主要依据经济发展目标，确定人口规模、建设用地规模，协调不同领域之间的空间统筹，促进生态环境保护，解决大城市病，建立独具魅力特色的城市环境。

1. 城市综合竞争力模型

对城市经济发展、产业结构、人口构成、土地利用、交通联系和创新发展等方面进行综合分析评价，判断城市的综合发展潜力，搭建城市综合竞争力模型，为城市经济发展提升、空间结构优化、土地利用更新等提供技术方向和量化指标支撑。

2. 城市生态环境模型

收集全市的风、水、大气、植被等自然资源，分专项判断生态资源的承载力和敏感性，并搭建形成城市生态资源及影响性评估模型，为建设活动和城市空间形态提供技术支撑。

3. 城市土地利用和空间演变模型

对土地使用情况、土地产出价值、人群活动等进行综合分析，建立城市土地利用和空间演变的绩效模型，为城市空间结构优化、建设用地供应和年度建设计划提供技术支撑。

4. 城市经济产业模型

对城市产业结构、空间分布、产业关联、土地成本和劳动岗位等进行研究，量化产业发展所需要的内核动力和外延影响，建立城市产业发展评估模型，为城市产业结构调整、发展路径选择和重大项目决策提供技术支撑。

5. 综合交通模型

综合城市交通统计、路网结构体系、交通设施分布和土地使用、人群活动等数据资源，搭建城市综合交通模型，支撑城市道路网络优化、交通供给提升和城市更新实施，支撑重大建设项目的选址验证。

6. 城市特色景观模型

对城市自然资源进行结构化、空间化梳理，结合神经网络研究、空间句法等城市空间分析方法，对城市重要的关联节点、景观界面、公共空间和空间形态进行量化分析，搭建城市特色景观影响评估模型，为城市设计、特色营销提供基础支撑。

6.3.2 专项模型

面向城市发展的专业诉求，分专项分层级开展城市专项空间分析模型研究，结合专项规划的编制与实施管理，建立支撑专项规划编制的数学模型，量化规划实施效果。

1. 公服设施模型

从现状、规划两个方面，对公共服务设施的承载力进行空间评估，并建立机器算法，对建设活动带来的影响进行实时预演和预警，支撑建设项目选址和公服水平提升。

2. 市政公用设施模型

从现状、规划两个方面，对市政公用设施的承载力进行空间评估，并建立机器算法，对建设活动带来的影响进行实时预演和预警。

3. 道路通行能力模型

构建道路网络模型，基于现状道路通行能力统计数据，结合实时通行观测数据，建立基于道路网络优化影响评估模型，支撑道路体系结构优化，引导道路工程建设实施。

4. 综合管网模型

开展综合管网实施评价，研究管网建设的量化评估和影响评价，构建综合管网模型，模拟管网设计评估，支撑管网建设审批。

5. 空间形态模型

研究城市空间使用功能需求，以及日照、风环境、设施配置影响等城市空间形态的影响要素，构建城市空间形态设计的评估模型，量化模拟建设项目审批管理的数字指标，逐步探索现有三维数字城市的赋能升级，提升城市设计的量化和理性水平。

6. 用地潜力评估与演变模型

综合城市用地现状、规划、开发成本和潜力、交通区位等数据资源，建立用地潜力评估与演变模型，支撑土地储备与供应，引导建设项目选址，合理安排建设时序，促进城市建设有序开展。

6.3.3 综合模型

面向城市发展的综合管理，构建城市综合发展评估和分析模型，支撑重大决策。在城市建设发展中，需要对重大项目进行研究决策时，需要对部分主干或专项进行综合研究，得出量化评判结果，以此建立城市综合模型。

1. 区域发展与竞争模型

对武汉市在国际、国内环境中的城市综合竞争与合作进行量化分析研究，构建武汉迈向全球城市的量化实时路径，指导各领域发展目标的制定与实施。

2. 城市可持续发展模型

综合城市功能、人口、生态环境、综合交通、空间特色等方面的研究成果，建立城市可持续发展综合模型，指导各领域之间的相互协调和资源调配。

3. 城市创新环境模型

面向城市创新发展，研究城市软、硬环境给创新创业带来的影响，建立城市创新环境模型，支撑创新政策落地，引导创新环境不断优化。

4. 居民感受模型

建立以人本观测为主要途径的城市综合评价模型，以大数据研究和应用为主要技术方法，探索多角度、全方位的人群感受评价分析，与各类模型的量化结果进行校验和互补，全面支撑仿真实验室的数据计算和结果验证。

6.4 未来预演室建设内容

未来预演室定位于将城市规划的蓝图进行空间分析与量化预演，并与城市仪表盘进行对照，以综合判断规划方案带来的影响和改变。

未来预演室以空间数学模型构建为主，针对不同区域、不同层次的规划编制，分别开展专题研究，构建从规划经验逻辑向数理逻辑的转变与创新。因此，未来预演室分为主干模型、专项模型和综合模型等三类。

6.4.1 模型总览

将已实现的各类模型，通过列表视图的形式展现。用户可以总览模型概况，同时支持点击模型列表查看更多关于模型的定义和相关使用说明等信息。模型总览见图 6.1。

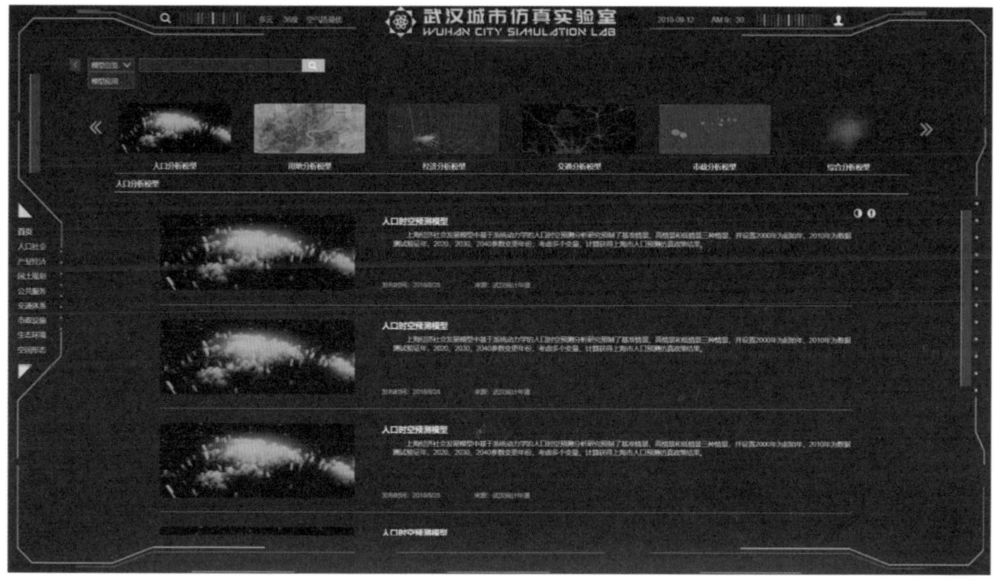

图 6.1 模型总览

模型分为单数值模型、规则判断类模型及数据分析类模型。相关技术人员在选择具体的某一种模型时，以“人口经济分析模型”为例，系统会显示人口经济分析模型参数录入界面。模型输入包含输入变量和模型因子两类，模型变量的三种录入形式如下所示。

（1）数据字典下拉框。在后台进行数据字典的相关配置。场景多为单数值模型。

（2）单数值输入框。用户根据需求手动录入。场景多为单数值模型、规则判断类模型。

（3）配置文件导入。上传二维表、json 或 txt 文件。输入变量和因子，配置区域和结果显示见图 6.2 至图 6.5。

图 6.2 单要素参数配置

图 6.3 关联模型配置

图 6.4 分屏设置

图 6.5 结果显示

6.4.2 模型管理

模型是对真实世界客观对象的抽象化描述，针对不同的对象、需要构建和使用不同研究性质和内容的模型。而模型化方法是指对真实世界客观对象进行抽象的具体方法。模型构建是国土空间规划动态监测评估系统的核心关联，动态监测数据使用的效率直接取决于模型的质量。基于遥感和地理信息系统基本理论和方法、数学模型模拟、计算机模拟，计算得到目的针对性强、定性与定量有机结合的结果，为监管部门信息提取和辅助决策提供支撑。

6.4.2.1 模型库管理

模型一般是以程序或数据的形式存在的，包含模型代码、模型执行结果、模型说明，以及模型数据描述等若干个文件，对模型算法、模型规则、阈值设置等信息进行记录。模型库是提供模型储存和表示模式的计算机系统，主要利用模型文件库和模型字典库来实现模型的有效管理。其中，模型文件是模型的本体，模型文件库则是针对多模型文件组织管理的需要而建立的；而模型字典是对模型相关信息的说明，模型字典库则是对模型信息的储存，实现对所需模型的检索、调用等功能。

对于动态监测评估模型，可运用数据库的形式按照模型的类别建立子目录，对模型文件和模型字典进行存储。其中，模型字典表现为字典库的一条记录，对模型的编号、类别、原理应用范围等信息进行记录，可以看作是模型文件的索引，因此模型字典是模型检索、应用的关键。

6.4.2.2 模型库运行

模型库的运行首先要明确决策的问题、决策的范围及条件，即通过平台明确想要实现的目标，如对某一层级规划实施进行评估、某一片区专题问题研究等，然后从数据库抽取符合条件的数据，并传递给模型库，作为模型计算的数据基础。模型库通过模型字典库和文件库的应用，实现对所需模型的检索、修正、调用及计算，通过与空间数据进行接口，实现模拟结果的可视化输出。对于时效有较高要求的监测预警，则需要建立更加智能的运行模型，通过所需关联数据的动态更新自动触发模型的计算过程，对超出阈值内容及时发布预警信息。

6.4.2.3 模型库框架

按照模型构建目的分类，模型库应由以单项指标分析为主的监测预警模型、针对专题问题的专题模型共同构成。其中，专题模型是针对关键性问题或单一指标无法做出研判的情形，增加分析的维度、构建复合型评价模型，综合研判规划实施过程中存在的问题，较为常见的如人口、交通、安全、环境、公共设施、住房等专题，各城市可根据实际需要进行专题的调整。此外，通过对监测预警模型和专题评估模型的构成进一步分析，发现这些模型都可以由基础统计模型、空间分析模型及综合分析模型等基础模型单元组成。其中，基础统计模型计算较为简单，可以通过柱状图、折线图等图标较为直观地进行展示，能够实现多期历史数据分析与预测、区域间的横向对比等；空间分析模型则是运用 GIS 对空间数据进行分析，可以基于矢量数据或栅格数据进行空间分析；综合分析模型是全面评价受多种因素影响的事物的决策方法。

1）监测预警模型

监测预警模型包括指标监测预警模型和用地预测预警模型两类，指标监测预警模型多数为基础统计模型，主要是通过将监测指标的计算方式进行算法录入来实现，相对简单；用地预测预警模型则较为复杂，由若干个基础统计模型和空间分析模型组合而成。

2）专题评估模型

专题评估模型通过基础统计模型、空间分析模型及综合分析模型等多种模型单元综合集成而来，根据模型研究按照一定的流程组织，共同实现决策分析。

6.4.3 公共配套服务设施模型

随着城市建设快速发展，我国大城市中心城区基础设施规划建设已经趋于饱和，可用于建设的存量用地稀缺，城市在城镇化的发展中出现的“城市病”日益严重。其中，最突出的问题是居民日益增长的公共服务需求与城市公共服务资源供给不足、不优之间的矛盾。城市公共服务设施是保证城市功能正常有序运行的重要组成部分，其有效、合理的空间布局，对满足城市居民公共服务需求，推动城乡一体化发展，提高城市生活品质，促进城市高质量发展非常重要。

1. 公共服务设施特性

1）设施服务等级

根据以人为本的城市治理思想，公共服务设施的配置应与其服务的人口规模和服务范围相匹配。按照公共服务设施的服务范围，将公共服务设施分为市级和区级两级。市级公共服务设施主要包括综合医院、机构养老设施、大型体育设施等，区级公共服务设施主要包括小学、初级中学、居家养老设施、小型体育设施和社区卫生服务中心等。

2）设施服务标准

全国各大城市以国家、省、市和部门的有关规划及标准为依据，结合各地的实际情况，制定公共服务设施配套标准，引导城市规划编制和建设管理，提升城市的服务水平和居民的生活质量。公共服务设施按照不同级别设置相应的服务半径，并根据地区的人口规模，规定设施人均用地指标或者千人指标作为评估的标准，如《武汉市新建地区公共设施配套标准指引》等。

从各大城市的公共服务专项规划中，可以获取城市公共服务设施的规划建设要求，作为评估的指标。比如参照《武汉市普通中小学布局规划（2013—2020年）》的规定，获取中小学的用地指标和服务半径。其规定为“校均用地面积2.74公顷，其中小学2.04公顷，初中3.08公顷，高中7.27公顷”“生均用地面积24.66平方米，其中小学21.41平方米/生，初中25.44平方米/生，高中学生30.25平方米/生”“老城区和建成区小学服务半径宜在500米以内；初级中学服务半径宜在1000米以内”。同样，可根据武汉相关专项公共服务设施规划文件，获取公共服务设施的相关指标作为评估标准。

2. 公共服务设施评估内容

评估公共服务设施的指标主要是服务面积覆盖率和服务人均指标。

1）服务面积覆盖率

$$服务面积覆盖率=\frac{公共服务设施服务范围面积}{研究区域总和面积}\times 100\%$$

服务面积覆盖率可以反映公共服务设施覆盖情况，评价不同区域服务能力的差异。覆盖率越大，表明公共设施空间布局越均衡，服务面积越广。

2）服务人均指标

$$服务人均指标=\frac{公共服务设施服务范围面积}{研究区域内总人口}\times 100\%$$

服务人均指标反映设施分布与人口分布的关系，人均指标越大，表明设施承载力越好。

3. 公共服务设施评估相关理论

1）区位理论

区位理论是对人类活动在空间上的选择及其组织优化的理论，以人类活动规律为依据，寻找设施最合理的布局，包括农业区位论、工业区位论、市场区位论等。其常用于公共服务设施（如中小学、医院、商业等设施）的选址。

（1）区位模型。

区位模型的原理是设施选址在可达性最好的区域。通过分析设施的空间布局与设施服务需求者之间的关系，为设施选址提供最优的解决方案，同时还可以评价设施布局的合理性。由于不同设施的特点不同，因此需要建立不同的评估模型。例如，商业设施到每个需求点距离总和最短。

（2）区位评价。

区位评价是根据不同的设施，从设施区位、服务范围、服务人口、设施数量等方面设定量化评价指标（见表 6.8）。

表 6.8 应用于设施区位的各种评价指标

指标	定义	适应设施
总服务人数	服务范围内总人口	为大众服务的设施
平均距离	服务人口到设施点的距离平均值	全部设施
最大出行距离	各需求点到最近设施的距离中最大值	紧急设施
累计出行距离	需求者出行距离累积频率最高的值	服务范围覆盖率最大的设施
居住人口	服务范围内的居住人口	注重便利性的设施
重叠区人口	两个及以上服务范围重合部分人口	服务范围重合的设施
设施差异率	不同区域间的设施服务人数与总服务人数的差值	存在相互比较的设施
区域差异率	区域间设施服务者的差异率	达到利用水准相等的设施
最小区域利用率	区域中利用率最小的设施	重视核算的设施
最小设施利用率	设施中利用率最小的设施	重视经济效益的设施
设施数目	一定范围内满足需求的设施数目	预算受限制的设施

2）可达性理论

可达性理论是从古典区位理论发展而来的。Hansen 最早提出可达性概念，将其定义为交通网络中各个节点相互作用的机会大小，评估交通运输成本，目前广泛应用于设施选址和空间布局评估。在设施选址阶段，评估现有设施布局的合理性，提出优化改进策略；在规划设施布局时，按照可达性原则，结合需求者区位布局，节省成本。

（1）可达性影响元素。

影响可达性的三种元素是人、设施、媒介。人口规模、结构、空间分布和活动行为会产生不同类型服务设施的需求；人与设施之间的距离会影响人们的出行成本；不同的人口结构对服务设施的需求不同；设施可达性影响人们到达的意愿。

（2）可达性的量化分析。

可达性可以通过人与设施的距离、到达时间成本、设施服务覆盖率等指标来评判。可达性的量化分析方法主要有距离法、等高线法、比例法、两步移动搜寻法等方法。

① 距离法。

距离法不考虑设施布局的其他因素，仅计算公共设施与需求点的空间距离。距离法主要应用于已知设施需求点的公共服务设施可达性评价，但当需求点有两个以上时，则无法进行评估。

② 等高线法。

等高线法是统计一定距离或时间范围内可达的终点数量，对设施的可达性进行评估。此方法将可达性进行了简化处理，没有考虑距离的衰减因素，只考虑终点位置。

③ 比例法。

比例法是指以公共设施总量除以服务范围内人口总数，主要应用于设施区域分布差异评估。

④ 两步移动搜寻法。

两步移动搜寻法是 GIS 中常用的方法，是在区域空间可达性研究基础上演变而来的，主要应用于不受行政区域限制的大范围区域可达性评估。但是，这种方法会导致难以确定最大服务距离。

可达性对于确定设施的服务范围非常重要，尤其对于那些对距离非常敏感的设施，比如消防设施的评估等。本次评估中为了简化计算，大部分设施采用直线半径作为服务范围，少数距离敏感性设施则根据可达性来确定服务范围。

4. 公共服务设施评估应用场景

1）现状用地评估

基于现状的人口、用地、建筑和公共服务设施等数据，构建量化分析模型，实现现状的设施人均指标量化计算，满足“城市体检”工作需求，为规划编制提供依据。

2）规划用地评估

城市的建设用地因建设时序，会存在规划调整的情况，设施的承载力也会存在相应变化。规划用地评估可以作为规划调整项目比对参考的依据。

3）规划方案实施评估

用地规划方案调整会对现状和规划的公共服务设施承载力产生一定的影响，对规划方案进行实施评估，可以为规划管理人员决策提供依据。

（1）基于现状调规方案实施评估。

针对现状情况，进行规划方案调整和实施时，评估对现状公共服务设施承载力的影响。

（2）基于规划调规方案实施评估。

针对规划情况，进行用地调整，评估对原规划的公共服务设施承载力的影响。

5. 公共服务设施评估模型

1）评估原则

（1）有针对性、重点突出原则。

城市公共服务设施规划评估是对公共服务设施规划方案的评估，而不是对规划的实施评估，因而评估的重点是规划方案的合理性、科学性。公共服务设施规划布局的影响因素涵盖社会、政治、经济、自然等多方面的内容。如果评估要做到面面俱到，那将是一个巨大的工程。因此，评估框架的构建重在对城市公共服务设施规划布局具有决定性影响的因素进行评估，选取关键因子，做到重点突出。

（2）公平、公正原则。

公共服务设施多为政府提供的公共产品，是实施公共政策、体现政府服务职能的重要媒介。本书评估的对象为公益性公共服务设施，是政府部门或事业单位、团体为公众提供保障性服务的载体，其服务对象是社会大众而不是精英、上层建筑等少数城市居民。因此，城市公共服务设施评估需符合公正、公平原则，重在对城市公共服务设施容量及选址合理性的评估。

（3）评估因子可量化原则。

涉及城市公共服务设施评估的因子繁杂多样，要评定公共服务设施规划方案的优劣、预测其对未来发展的影响，评估因子就必须在时间、空间等方面具有可量化性。因子的选取要切合实际情况，综合考虑数据获取及计算评估的难易程度，并且能够很好地反映一个单一层次或是目标的情况，避免指标重叠交叉，保证评估结果的真实客观。

2）传统评估模型

（1）获取设施服务范围。

按照制定的公共服务设施专项规划标准中的服务半径，选择公共服务设施的位置中心，按照服务半径画圈，公共服务设施服务范围见图 6.6。

（2）计算公共服务设施覆盖率。

统计公共服务设施服务范围内的现状用地面积，将其除以研究区域的总面积，可以得出公共服务设施覆盖率。

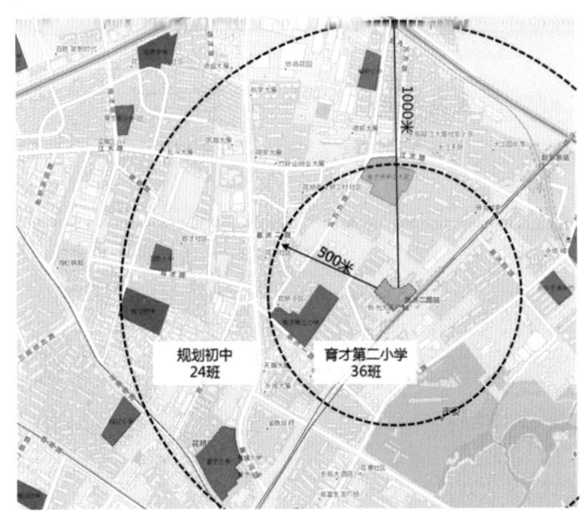

图 6.6　公共服务设施服务范围

（3）计算公共服务设施人均用地指标。

根据计算得出的公共服务设施覆盖率，按比例计算得出公共服务设施服务范围的人口数量。用公共服务设施的用地面积除以服务范围内的人口数量，得到公共服务设施人均用地指标。

（4）对比评估。

将上述计算的结果与相关标准对比，判断公共服务设施的承载力水平。

3）精细化评估模型

针对公共服务设施承载力评估应用场景，传统公共服务设施评估无法精细到地块尺度，即使编制范围内满足人均指标需求，但仍存在部分地块人均指标不达标的问题，无法满足精细化管理的需求。根据公共服务设施的特点，结合相应的标准建立量化评估模型，实现设施的人均指标量化计算，提高了公共服务设施评估的客观性、准确性和科学性。

（1）实现逻辑。

所有设施的服务能力均采用人均指标进行表示，主要计算逻辑见图 6.7。

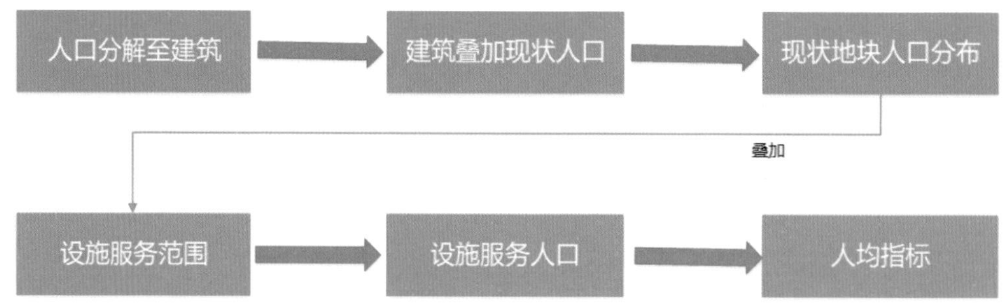

图 6.7 公共服务设施评估思路流程图

人口分解至建筑：当前人口数据是以社区为单位进行统计的，而公共服务设施服务能力的评估应精确到地块，因此为了使人口单元与设施评估单元保持一致，需要将以社区为单位统计的人口分解至地块，在此，通过采用 1 ∶ 500 比例尺的建筑调查数据，获取各居住建筑的建筑量，按照每个社区中居住建筑量的比例，将人口分解至建筑。

建筑叠加现状地块：将建筑与现状地块叠加，可以统计出现状地块上的居住建筑量。

现状地块人口分布：通过现状地块上的居住建筑量统计出地块上的人口。

设施服务范围：确定每类设施的服务范围。

设施服务人口：根据设施服务范围所覆盖的地块统计服务人口。

人均指标：设施承载力与服务人口的比值，通过与人均指标的对标值进行对比，确定服务能力的好坏。

总的来说，模型的最终目的是要得到设施服务的人均指标，针对每一具体的设施而言，计算方法上会有一些差异。为了增强模型的普适性，针对不同公共服务设施的特点，构建评估模型。

（2）学校设施评估模型。

判断地块是否被多个学校包含。若只被一个学校包含，则与该学校覆盖范围内的人均指标相同；若被多个学校包含，则与被覆盖距离最近的学校人均指标相同。其模型见图 6.8。

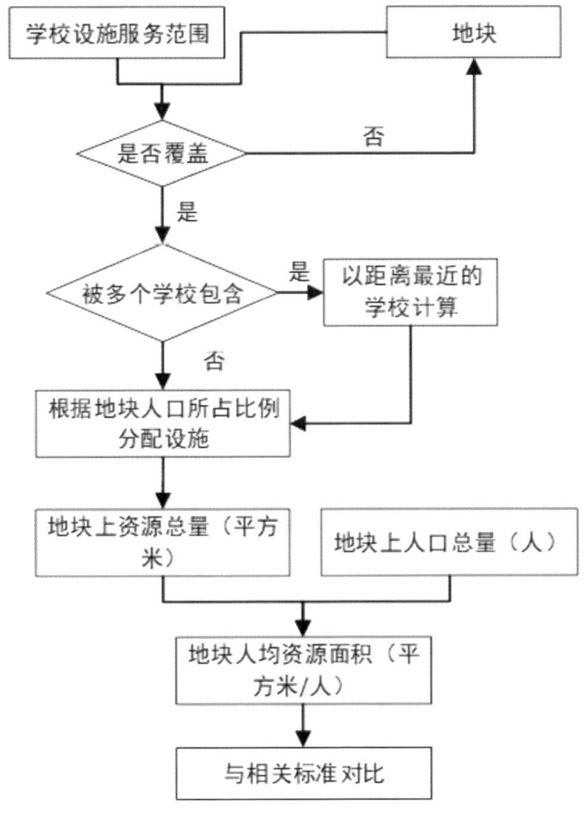

图 6.8 学校设施评估模型

（3）绿地、体育、养老、医疗等设施评估模型。

获取地块被公共服务设施覆盖的个数，遍历计算地块人口占各公共服务设施服务范围内人口比例分配资源，将分配资源求和并除以地块上人口数量，得出地块上人均指标。其模型见图 6.9。

针对不同公共服务设施特点，结合相应的标准，分别建立公共服务设施量化评估模型，实现地块尺度公共服务设施承载力智能化评估，保证了规划评估工作的客观性、准确性和科学性，还大大减少了规划编制工作的评估工作量。

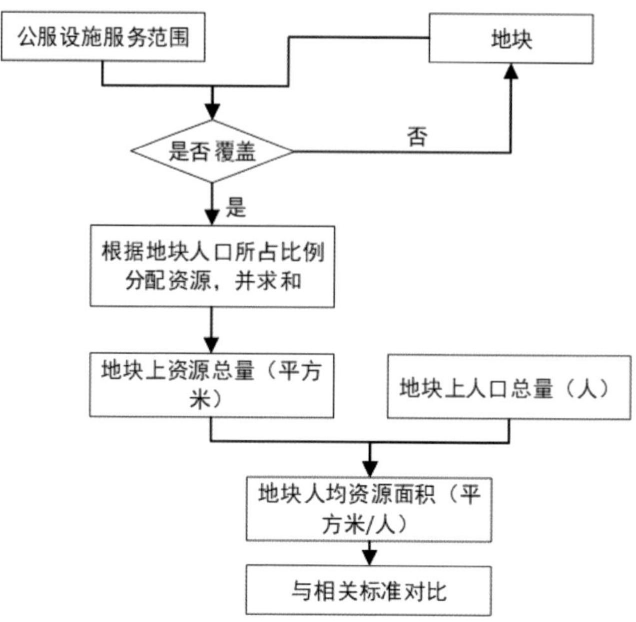

图 6.9 绿地、体育、养老、医疗等设施评估模型

6. 公共服务设施评估结果

结合规划应用场景，开展公共服务设施评估。

1）数据准备

以编制单元作为评估范围开展公共服务设施承载力评估。该编制单元为新建区，编制单元总面积为 5.64 平方千米，现状人口约 0.44 万人，现状居住用地面积约 1.29 平方千米。依据现行控制性详细规划，规划人口约 12.41 万人，规划居住用地面积 1.88 平方千米。

（1）现状数据。

现状基础数据主要包括常住人口、用地现状、现状建筑、现状公共服务设施分布，见图 6.10。

（2）规划数据。

规划数据主要为控规用地规划图、规划公共服务设施分布等，见图 6.11。

（3）调规方案数据。

本改造项目总用地面积 3.46 公顷。现状为存量待建用地，原控制性详细规划用地性质为医疗卫生用地。项目拟将规划地块整体调整为居住用地，增加住宅建筑规模约 12.1 万平方米，预计新增常住人口约 0.35 万人，见图 6.12。

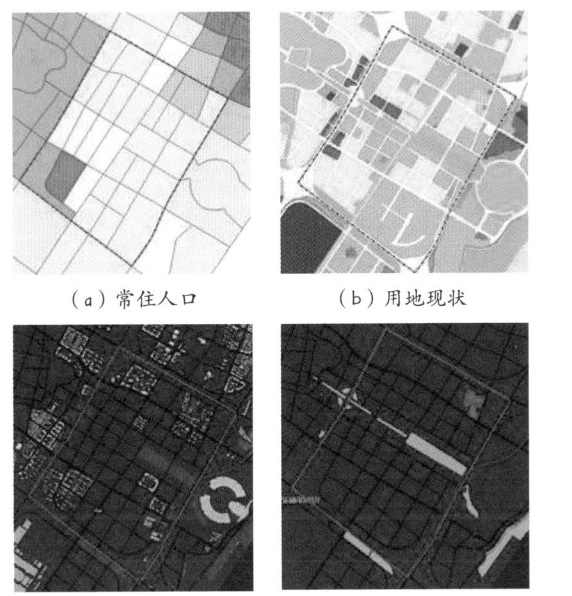
（a）常住人口　（b）用地现状
（c）现状建筑　（d）现状公共服务设施分布数据

图 6.10 现状数据

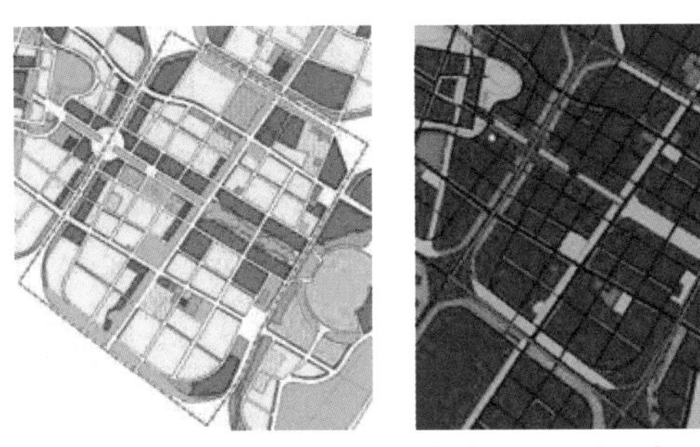
（a）控规规划用地图　（b）规划公共服务设施分布数据

图 6.11 规划数据

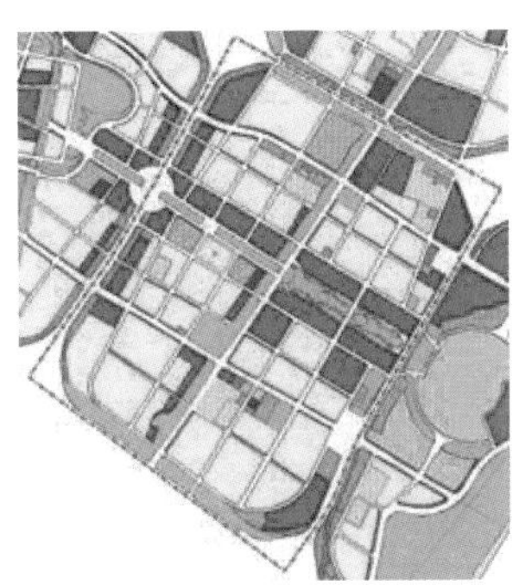
图 6.12 调规方案数据

2）评估结果

（1）基于现状评估。

该范围内现状的小学、养老设施、公园绿地均满足相应配套标准，初中缺口 0.12 公顷、体育设施缺口约 0.26 公顷、医疗卫生设施缺口 0.05 公顷，评估结果见图 6.13、表 6.9。从可视化结果可以看到，虽然部分设施达到人均指标，但设施空间布局不合理，导致部分地块小学、初中、体育、养老和公园绿地设施不达标。

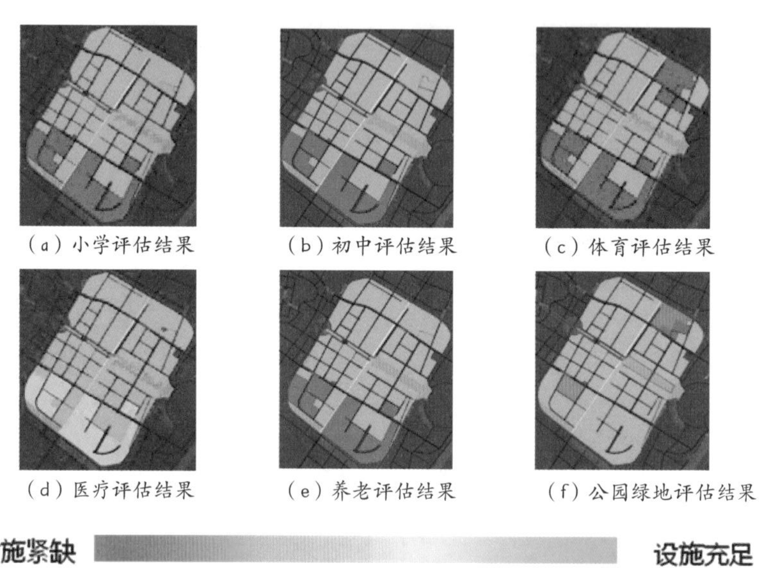

图 6.13 现状公共服务设施评估

表 6.9 现状公共服务设施评估结果

类型	现状					对标值
	居住用地（平方千米）	现状人口（万人）	设施面积（公顷）	人均指标（平方米 / 人）	设施缺口（公顷）	控规标准（平方米 / 人）
小学	1.29	0.44	2.01	10.97（平方米 / 生）	0.00	10.66（平方米 / 生）
初中			3.85	5.85（平方米 / 生）	0.12	15.66（平方米 / 生）
体育			0.00	0.00	0.26	0.60
医疗			0.00	0.38	0.05	0.50
养老			0.00	0.40	0.00	0.20
公园绿地			21.18	19.39	0.00	6.00

（2）基于规划评估。

该范围内原控规升级版的小学、初中、医疗、养老设施、公园绿地均满足相应配套标准，体育设施缺口约 1.49 公顷，评估结果见图 6.14、表 6.10。从可视化结果可以看到，规划用地布局明显好于现状，但部分地块初中、体育、养老和公园绿地设施不达标，还有优化空间。

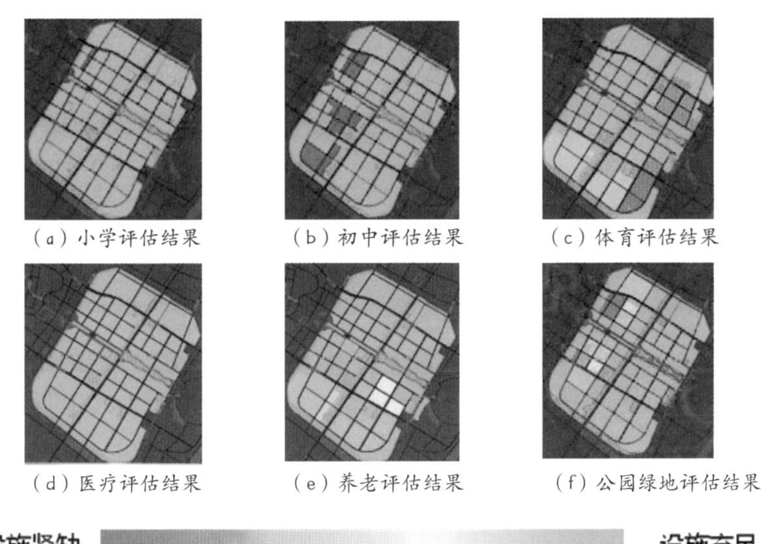

（a）小学评估结果　（b）初中评估结果　（c）体育评估结果

（d）医疗评估结果　（e）养老评估结果　（f）公园绿地评估结果

图 6.14 规划公共服务设施评估

表 6.10 规划公共服务设施评估结果

类型	现状					对标值
	居住用地（平方千米）	现状人口（万人）	设施面积（公顷）	人均指标（平方米 / 人）	设施缺口（公顷）	控规标准（平方米 / 人）
小学	1.88	12.41	9.13	14.83（平方米 / 生）	0.00	10.66（平方米 / 生）
初中			5.18	23.98（平方米 / 生）	0.00	15.66（平方米 / 生）
体育			2.75	0.48	1.49	0.60
医疗			18.51	0.52	0	0.50
养老			1.88	0.21	0	0.20
公园绿地			62.51	8.19	0	6.00

（3）规划方案实施评估。

① 基于现状调规方案实施评估。

基于现状方案调整实施后，该评估范围内小学、养老设施、公园绿地均满足相应配套标准，初中缺口 0.24 公顷（缺口增加 0.12 公顷）、体育设施缺口约 0.48 公顷（缺口增加 0.22 公顷）、医疗卫生设施缺口 0.11 公顷（缺口增加 0.06 公顷），评估结果见图 6.15、表 6.11。从可视化结果可以看出，调规项目实施加大现状公共服务设施压力。

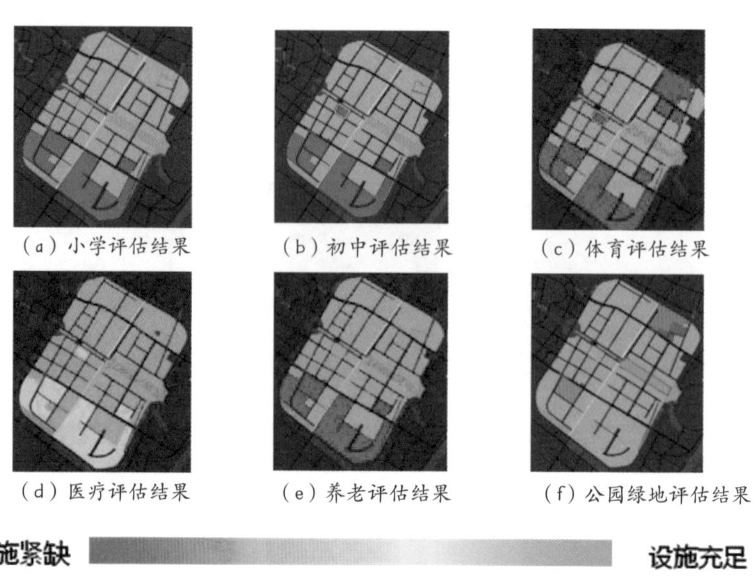

图 6.15 基于现状规划方案实施公共服务设施承载力评估

表 6.11 基于现状规划方案实施公共服务设施承载力评估结果

<table>
<tr><th rowspan="2">类型</th><th colspan="5">现状</th><th>对标值</th></tr>
<tr><th>居住用地（平方千米）</th><th>现状人口（万人）</th><th>设施面积（公顷）</th><th>人均指标（平方米 / 人）</th><th>设施缺口（公顷）</th><th>控规标准（平方米 / 人）</th></tr>
<tr><td>小学</td><td rowspan="6">1.32</td><td rowspan="6">0.80</td><td>2.01</td><td>5.93（平方米 / 生）</td><td>0.00</td><td>10.66（平方米 / 生）</td></tr>
<tr><td>初中</td><td>3.85</td><td>3.16（平方米 / 生）</td><td>0.24</td><td>15.66（平方米 / 生）</td></tr>
<tr><td>体育</td><td>0.00</td><td>0.00</td><td>0.48</td><td>0.60</td></tr>
<tr><td>医疗</td><td>0.00</td><td>0.36</td><td>0.11</td><td>0.50</td></tr>
<tr><td>养老</td><td>0.00</td><td>0.32</td><td>0.00</td><td>0.20</td></tr>
<tr><td>公园绿地</td><td>21.18</td><td>14.06</td><td>0.00</td><td>6.00</td></tr>
</table>

② 基于规划调规方案实施评估。

基于规划方案调整后，该评估范围内小学、初中、养老设施、公园绿地均满足需求，体育设施缺口约 2.04 公顷（缺口增加 0.55 公顷）、医疗卫生设施缺口约 0.89 公顷（缺口增加 0.89 公顷），评估结果见图 6.16、表 6.12。从规划方案实施评估可以得出，对规划的公共服务设施承载力压力增加。

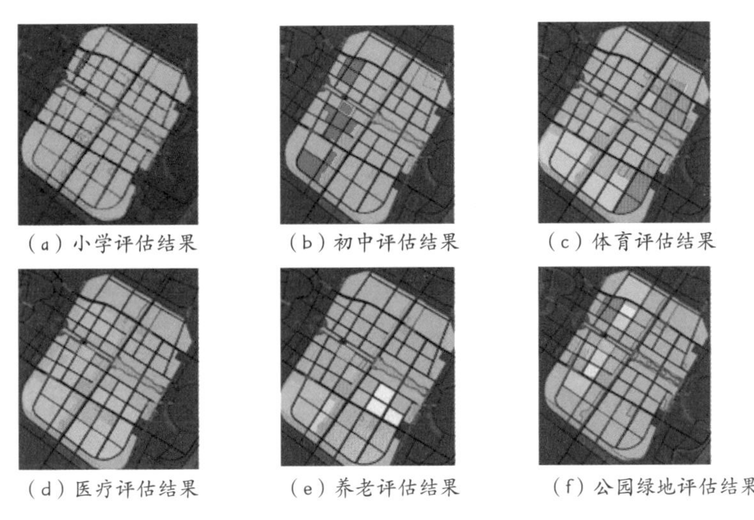

图 6.16 基于规划调整方案实施公共服务设施承载力评估结果

表 6.12 基于规划调整方案实施公共服务设施承载力评估结果

类型	现状					对标值
	居住用地（平方千米）	现状人口（万人）	设施面积（公顷）	人均指标（平方米 / 人）	设施缺口（公顷）	控规标准（平方米 / 人）
小学	1.91	12.77	9.13	14.45（平方米 / 生）	0.00	10.66（平方米 / 生）
初中			5.18	23.33（平方米 / 生）	0.00	15.66（平方米 / 生）
体育			2.75	0.44	2.04	0.60
医疗			18.17	0.43	0.89	0.50
养老			1.88	0.21	0	0.20
公园绿地			62.51	7.97	0	0.00

6.4.4 街道空间品质模型

街道空间是城市的重要组成部分，承载了人们生活、交通、交往、公共活动等多种重要职能，也是彰显城市品质、体现城市文化特色的重要单元。现拟开展城市街道空间品质研究，引导武汉市街道建设成为具有地域特色的高品质公共空间。武汉市中心城区道路系统规划图见图 6.17。

图 6.17 武汉市中心城区道路系统规划图

1. 研究目的

研究不同类型街道空间品质的影响要素，构建指标体系，实现计算逻辑，评估街道空间品质，引导城市品质提升。

1）建立街道空间品质评价指标体系

分析街道类型、构成、建设管理方式，研究影响街道空间品质的要素构成、构建评估城市街道空间品质的量化指标体系。

2）构建街道空间品质数学模型

基于城市街道空间品质量化指标体系，研究量化方法、实现路径、测评标准，建立城市街道空间品质计量模型，引入人工智能的方法对模型进行验证、校核，实现各类街道空间品质现状评估、规划比较和过程预警。

2. 关键技术

1）图像识别技术

图像识别技术是人工智能的主要应用领域之一。它是指对图像中的各类要素特征进行提取，以识别不同模式的目标和对象的技术。

图像识别的发展经历了三个阶段，即文字识别、数字图像处理与识别、物体识别。图像识别，就是对图像经过一系列处理后，识别图片中的要素特征，最终提取关注的目标。现如今主要利用计算机强大的计算能力，快速识别出原来人肉眼识别的要素。街道的识别通过获取的街景影像，进行街景要素的识别和提取，分析街道空间品质。图像识别原理见图 6.18。

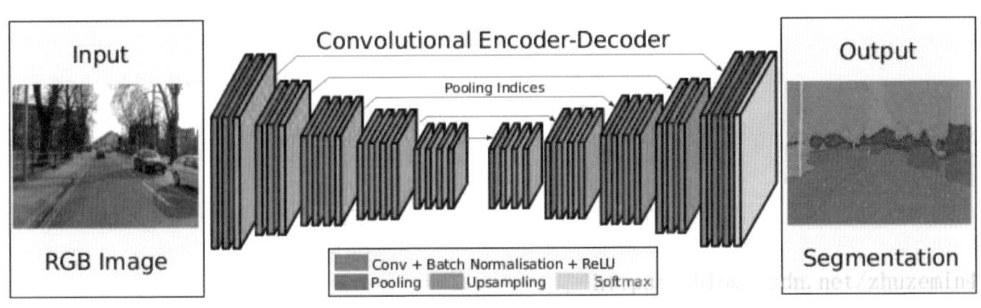

图 6.18 图像识别原理

2）机器学习技术

机器学习是一门多学科交叉技术，主要涵盖数学中的概率论、统计学等知识，通过近似理论、复杂算法理论，利用计算机模拟人类思维，以自主学习的方式，建立知识结构，提高计算、分析效率。

3. 模型构建

1）街道分类

武汉市主城区街道分类见表 6.13。

表 6.13　武汉市主城区街道分类

街道类型	主要特征
商业街道	沿线以零售、餐饮、商务办公、酒店等商业为主，具有一定服务功能或业态特色的街道。其中，服务范围在地区及以上规模，业态较为综合的商业街道为综合商业街道；餐饮、专业零售等单一业态的商业街为特色商业街道
生活服务街道	沿线以服务本地居民和工作者的中小规模零售、餐饮、生活服务类设施（理发店、干洗店等）以及公共服务设施（社区诊所、社区活动中心）为主的街道
景观休闲街道	滨江、环湖、临山等景观风貌突出、沿线设置集中成规模休闲活动设施的街道，以及林荫大道
历史文化街道	历史文化、风貌特色突出的街道
交通性街道	机动车交通功能强、交通量大，非交通性活动较少，以非开放式界面为主的街道
综合性街道	街段功能与界面类型混杂程度较高，或兼有两种以上类型特征的街道

2）指标体系及计算方法

街道计算指标体系及计算方法见表 6.14。

表 6.14 街道计算指标体系及计算方法

大类	小类	计算规则与方法
便利性	交通便利性	道路中心线到地铁口的距离
		公交站密度
便利性	功能便利度	道路中心线 55m 缓冲区内医疗、养老、文体、教育、生活便民、交通设施 POI 密度
		道路中心线到商业中心的距离
		道路中心线到商业综合体的距离
宜居性	街道活力	基于百度热力图，选择下午 2 点至 5 点间的空间内人口数来分析与街道活力相关的人口密度
	绿视率	街景图片绿色空间所占比例
	开敞度	街景图片天空所占比例
	蓝视率	街景图片蓝色空间所占比例
	健康服务性	基于共享单车每小时坐标数据，选取某工作日，运用 ArcGIS 核密度工具对其进行分析
		统计各街区马拉松路线出现频率
	噪音	基于《武汉市主要声环境功能区划分方案表》相关内容，采用百度地图 API 对各区域边界进行坐标获取，并在 ArcGIS 中绘制武汉市声环境分级分布图
	空气污染	基于网络获取的空气质量站点数据及国家气象信息中心气象数据，运用 ArcGIS 反距离权重插值工具，处理得到武汉市空气质量分布图、气温分布图及风速分布图，对武汉市的自然气候条件进行评价
	风速	
	温度	
多样性	功能混合度	基于武汉市 POI 数据，用信息熵计算得街区功能混合度
公正性	地价	基于武汉市房价数据，统计街区内房价标准差
	拥堵程度	通过统计典型工作日 7:00am—11:00pm 时间段百度地图拥堵程度均值，结合街区内是否有与机动车道的护栏或绿化带隔离，对街区安全性进行评价
	街道人行空间	基于百度地图 API 爬取百度地图街景图片，通过深度学习（TensorFlow 库）等工具进行有效的图像识别 ，对其进行标签、语义分割、目标检测，较精确地提取城市中大多数街道上的植被、天空、地面、建筑等各类景观要素，分析不同街道的空间特征，接着通过 ArcGIS 工具对其进行要素分析并设计配图方案，形成直观、清晰、明了的可视化图层，最后通过前端技术，搭建武汉市街道可视化展示系统展示本次研究成果

3）计算权重

深度学习中的神经网络可以通过训练样本数据以求取各个变量的权重值与偏值，从而实现通过输入量计算得到输出量。利用这一特性，结合调查问卷及专家打分法给已知的某类街道的空间品质打分，并将该街道的综合评分作为输出结果，以评价街道空间品质的各项指标为不同的变量，在神经网络中不断训练，最终确定各项指标的权重，这一函数将作为街道空间品质的评价指标体系。街道空间品质各类型街道指标权重计算见图 6.19。

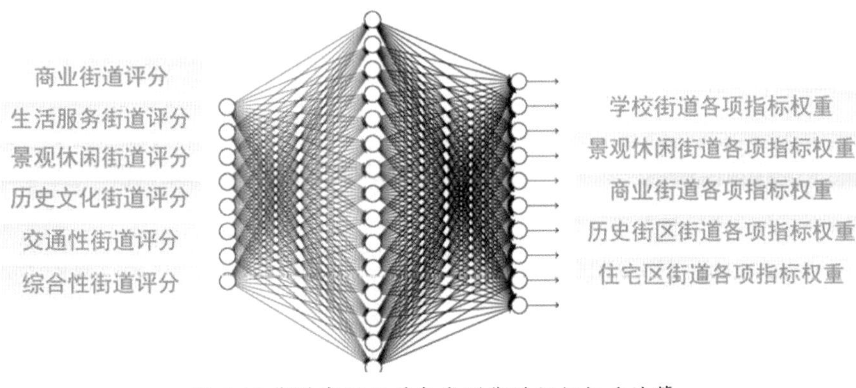

图 6.19 街道空间品质各类型街道指标权重计算

6.4.5 碳排放模块

围绕“低碳城市”理念，利用多学科交叉的视角与研究技术方法，探索构建武汉市碳排放评估模型，实现对城市活动产生的碳排放进行模拟、评估和预警，推进城市建设发展与空间治理定量化、精细化与科学化。

1. 研究目的

本书主要研究各类城市活动引起的碳排放，建立碳排放模型，实现碳排放的量化计算。

（1）提出技术思路，形成碳排放清单。结合城市规划建设和管理，研究城市碳排放活动，形成碳排放清单，构建指标体系。

（2）构建城市活动碳排放模型。基于碳排放量化指标体系，结合碳排放相关理论和方法，建立碳排放量化模型，实现碳排放现状评估、规划比较和过程预警。

2. 应用场景

1）基于宏观、中观、微观的碳排放量化计算

根据宏观、中观和微观尺度，搭建应用场景，实现碳排放量化计算。其中，宏观尺度主要是基于市域或各行政区范围，中观尺度主要是基于管理单元或街道单元，微观尺度主要是基于地块。不同尺度下碳排放量化计算见图 6.20。

（1）现状评估。

基于碳排放量化指标体系，结合现状用地性质、开发强度、现状道路等相关数据，实现现状的碳排放量化评估。

（2）规划模拟。

基于碳排放量化指标体系，结合规划用地性质、规划用地开发强度、规划道路等相关数据，实现规划方案的碳排放量化模拟。

（3）方案比选。

通过规划方案的碳排放量化评估，与现状碳排放量化结果进行对比，为方案决策提供依据。

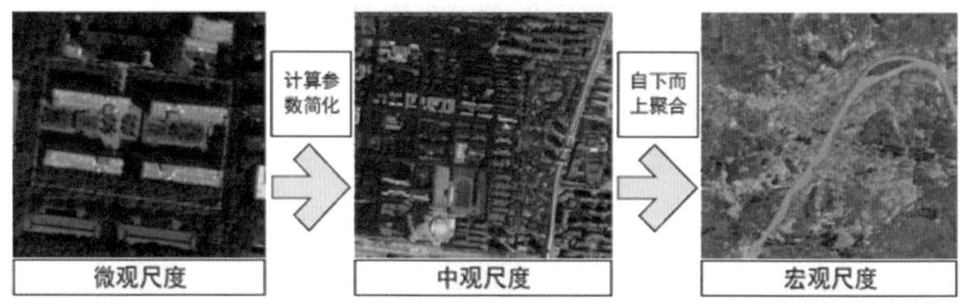

图 6.20 不同尺度下碳排放量化计算

2）基于城市设计的碳排放量化计算

考虑不同建筑空间布局、建筑材质、空间形态等对能耗的影响，产生不同的碳排放量。对城市设计建设方案进行分类，利用相关概率分布统计方法，得到不同类型不同布局方式的碳排放差异比例关系。在此基础上，将城市设计方案中地块上的建筑归类，利用相似空间布局的碳排放计算参数，进行碳排放量化计算。不同布局碳排放计算见图 6.21。

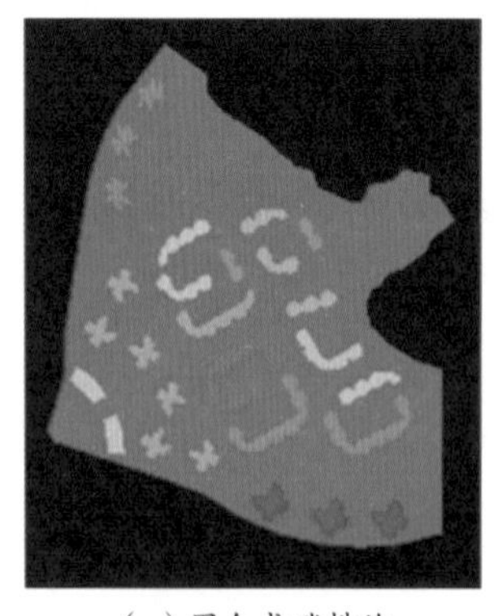

（a）围合式碳排放

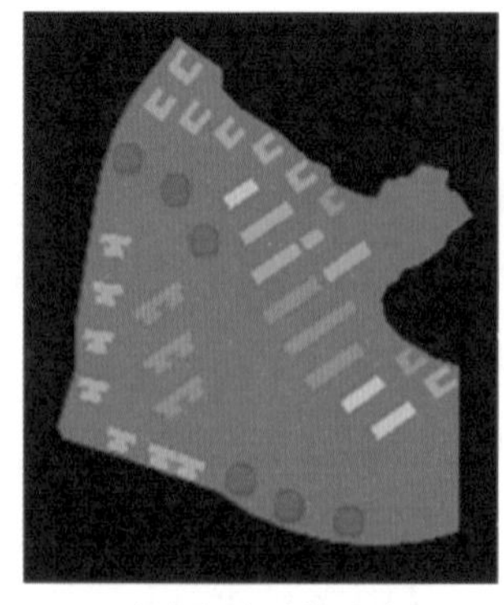

（b）板式碳排放系数

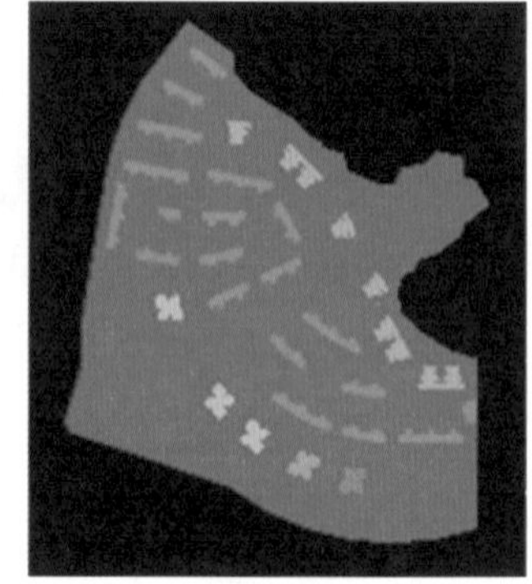

（c）点式碳排放系数

图 6.21 不同布局碳排放计算

3. 碳排放清单体系

1）IPCC 温室气体排放清单

二氧化碳排放清单结构见图 6.22。

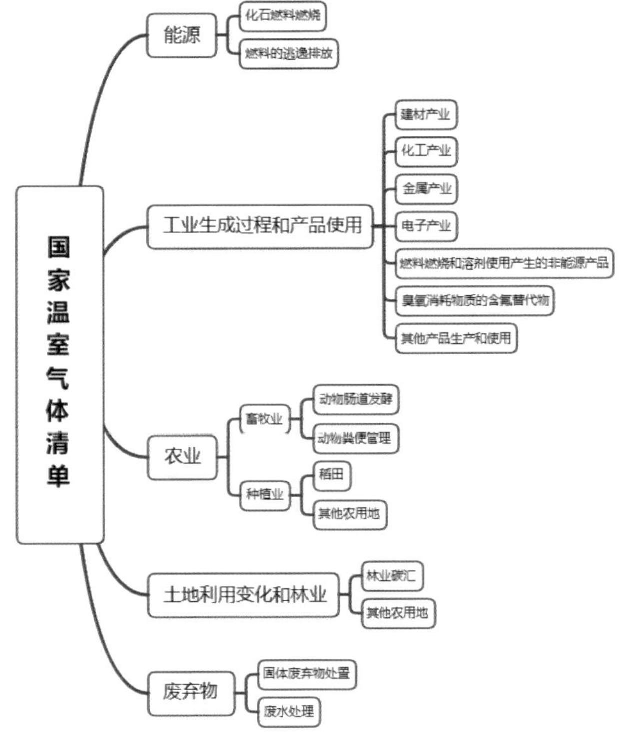

图 6.22 二氧化碳排放清单结构

2）ICLEI 城市清单方法

国际非政府组织和地方环境理事会（ICLEI）采用城市清单法，目前已经有 700 多个城市参加这项计划。政府管理的排放清单见表 6.15，社区管理的排放清单见表 6.16。

表 6.15 政府管理的排放清单

联合国气候变化框架公约部门		范围 1 排放	范围 2 排放	范围 3 排放
能源	静止排放源	公共设施的燃料消费（如天然气），分散的能源消费（如丙烷、煤油、燃油、柴油、生物燃料、煤，政府所有的为供电、供热等公共设施消耗的燃料）	电力、供热、供气、制冷消耗	承包重要政府设施的企业产生的排放，上游或下游排放（如采矿、煤的运输等）

续表

联合国气候变化框架公约部门		范围 1 排放	范围 2 排放	范围 3 排放
能源	交通	政府拥有和驾驶的车辆的尾气排放	不适用	政府工作人员通勤车辆中的尾气排放，承包政府重要设施的企业车辆产生的尾气排放
	逃逸排放	能源生产过程中的逃逸排放	不适用	上游 / 下游排放
工业生产过程		工业生产过程中的逃逸排放	不适用	上游 / 下游排放
农业		政府所有的畜牧业中的甲烷排放	不适用	不适用
土地利用，土地利用变化和林业		政府所有或经营的来源产生的净生物碳通量	不适用	不适用
废弃物		政府所有或经营的垃圾场焚烧、堆肥和污水处理设施产生的甲烷排放	不适用	在处理政府产生的废弃物过程中产生的排放，与分析年废弃物产生相关的未来排放

表 6.16 社区管理的排放清单

联合国气候变化框架公约部门		范围 1 排放	范围 2 排放	范围 3 排放
能源	静止排放源	公共设施的燃料消费，分散的燃料消费，为供电和供热生产产生的燃料消费	公共设施的电力、供热、供气、制冷消耗、分散的电力、供热、供气消耗	上游或下游排放（比如采矿、煤炭运输）
	交通	行驶车辆的尾气排放，社区中火车、轮船、飞机和非行驶中的车辆尾气排放	与社区内机动车行驶相关的电力消耗	社区居民使用的机动车的尾气排放，上游或下游排放（如采矿、油运输），从社区出发或到达的火车、轮船、飞机的尾气排放
	逃逸排放	还未计量的逃逸排放	不适用	上游或下游排放
工业生产过程		分散的过程排放	不适用	上游或下游排放
农业		牲畜和土壤中的排放	不适用	来自肥料、杀虫剂生产过程的上游或下游排放
土地利用，土地利用变化和林业		净生物碳通量	不适用	不适用

续表

联合国气候变化框架公约部门		范围 1 排放	范围 2 排放	范围 3 排放
废弃物	固体废弃物处理	社区内垃圾堆的直接排放、焚烧和堆肥设施	不适用	社区内垃圾产生过程中从垃圾堆、焚烧、堆肥中产生的排放，未来处理垃圾产生的排放
	废水处理和排放	社区内废水设施中产生的直接排放	不适用	社区内废水产生过程中的排放，未来处理废水产生的排放

4. 碳排放模型

根据梳理的排放清单体系，结合不同的用地类型，从建筑、工业、交通、废弃物和植被等方面开展碳排放计算。

1）建筑

针对十大类用地性质特征，对建筑类型按照住宅、商业、办公、旅馆、工业和其他进行归并、综合。建筑碳排放评估流程见图 6.23。

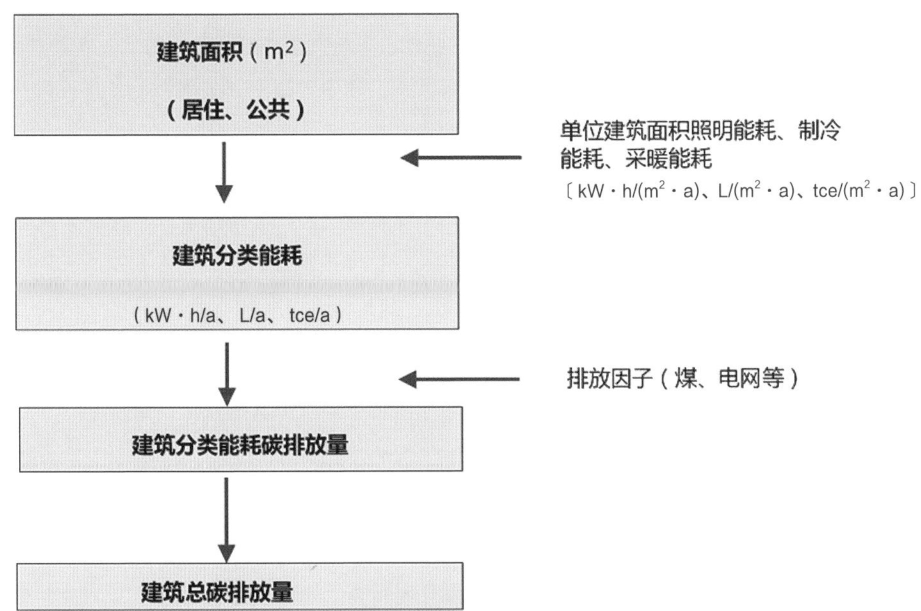

图 6.23 建筑碳排放评估流程

根据建筑碳排放评估流程，建立建筑年碳排放量计算模型，具体计算公式为

$$B_{eml}=\sum C_i \cdot B_m \cdot H_j$$

式中：C_i——不同类型（居住、公共）建筑面积；

B_m——单位建筑面积能耗分类（照明、制冷、采暖）；

H_j——排放因子分类（煤、电等）。

2）工业

根据工业行业类型碳排放量，结合各行业工业用地面积，获取各行业的工业碳排放量单位面积，即可用于地块尺度规划方案的工业碳排放量化计算。如根据纺织业的各种燃料消耗构成进行纺织业碳排放量化计算。工业行业分类表见表 6.17。

表 6.17　工业行业分类表

用地性质	行业名称	类别
M1	建材及家具	木材加工及木、竹、藤、棕、草制造业，家具制造业，非金属矿物制造业
	电力与热力	电力与热力
	其他	工艺品及其他制造业、废弃资源和废弃材料回收加工业、燃气生产和供应业、水的生产和供应业、文教体育用品制造业
M2	食品、烟草、饮料	农副食品加工业、食品制造业、饮料制造业、烟草制造业
	纺织	纺织业、纺织服装、鞋帽制造业、皮革、毛皮、羽绒及其制造业
M3	造纸、纸浆、印刷	造纸及纸制品业、印刷业和记录媒介的复制
	石油及化工	石油加工、炼焦及核燃料加工业、化学原料及化学制品制造业、医药制造业、化学纤维制造业、橡胶制造业、塑料制造业
	金属制品业	金属制品业
	黑色金属冶炼及压延加工业	黑色金属冶炼及压延加工业
	有色金属冶炼及压延加工业	有色金属冶炼及压延加工业
	装备制造	通用设备制造业、专业设备制造业、交通运输设备制造业、电器机械及器材制造业、通信设备、计算机及其他电子设备制造业、仪器仪表及文化、办公用机械制造业

3）交通

交通碳排放评估流程图见图 6.24。

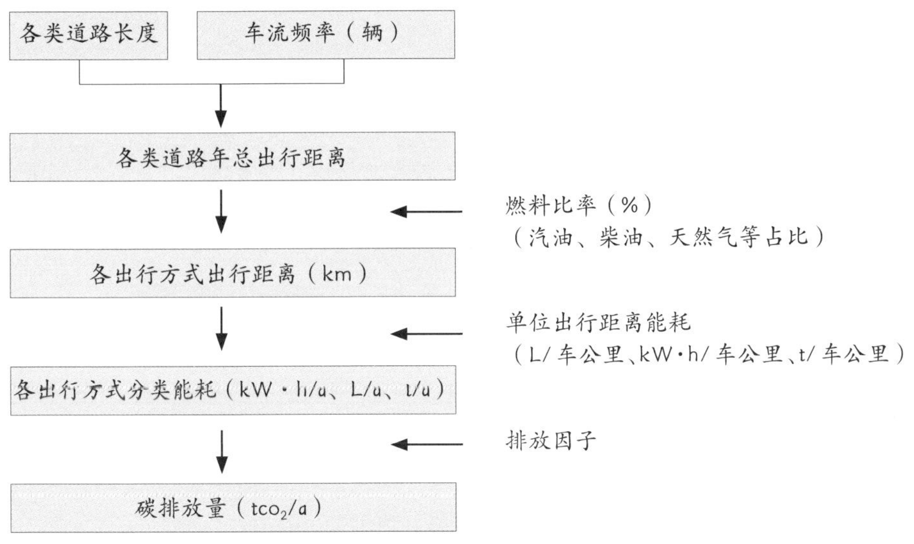

图 6.24　交通碳排放评估流程图

根据交通碳排放评估流程，建立交通年碳排放量计算模型，具体计算公式为

$$Tr_{emi}=\sum R_i \cdot C \cdot B \cdot H$$

式中：R_i——各级道路分类（主干道、次干道等）长度；

C——各级道路车流频率；

B——机动车单位出行距离用能（汽油、电能等）；

H——排放因子分类（汽油、电能等）。

4）废弃物

废弃物碳排放计算流程图见图 6.25。

根据建筑碳排放评估流程，建立废弃物年碳排放量计算模型，具体计算公式为：

$$Go_{emi}=\sum K \cdot B \cdot P_i \cdot H$$

式中：K——总人口数；

B——人均生活垃圾生产量；

P_i——垃圾处理方式（垃圾焚烧、生物堆肥等）比例；

H——排放因子分类（垃圾焚烧、生物堆肥等）。

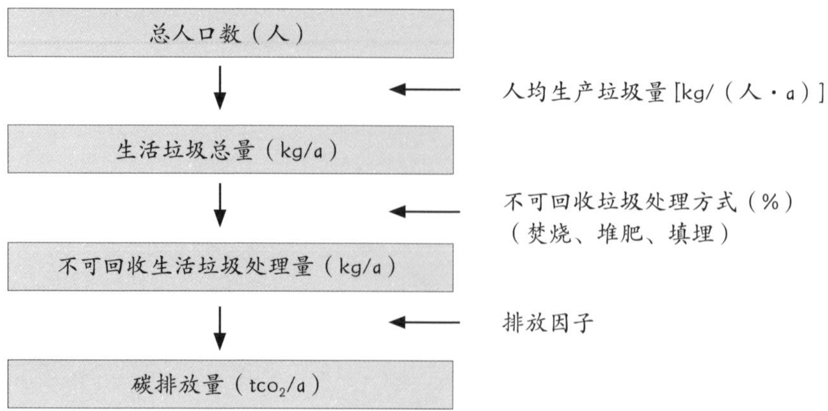

图 6.25 废弃物碳排放计算流程图

5）植被

植被碳汇计算流程图见图 6.26。

根据以上评估流程，建立绿色空间年减碳量计算模型，具体计算公式为

$$G_{emi}=\sum G_i \cdot P_i \cdot H_G$$

式中：G_i——各类绿地（公共绿地、附属绿地、防护绿地等）面积（hm^2）；

P_i——各类绿色空间乔木覆盖率（%）；

H_G——树木碳消除因子。

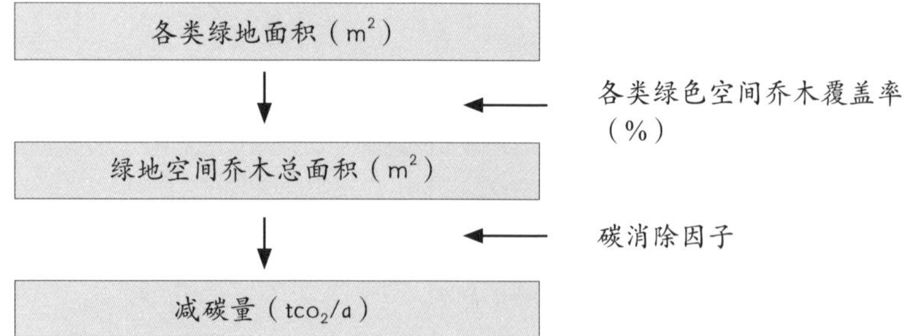

图 6.26 植被碳汇计算流程图

6.4.6 用地功能与就业产出模型

城市是人们生活和经济发展的综合体。用地资源承载着产业业态、人群就业和经济产业等多重职能，不同的用地功能与业态、就业岗位创造和税收、财政收入、GDP 等经济产业有着不同的影响。本书旨在研究这几者之间的内在关系，为城市管理和规划建设提供预测方法，推进城市的高质量发展。

1. 研究目的

本书研究不同区位各类用地与业态、就业岗位及经济产出的内在联系，梳理数理逻辑，建立数学模型并进行验证，为不同区位、不同用地类别、不同用地规模所产生的就业岗位、经济产出计算提供科学的支撑。

（1）提出技术思路。结合武汉市用地、人口、经济特点，基于不同层次规划管控与城市管理要求，分析各类用地功能与不同业态的内在关系，研究不同业态可提供的就业岗位数，以及就业岗位与经济产出的内在规律，提出分析用地功能与就业产出内在规律的技术思路。

（2）构建数学模型。基于技术思路，结合不同层次规划管控与城市管理，研究不同区位用地功能与岗位、经济产出等在空间上的关联，分层次构建各类用地、业态、就业岗位、经济产出关联数学模型，作为城市空间特征识别、规划方案比选的技术支撑。

2. 技术思路

使用机器学习、深度学习技术，结合专业知识，针对地块尺度，挖掘城市物质空间环境与功能业态、就业岗位、产出等经济活动的相互关系，最终实现对规划方案的预测分析，以及对现状与规划实施的评估。建模总体思路见图 6.27。

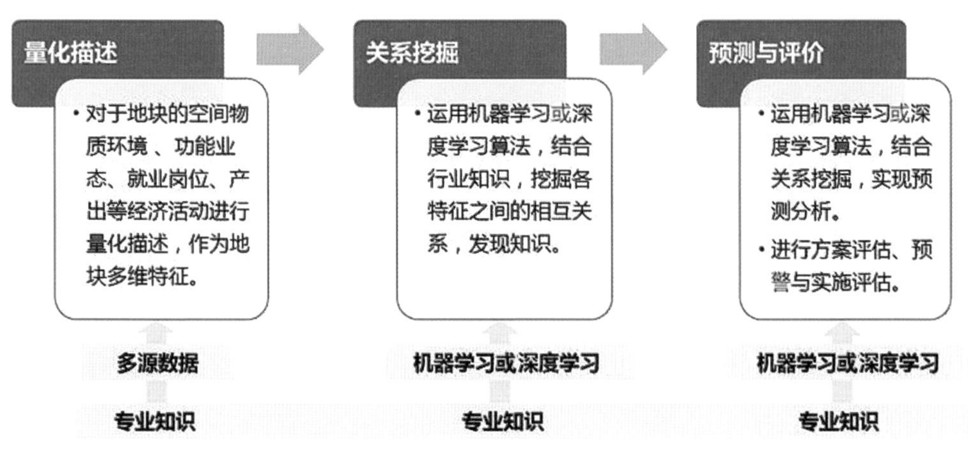

图 6.27 建模总体思路

使用易获取数据，描述城市地块经济活动与用地空间多维特征属性。

采用层次聚类学习算法模型，挖掘空间环境与经济活动之间的关系，划分城市功能区位，返回地块各经济属性区位系数。

搭建深度学习模型，当输入规划方案空间特征值时，根据所在地区区位系数，预测各地块经济属性，包含地块、片区两个层次。

设置相似匹配边界， 作为预警提示。

完成预测结果可视化与方案调整的交互与查询。技术思路见图 6.28。

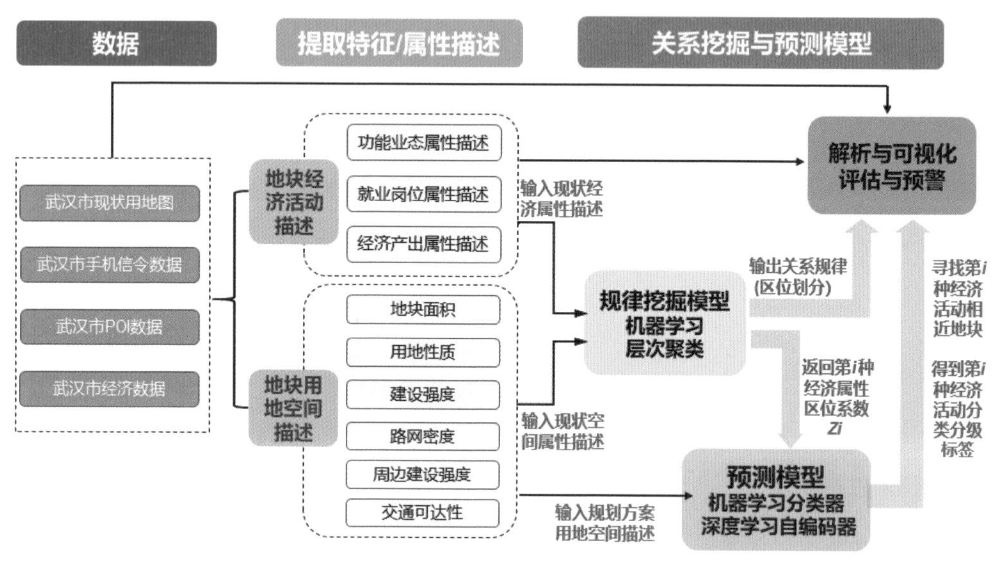

图 6.28 技术思路

3. 构建模型

（1）构建 “经济属性区位系数”。

功能区位的内涵是表征一个地块与城市中其他地块、功能区之间的综合空间关系，包括与各级城市中心、各类服务设施、居住区、产业区，甚至生态环境要素等的空间关系。

不同的经济活动，对不同功能要素的敏感性不同，比如零售商业功能可能对居住区更敏感，而对生态环境敏感性弱。高端休闲可能对环境更敏感，而对城市中心不敏感。

在传统的城市规划研究中，功能区位的概念通常是模糊的、凭感觉的、凭经验的。

在量化研究中，常用的量化表征方法是计算与城市各功能区的空间距离。这类方法存在要素选择有限、拍脑袋给定权重系数等问题，更重要的是，不易区分不同的经济社会活动对不同的功能要素的敏感性差异，难以实现对多种功能区位的综合描述。

通过构建经济属性区位系数，表征一个地块承载或发生某种经济活动的综合区位条件。区位系数不通过空间计算得到，而是通过对现状地块部分特征值的机器学习得到，是一个统计意义上的类别划分。

（2）使用机器学习，让机器具备规划师对于城市区位的判断能力，并更为出色。

从两个方面确定机器学习的特征条件。一是由规划师运用专业知识选择相关特征判断一个地块对于某种功能业态或经济社会活动的区位条件。二是分析地块面积、容积率、建设密度、周边路网密度、周边建设强度等空间特征，选择数据分布特征差异大、相关性弱的若干特征。

最终选择地块面积、地块建设强度（容积率）、地块周边路网密度、某项功能或活动的空间分布四个特征值，进行聚类学习。

不同的社会经济活动，对不同的功能要素的敏感性不同。不同类型的经济活动分布，可以反映该经济活动的城市空间偏好。规划师可以从以下几方面来分析：比如金融服务对城市商业商务中心敏感；公司企业对城市主中心区、外围产业园区敏感；宾馆、酒店对城市公共活动区域、旅游景点、高校等敏感；休闲娱乐功能对城市主中心商业中心、生活服务中心敏感；餐饮服务对城市商业与生活服务中心敏感等。

这些看起来显而易见的结论，就是我们通常认为不可逾越的规划师的经验，通过训练学习，机器同样可以识别这些空间偏好。

（3） 求取经济属性区位系数，作为表征地块功能区位的特征值。

选择地块面积、地块建设强度（容积率）、地块周边路网密度、某项功能或活动的空间分布四个特征值，进行聚类学习，求得各地块对于各种经济活动的区位系数。

（4）规划方案预测。

对于新的规划建设用地，在确定规划条件后，结合上一步中机器学习得到的地块现状所处区位的区位条件，即所在空间位置的“经济属性区位系数”，采用机器学习或深度学习分类算法，将规划地块与全市现状建成地块进行相似寻找与分类匹配，这些现状中的“相似地块”现实中所承载的经济活动，即是规划地块未来可能承载的经济活动预测。规划方案用地功能与就业产出预测见图 6.29。

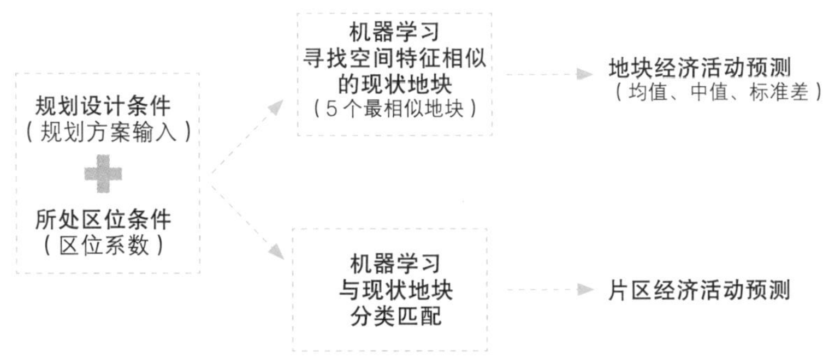

图 6.29 规划方案用地功能与就业产出预测

6.4.7 生态足迹模块

围绕“可持续发展”核心理念，利用多学科交叉的视角与研究技术方法，探索构建生态足迹评估模型，实现对城市生态承载力的模拟、评估和预警，助力建设“生态大武汉”。

1. 研究目的

本模型主要研究各类城市活动引起的资源消费和污染消纳，形成生态足迹指标体系，建立生态足迹量化模型。

（1）构建生态足迹清单。结合城市规划建设和管理，研究城市资源消费和污染消纳活动，形成生态足迹清单，构建指标体系。

（2）构建城市活动生态足迹模型。基于生态足迹量化指标体系，结合生态足迹相关理论和方法，构建生态足迹计算公式，实现生态承载力现状评估、规划比较和过程预警。

2. 相关理论与技术

1）计量方法

生态足迹的计量中主要涉及多种尺度与多种方法，同时，不同尺度的生态足迹计量往往采用截然不同的方法。生态足迹的研究尺度通常包括国家尺度、区域尺度（省域）、城市尺度和个人尺度，随着研究尺度的由大到小，生态足迹的计量方法也由自上而下演变为自下而上，数据来源也由统计数据演变为多元的个体数据。

综合法是典型的自上而下方法，主要用于国家、区域尺度的生态足迹计量，其具体方法是通过各类经济统计数据，结合人口数值， 从宏观层面估计生态足迹的总量。这种方法的劣势主要是生态足迹估算的时效性较差（受限于统计数据的获取周期）和生态足迹的估算可能存在系统误差（受到统计数据准确性的影响）。

成分法是典型的自下而上方法，可以用于城市、个人尺度的生态足迹估算。其具体方法是通过问卷调查或现在的个体大数据来实现生态足迹的估算，这种计算方法在建模合理的情况下较为准确，但存在数据获取成本高、难度大的问题。

投入产出法则主要是基于投入产出表进行详细的生态足迹核算， 这是严格按照生态足迹概念内涵所制定的准确核算办法，但这种办法在运用时要求研究范围必须有实时更新的投入产出表。

能值法是近年来较为热门的生态足迹核算办法，这类方法首先对所有要素的计量选取原单位——单位能值，再依据所建立的生态清单将所有要素的足迹转化为单位能值，这种方式的优势主要体现在对生态承载力的多元考虑，而未对生态足迹的原生概念有本质优化。

综合对比上述四种生态足迹的计量方法，从适合的研究尺度、度量的准确性、方法实施的难度和动态研究的可能性四个方面进行探讨，其比较的结果见表 6.18。

表 6.18 不同计量方法的特性比较

方法	研究尺度	准确性	实施难度	动态性
综合法	国家、省域	*	*	*
成分法	城市、足迹单元、个体	***	**	***
投入产出法	城市	****	****	**
能值法	各类尺度	**	***	****

注：* 表示程度。

2）预测方法

生态足迹的预测方法主要分为两类：一类预测方法是以统计学的时间序列法为基础的足迹预测，这类研究往往直接根据时间序列的分布进行预测，往往采用复杂新颖的模型；另一类预测方法则是以生态足迹及其影响因子的变化关系为出发点的因果分析法，往往通过剖析生态足迹与人口增长、社会经济发展等相关参量的关系，采用线性回归、神经网络、支持向量机等模型进行预测。不同预测方法的特性比较见表 6.19。

时间序列分析法本质上是对趋势的预测， 而预测结果则是基于趋势的推断；因果分析法则反映的是对于影响因子的评估和计量。前一种预测方法有操作简单、数据获取容易的优点，大部分时候也具有较好的效果；但后一种预测方法是对变化原因的分析，是基于概念的内涵和构成进行的因果分析，具有更好的科学性和解释性。

表 6.19 不同预测方法的特性比较

方法视角	方法实现	方法优点	方法缺点
时间序列分析法	ARIMA 模型、经验模态分解法等	预测简单，是典型的趋势外推思维	无法解释变化的内生机制
因果分析法	线性回归、神经网络、支持向量机等	可以较好地解释变化的内生机制	数据获取难，模型构建复杂

3. 技术思路

总体技术思路主要分为四个模块，即生态足迹清单模块、计量模块、分析模块和预测模块。研究技术线路图见图 6.30。

在生态足迹清单模块中，我们对前人关于生态足迹清单和各类生态用地的对应关系的研究进行了梳理，并在此基础上兼顾武汉市多水多湖的特征，建立了适用于武汉地区的多尺度生态足迹清单。

在计量模块中，我们在原有清单的基础上，以多元数据（主要源于统计年鉴等官方统计数据）的统计计算，对于市域尺度和地块尺度的生态承载力及生态足迹进行了计量。其

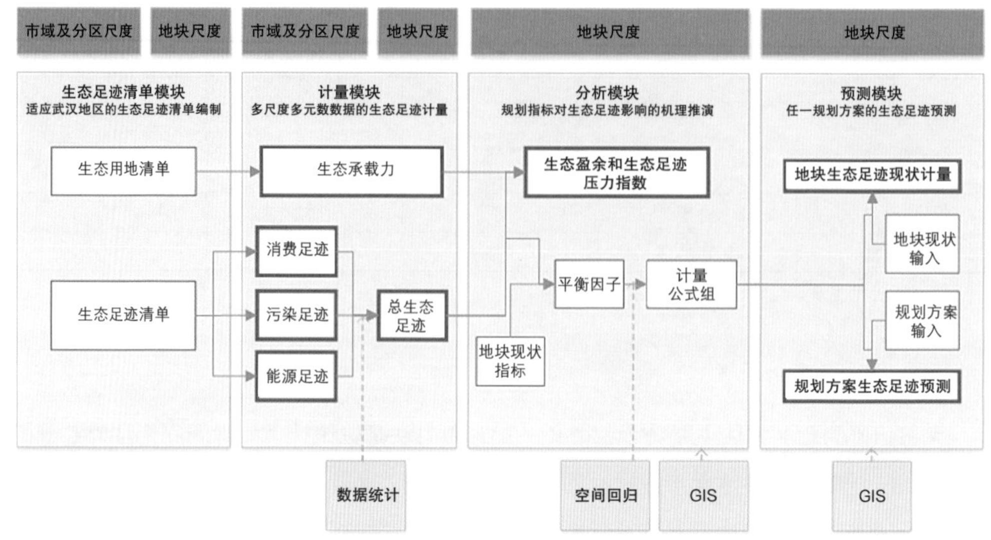

图 6.30 研究技术路线图

中，对于总生态足迹下的分消费足迹、污染足迹和能源足迹，我们也分别进行了计量。

在分析模块中，我们针对地块尺度生态足迹问题做了较为深入的探讨。一方面，我们对分析范围内每个地块的生态承载力和生态足迹进行了对比，并以生态盈余和生态压力指数表征了这一结果。另一方面，我们从地块规划指标中选取了一定的平衡因子以衡量规划指标对生态足迹的影响，并通过 ArcGIS 空间回归的技术对一系列平衡因子进行筛选，得出了各个因子对于生态足迹的影响机理。这一模块内容的意义在于，通过回归模型，建立了生态足迹与各类规划指标之间的相互关系和作用机理，使规划从业者能够通过规划语言中的各个指标直接衡量某一地块的生态足迹。对于现有的城市规划和未来低碳城市的发展趋势而言，这一工作不仅弥补了现有的研究空缺，而且有着较为重大的实际利用价值。

在预测模块中，我们通过分析模块中建立的计量公式组，对地块现状或规划方案的生态足迹进行计量或预测，以实现现状用地生态影响评价或规划方案生态影响程度比较的功能。

4. 模型构建

生态足迹作为可持续发展领域进行定量研究的重要方法，具有较强的可操作性和可比性等特点。关键就在于其量化了发展的资源需求与资源供给之间的核心矛盾，从需求面计算生产性土地面积的大小，从供给面计算生态承载力的大小，通过对这二者的比较，评价研究对象的可持续发展状况。

1）市域尺度生态足迹计量模型

基于生态足迹的原生概念和衍生发展，本模型主要通过构建“生态足迹模型”“生态承载力模型”来计量武汉市的生态足迹和生态承载力，并通过生态压力指数来测度武汉市的生态安全状况。

（1）生态足迹模型。

生态足迹以量化区域内的消费资源和排放废弃物的关系为基础，反映相关活动需要的生物生产性土地面积，公式表达为

$$EF=N\times ef=\sum_{j=1}^{6}[r_j\times \sum_{i=1}^{n}(c_i/p_i)]$$

式中：EF——总生态足迹；

N——地区的总人口；

ef——地区的人均生态足迹；

j——生产性土地类型；

r_j——均衡因子；

i——足迹清单项目；

c_i——项目 i 的消费量；

P_i——项目 i 的中国平均单位面积生产量。

目前学界大多将与生态有关的用地分成六类，即耕地、林地、草地、水域、化石燃料用地、建设用地，其中化石燃料用地为虚拟用地，不具备生态承载能力。根据《湖北省土地调查成果资料集》中武汉部分结果显示，武汉市林地和草地难以区分。综上，本组将武汉市用地划分成四类用地，即耕地、林地及草地、水域、建设用地。

其中，武汉市的 i 生态足迹清单的核算项目以表 6.20 为准。

表 6.20 市域尺度生态足迹清单

<table>
<tr><th colspan="2">足迹类型</th><th>足迹账户</th><th>清单项目</th><th>生物生产性土地类型</th></tr>
<tr><td rowspan="8">消费足迹</td><td rowspan="5">生物资源消费</td><td>农产品</td><td>粮食、油料、棉花、蔬菜</td><td>耕地</td></tr>
<tr><td rowspan="2">动物产品</td><td>猪肉、禽肉、禽蛋</td><td>耕地</td></tr>
<tr><td>牛奶</td><td>草地</td></tr>
<tr><td>林产品</td><td>水果、油桐籽、木材</td><td>林地</td></tr>
<tr><td>水产品</td><td>水产品</td><td>水域</td></tr>
<tr><td rowspan="2">能源资源消费</td><td rowspan="2">能源产品</td><td>煤炭、汽油、煤油、柴油、天然气</td><td>化石燃料用地</td></tr>
<tr><td>电力</td><td>建筑用地</td></tr>
</table>

续表

足迹类型		足迹账户	清单项目	生物生产性土地类型
污染足迹	污染消纳	气体污染物	PM10、PM2.5、SO_2、NO_2	林地
		液体污染物	COD 化学需氧量、NH_3-N 氨氮	水域
		固体污染物	固体废弃物	耕地

（2）生态承载力模型。

生态承载力是为人类提供生态系统服务消费的生物生产性土地和水域面积的度量，公式表达为

$$EC=N\times ec=n\times \sum_{j=1}^{6}(A_j\times r_j\times y_j)$$

式中：EC——区域总生态承载力；

N——区域的总人口；

ec——区域人均生态承载力；

A_j——第 j 种生产性土地类型的实际面积；

r_j——第 j 种土地的均衡因子；

y_j——第 j 种土地的产量因子。

2）地块尺度生态足迹计量模型

由于地块尺度对数据要求较高，因此对基于清单的生态足迹计算方法进行的优化，采用能源账户和污染账户进行计量。

（1）能源账户。

① 电力计算。

电力主要是由建筑物所消耗，因此将电力归属于建筑用地，公式表达为

$$EF_{电力}=4.02\times\frac{11.84\times E_{社会}}{813.7/1000}$$

式中：$EF_{电力}$——电力生态足迹；

4.02——建筑用地均衡因子；

11.84——折算系数（GJ/t）；

$E_{社会}$——社会总用电量（kW·h）；

813.7——折算系数（kW·h/t）；

1000——全球平均电力能源足迹（GJ/m^2）。

②煤炭计算。

因武汉市的是统计年鉴只有规模以上工业的能源消费量，故能源账户采用近似折算的方法，将武汉市的生产总值与武汉市当年的单位GDP能耗相乘，求得全市标准煤总消费量，并将其乘以相关的均衡因子，减去重复计算的电力，从而得出武汉市的煤炭能源足迹，公式表达为

$$EF_{煤炭}=0.18\times\left(\frac{W_{总}\times W_{单位}}{0.2269}-EF_{电力}\right)$$

式中：$EF_{煤炭}$——煤炭生态足迹；

0.18——能源用地均衡因子；

$W_{总}$——武汉市生产总值（万元）；

$W_{单位}$——武汉单位 GDP 能耗（吨标准煤 / 万元）；

0.2269——系数（单位煤的生态足迹）；

$EF_{电力}$——电力生态足迹。

（2）污染账户。

①气体污染物。

根据气体污染物的生态生产性土地归属，把气体污染物排放数量折算为相应的化石燃料用地面积，公式表达为

$$EF_{气体污染物}=\frac{E_{气体}}{A_{气体}}$$

式中：$EF_{气体污染物}$——吸纳区域排放污染物气体所需的生态生产性土地面积；

$E_{气体}$——区域气体污染物的排放数量；

$A_{气体}$——单位面积林地对气体污染物的吸纳能力。

②液体污染物。

液体污染物是指人类生产、生活中所排放的污水，液体污染物生态足迹即为吸纳这些污水所需要的水域面积。水域的吸纳能力是指单位面积水域所能吸纳污水的数量，其实际是计算单位面积的水域能够吸纳污水中液体污染物的数量，公式表达为

$$CA_{液体吸纳}=\frac{D_{水环境容量}}{A_{水域面积}}$$

$$EF_{液体污染物}=\frac{E_{液体}}{CA_{液体吸纳}}$$

式中：$CA_{液体吸纳}$——水域对液体污染物的平均吸纳能力；

$D_{水环境容量}$——液体污染物的水环境容量；

$A_{水域面积}$——水域面积；

$EF_{液体污染物}$——液体污染物的生态足迹；

$E_{液体}$——液体污染物的排放量。

③固体污染物。

固体污染物的生态足迹是指堆积、存放人类生活、生产产生的固体污染物所需要的生态生产性土地面积，固污染物往往堆积在具有较强生态生产能力的耕地上，因此，其对应的生态生产性地类为耕地，公式表达为

$$EF_{固体污染物}=\frac{E_{固体污染物}}{D_{固体污染物}}$$

式中：$EF_{固体污染物}$——固体污染物的生态足迹；

$E_{固体污染物}$——固体污染物的排放量；

$D_{固体污染物}$——单位面积生态生产性土地所能堆积的固体污染物数量。地块尺度生态足迹计量模型见图 6.31。

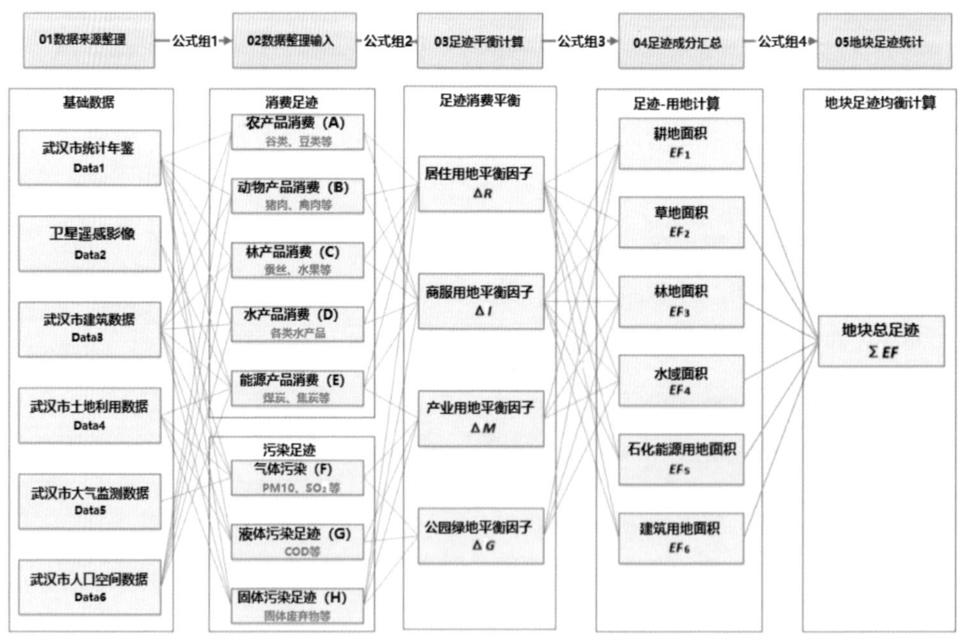

图 6.31 地块尺度生态足迹计量模型

3）生态承载力用地编码分类

根据《城市用地分类与规划建设用地标准》，将众筹测试地块的用地代码重新整理分类归纳为4类生产性土地，具体的分类见表6.21，并结合相关公式分别计算出该地块的生态承载力和生态压力指数。

表6.21 用地类型转换表示

水域	耕地	草地	林地
E1、E11	E13、E21、F1、F2	G1、G2、G3	G11、G12、G122、G123 G11、G12、G122、G123

4）规划方案生态足迹模拟

为了探究控规方案尺度的生态足迹与城市规划的关系，本部分首先基于计算得到的现状生态足迹和现状用地、建筑数据、建立解释模型，推导二者的关系，并以此关系为依据，预测研究地块的规划方案所引导的生态足迹。本书选取4个表示地块生态足迹情况的因变量、9个地块的城市规划关键指标，这些指标主要涉及开发强度、下垫面构成和用地类型三个方面（见表6.22）。

表6.22 自变量与因变量描述

变量类型	变量内容		计算方式	备注
因变量	地均生态盈余		$\frac{总生态足迹-总生态承载力}{地块面积}$	—
	地均生态承载力		$\frac{总生态承载力}{地块面积}$	—
	地均生态足迹		$\frac{总生态足迹}{地块面积}$	—
	生态压力指数		$\frac{总生态足迹}{总生态承载力}$	—
自变量	开发强度	容积率	$\frac{建筑面积}{地块面积}$	X_1
		建设用地比例	$\frac{建设用地面积}{地块面积}$	X_2
	下垫面构成	绿地比例	$\frac{绿地（G类）面积}{地块面积}$	X_3
		水域比例	$\frac{水域（E1类）面积}{地块面积}$	X_4
		建筑密度	$\frac{建筑基地面积}{地块面积}$	X_5

续表

变量类型	变量内容		计算方式	备注
自变量	用地类型	居住用地指数	$\frac{居住用地面积}{地块面积}$	X_6
		公服用地指数	$\frac{公服用地面积}{地块面积}$	X_7
		商业用地指数	$\frac{商业用地面积}{地块面积}$	X_8
		交通用地指数	$\frac{交通用地面积}{地块面积}$	X_9

空间回归分析是一种发展较为成熟的分析方法，其产生之初是为了解决线性回归方法对于空间关系的忽略。空间回归分析在经济学、地理学、城市规划等多个领域具有广泛的应用。空间回归分析的基础是线性回归分析。本书为了研究生态足迹与规划指标的关系，首先构建传统的线性回归（OLS）模型，如下式

$$Y=X\beta+\varepsilon$$

式中：Y——因变量；

X——自变量所构成的数组；

β——方程斜率构成的数组；

ε——随机误差的变量，该变量符合正态分布。

然而，线性回归（OLS）模型无法对事物的空间影响作出衡量，例如，无法衡量靠近某一要素对生态足迹的影响。在这种背景下，两种空间回归模型，即空间滞后模型（SLM）和空间误差模型（SEM）被陆续提出，并被广泛采用。空间滞后模型认为残差是变量空间自相关性的反映，空间误差模型则将变量的空间自相关性当作误差处理。两种模型可以表示为

$$Y=\rho\cdot WY+X\beta+\varepsilon \quad (\mathrm{SLM})$$

式中：ρ——空间自相关性指标；

WY——空间权重矩阵，该权重矩阵根据因变量的空间关系构建而成。

$$Y=X\beta+\gamma\cdot W\varepsilon+\tilde{\delta} \quad (\mathrm{SEM})$$

式中：γ——空间自相关性系数；

$W\varepsilon$——空间权重矩阵；

$\tilde{\delta}$——误差向量。

6.5 小结

由于城市非常复杂，现阶段没有一个模型可以完全模拟城市的运行规律。因此，需要通过对城市组成要素进行系统的解构，构建空间可计量的巨型数学模型库，逐步将各类模型进行关联和耦合，近似真实模拟城市组成要素运行状态，更好地对城市各项体征进行诊断。同时，结合管理政策和规划方案，建立城市未来预演室，预演城市未来发展，避免规划失误，指引城市高质量发展。这需要多专业前沿技术融合，也是未来国土空间规划精细化、管控智能化发展需要重点研究和突破的地方。

7 智慧决策

7.1 智慧决策内容解读

综合上述各项工作内容，初步构建城市空间量化指标体系，结合各项综合数学模型，建立集城市感知、动态评估与预测预警为一体的信息平台，形成城市空间治理的“智慧大脑”。

智慧大脑是以城市空间治理和综合管理为对象，建立动态感知、机器评估、智能计算和人工提醒的智慧决策平台。智慧决策大脑的建设，将结合规划管理需求实际，分专题逐步建设完善。

7.1.1 城市规划建设决策

以城市规划与建设为主要对象，通过城市建设状态的现状体检和规划预演，建立从现行状态到规划目标之间的实时关联对比，实施动态预警和资源分配建议。

第一步，通过数据感知和动态更新、机器计算评估，量化各层次各行业各区的建设活动进展。

第二步，对进度滞后的部分，设置预警提示阈值，提醒规划干预。

第三步，对预警的部分，提示需要优先解决的建设项目，督促按照规划实施。

第四步，对照建设活动动态进展和规划目标，定期提醒修正规划目标，进行人工干预。

7.1.2 城市综合发展决策

通过社会学、经济学等相关领域的拓展研究，建立基于城市空间治理体系的综合智慧决策平台。对城市活动，包括建设活动和人群活动，可能带来的影响进行预测和提醒，不断促进城市安全、高效、便捷和公平。

7.1.3 城市智慧决策

研究建立城市综合发展模型，通过深度学习模型对历年的数据进行训练，采用先分专项训练对城市状态的机器反应和智慧决策建议，再逐步延伸至综合决策，最终建立城市智慧决策平台，实现“智治”。

7.2 面向智慧决策的逻辑体系

7.2.1 智慧决策模型应用

任何一个规划决策，都可以归结为三个核心判断：好处是什么，坏处是什么，成本是多少？为此，设计了正效应清单、负效应清单及成本清单“三个清单”。但是因规划尺度的差异，决策要点会有所侧重，对应的决策清单呈现差异，总体来看分为宏观、中观、微观三个层面的智慧决策。

1.“由多到少”——决策清单指标的选取原则

首先按照“正效应清单—负效应清单—成本清单”的逻辑，对城市的现状、规划指标体系进行分类。然后基于“由多到少”的原则，选取有价值的决策清单指标。

1）代表性

反映城市运行状态的指标最具代表性。决策指标不求全面，仅选取综合性强、最具代表性的核心指标。比如反映城市经济运行状况的指标数量众多，包括第一、第二、第三产业增加值、比例等，但是往往仅选择年地区生产总值、年财税收入两个指标反映城市运行状态。

2）可获得性

计算指标所需的数据可统计、可追踪，且满足易获取的要求。比如，计算总能耗指标所需的电力、燃气、供热等数据，可通过行业部门获取，同时数据可精确到每个地块、每栋建筑，甚至每户的能耗。

3）绩效性

指标具有价值导向，服务城市绩效管理的特性。比如，文化设施承载力、中小学承载力、医院承载力、体育设施承载力分别体现文化局、教育局、卫健委、体育局等不同部门的管理绩效目标。

4）关联性

指标之间相互关联，如能体现“正效应—负效应—成本”的辩证决策逻辑。比如，在城市交通方面，正效应清单里有公共交通的服务能力，负效应清单里有新增动态、静态交通量。

5）层次性

可体现不同尺度空间规划的决策。在不同的空间尺度下，根据决策要点的不同，指标内涵也有所侧重。比如，在宏观尺度和中观尺度下，计算新增公共绿地面积，不统计附属绿地、三小绿地；在微观层面，重点关注附属绿地和三小绿地等指标。

2. “由大到小”——宏观、中观、微观多层次决策

宏观层面的智慧决策主要适用于总体规划、分区规划决策，决策主体为市政府；中观层面的智慧决策主要适用于组团控制性详细规划决策，决策主体为区政府、重点功能区指挥部、园区管理办公室等；微观层面的智慧决策主要适用于单个地块项目论证，决策主体为行业主管部门或业主单位。宏观、中观、微观多层次决策体系见表 7.1。

表 7.1　宏观、中观、微观多层次决策体系

决策层次	适用规划类型	决策主体	“三个清单”特征
宏观层面	总体规划、分区规划	市政府	数据粗略：仅包括高等级设施、路网
			算法粗略：人口概算、用地概算、以用地大类等进行核算
中观层面	组团控制性详细规划	区政府、重点功能区指挥部、园区管理办公室	数据较详实：包括高、中等级设施、路网
			算法较精细：以用地中类、建筑面积等指标进行核算
微观层面	单个地块项目论证	行业主管部门、业主单位	数据详实：包括不同等级设施、路网
			算法精细：以建筑面积进行核算

7.2.2　智慧决策清单构建

7.2.2.1　智慧决策清单体系建设

1. 正效应清单

“正效应清单”主要反映对城市功能及效率起到提升作用的指标清单，包括经济效益、社会效益、环境效益、空间效益 4 中类，13 个指标项（见表 7.2）。

表 7.2 正效应清单表

分类	序号	综合指标	宏观层面	中观层面	微观层面
正效应清单（功能及效率提升）					
经济效益	1	年地区生产总值	年地区生产总值（新增面积 × 全口径地均）	年地区生产总值（产业面积 × 地均 + 开发面积 × 地均）	年地区生产总值（产业项目 / 开发项目）
	2	年财税收入	年财税收入（地均）	年财税收入（分类地均）	年财税收入（项目税收预算）
	3	新增经营性建设用地规模	新增经营性建设用地规模	新增经营性建设用地规模	新增建筑开发量
经济效益	4	新增居住用地规模	新增居住用地规模	新增居住用地规模	新增居住建筑开发量
社会效益	5	新增就业岗位	新增就业岗位	新增就业岗位	新增就业岗位
	6	新增驻留人口	新增驻留人口	新增驻留人口	新增驻留人口

续表

分类	序号	综合指标	宏观层面	中观层面	微观层面
环境效益	7	新增公共绿地面积	新增公共绿地面积	新增公园绿地面积	新增公园及三小绿地面积
	8	公园绿地500米覆盖率	公园绿地500米覆盖率	公园绿地500米覆盖率	公园绿地500米覆盖率
空间效益	9	公共交通服务能力	公共交通服务能力	公共交通服务能力	公共交通设施500米覆盖率
	10	文化设施承载力	市区级文化设施承载力（服务人口）	街道级文化设施承载力（服务人口）	社区级文化设施承载力（服务人口）
	11	中小学承载力	中小学承载力（服务人口）	中小学承载力（服务人口）	中小学承载力（服务人口）
	12	医院承载力	市区级医院承载力（服务人口）	街道级社区卫生服务中心承载力（服务人口）	社区医疗卫生服务站承载力
	13	体育设施承载力	市区级体育设施承载力（服务人口）	街道级体育设施承载力（服务人口）	社区体育场地承载力

2. 负效应清单

“负效应清单”主要反映对城市运行的物质消耗及环境污染等起到负面效果的指标清单。具体包括污染排放、能源消耗、自然资源消耗、交通负担等4中类，10个指标项（见表7.3）。

表7.3 负效应清单表

分类	序号	综合指标	宏观层面	中观层面	微观层面
负效应清单（物质消耗及环境污染）					
污染排放	1	城市生活污水排放量	城市生活污水排放量	城市生活污水排放量	城市生活污水排放量
	2	城市生活垃圾产生量	城市生活垃圾产生量	城市生活垃圾产生量	城市生活垃圾产生量
	3	工业企业废水排放量	工业企业废水排放量	工业企业废水排放量	工业企业废水排放量
能源消耗	4	碳排放量（碳足迹）	碳排放量（碳足迹）	碳排放量（碳足迹）	碳排放量（碳足迹）
	5	总能耗	总能耗	总能耗	总能耗
	6	总水耗	总水耗	总水耗	总水耗
自然资源消耗	7	耕地减少量	耕地减少量	耕地减少量	耕地减少量
	8	水面减少量	水面减少量	水面减少量	水面减少量

续表

分类	序号	综合指标	宏观层面	中观层面	微观层面
交通负担	9	新增动态交通量	新增动态交通量	新增动态交通量	新增动态交通量
	10	新增静态交通量	新增静态交通量	新增静态交通量	新增静态交通量

3. 成本清单

“成本清单”反映政府实施规划需要的经济投入或资源投入的清单，包括土地成本、时间成本、公服设施建设成本、交通设施建设成本、市政交通建设成本5中类，17个指标项（见表7.4）。

表7.4　成本清单表

分类	序号	综合指标	宏观层面	中观层面	微观层面
成本清单（经济投入及资源投入）					
土地成本	1	土地征收成本	土地征收成本（面积）	土地征收成本（面积）	土地征收成本（面积）
	2	拆迁成本	拆迁成本（建筑量）	拆迁成本（建筑量）	拆迁成本（建筑量）
	3	土地平整成本	土地平整成本（土方量）	土地平整成本（土方量）	土地平整成本（土方量）
时间成本	4	建设周期	建设用地开发周期	建设用地开发周期	项目建设周期
	5	年运营或维护成本	年运营或维护成本	年运营或维护成本	年运营或维护成本
公服设施建设成本	6	文体设施建设成本	文体设施建设成本（建筑面积）	文体设施建设成本（建筑面积）	项目配套公共服务设施建设成本（建设面积）
	7	中小学建设成本	–	中小学建设成本（建筑面积）	
	8	医疗卫生设施建设成本	医疗卫生设施建设成本（建筑面积）	医疗卫生设施建设成本（建筑面积）	
	9	社会福利设施建设成本	社会福利设施建设成本（建筑面积）	社会福利设施建设成本（建筑面积）	
交通设施建设成本	10	轨道交通建设成本	轨道交通建设成本（长度）	轨道交通站点配套建设成本	轨道交通站点配套建设成本（涉及站点的项目）
	11	城市道路建设成本	城市道路建设成本（长度）	城市道路建设成本（长度）	代建道路建设成本（长度）

续表

分类	序号	综合指标	宏观层面	中观层面	微观层面
交通设施建设成本	12	公共停车建设成本	公共停车建设成本（泊位数）	公共停车建设成本（泊位数）	配套公共停车建设成本（泊位数）
	13	客运枢纽场站建设成本	客运枢纽场站建设成本（个数）	客运站点及配套建设成本（个数）	客运站点配套建设成本（涉及站点的项目）
市政设施建设成本	14	综合管廊建设成本	综合管廊建设成本（主干管廊长度）	综合管廊建设成本（次干管廊长度）	综合管廊配套建设成本（接口）
	15	给水工程系统建设成本	给水工程系统建设成本（主干管网长度、设施数量）	给水工程系统建设成本（次干管网长度、设施数量）	给水工程配套建设成本（接口、支线）
	16	排水工程系统建设成本	排水工程系统建设成本（主干管网长度、设施数量）	排水工程系统建设成本（次干管廊长度、设施数量）	排水工程配套建设成本（接口、支线）
	17	能源工程系统建设成本	能源工程系统建设成本（主干管网长度、设施数量）	能源工程系统建设成本（次干管廊长度、设施数量）	能源工程配套建设成本（接口、支线）

7.2.2.2 “三张清单”模型构建及参数研究

针对每一个决策指标，构建从规划方案向决策指标推导的决策模型，明确模型中的基本算法及核心参数。同时通过机器大量的学习，对规划实施之后的现状值进行检测，进而对模型参数进行调校。规划方案向决策指标推导的决策模型见图 7.1。

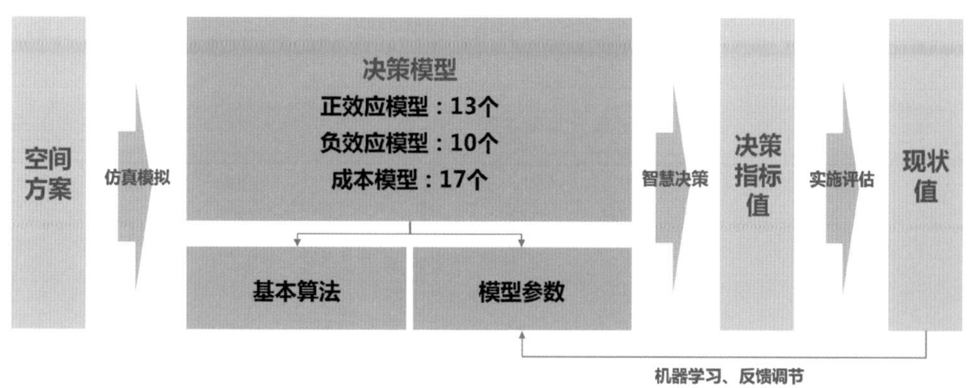

图 7.1 规划方案向决策指标推导的决策模型

1. 正效应清单实现实例：年地区生产总值

基本算法：按照单位用地创造的 GDP/ 单位岗位创造的 GDP 进行核算。具体分为用地概算法（全口径）、用地核算法（分类）、岗位核算法三种方法。年地区生产总值算法模型见图 7.2。

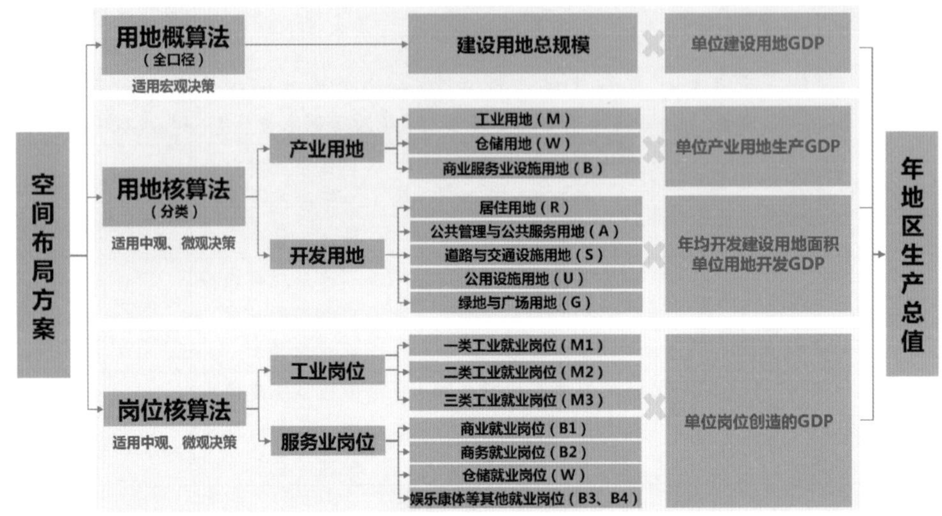

图 7.2　年地区生产总值算法模型

核心参数：单位建设用地 GDP、单位岗位创造的 GDP。

参数来源：依据《武汉市单位 GDP 和固定资产投资规模增长的新增建设用地消耗考核报告》《2018 年度国家级开发区土地集约利用评价》等标准，明确年地区生产总值的核心参数。用地概算法、用地核算法、岗位核算法参数明细见表 7.5。

表 7.5　三种算法参数明细

参数名称			参数值	单位
1. 用地概算法	单位建设用地 GDP		10	亿元 / 平方千米
2. 用地核算法	单位产业用地生产 GDP	工业用地	8000	万元 / 公顷
		仓储用地	3000	万元 / 公顷
		商业服务业设施用地	20000	万元 / 公顷
	单位用地开发 GDP	居住用地	3000	万元 / 公顷
		公共管理与公共服务用地	2500	万元 / 公顷
		道路与交通设施用地	1500	万元 / 公顷
		公用设施用地	1500	万元 / 公顷
		绿地与广场用地	1000	万元 / 公顷

续表

参数名称				参数值	单位
3. 岗位核算法	单位岗位创造的 GDP	工业岗位	一类工业就业岗位	45	万元 / 个
			二类工业就业岗位	50	万元 / 个
			三类工业就业岗位	55	万元 / 个
		服务业岗位	商业就业岗位	25	万元 / 个
			商务就业岗位	35	万元 / 个
			仓储就业岗位	20	万元 / 个
			娱乐康体等其他就业岗位	30	万元 / 个

2. 负效应清单实现实例：城市生活垃圾产生量

基本算法：在宏观层面，该项指标采用人均指标法予以估算；在中观、微观层面，按居住区、商业区、企事业区、交通场站区、清扫保洁区等功能区域，采用人均生活垃圾日产生量、单位经营面积生活垃圾日产生量等指标计算。城市生活垃圾产生量算法模型见图 7.3。

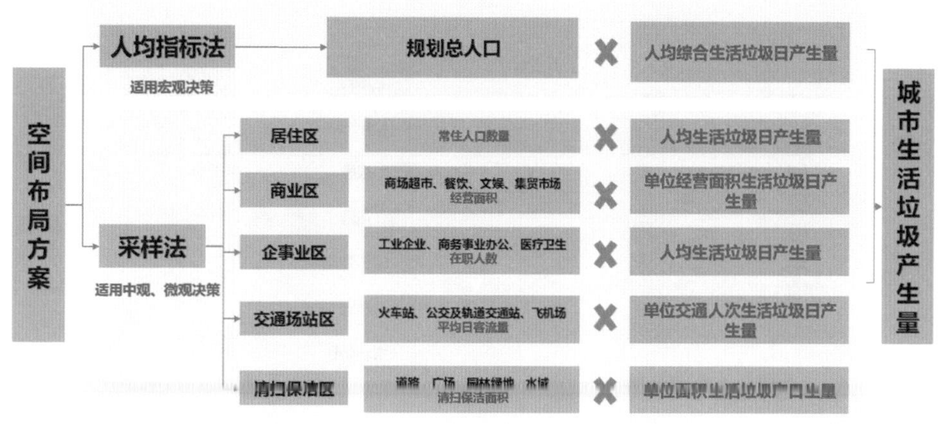

图 7.3 城市生活垃圾产生量算法模型

核心参数：人均综合生活垃圾日产生量、单位经营面积生活垃圾日产生量、单位交通人次生活垃圾日产生量等。

参数来源：依据国家标准《生活垃圾产生量计算及预测方法》明确城市生活垃圾产生量的核心参数。城市生活垃圾产生量算法参数明细见表 7.6。

表 7.6 城市生活垃圾产生量算法参数明细

参数名称		参数值	单位
人均综合生活垃圾日产生量		1.5	千克 /（人・天）
居住区	人均生活垃圾日产生量	1	千克 /（人・天）
商业区	单位经营面积生活垃圾日产生量	0.03	千克 /（平方米・天）
企事业区	人均生活垃圾日产生量	0.7	千克 /（人・天）
交通场站区	单位交通人次生活垃圾日产生量	0.2	千克 /（人・天）
清扫保洁区	单位面积生活垃圾日产生量	0.005	千克 /（平方米・天）

3. 成本清单实现实例：土地征收成本

基本算法：在规划建设用地的基础上扣除已征用地形成未征用地，并叠加土地利用现状图，得到耕地、菜地、果园、茶园等不同用地的规模，乘以单位土地征地补偿标准得到土地征收成本。土地征收成本算法模型见图 7.4。

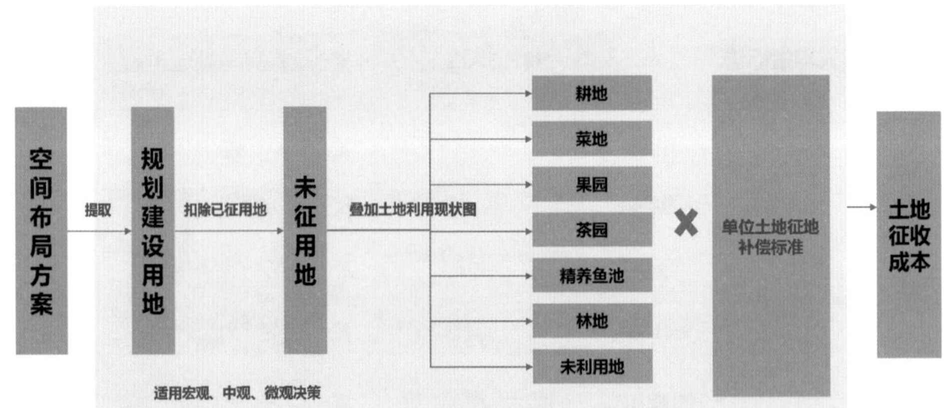

图 7.4 土地征收成本算法模型

核心参数：单位土地（耕地、菜地、果园、茶园、精养鱼池、林地、未利用地）征地补偿标准。

参数来源：依据《湖北省征地统一年产值标准和区片综合地价》《湖北省征地补偿安置倍数、修正系数及青苗补偿标准》等标准确定土地征收成本的核心参数。土地征收成本算法参数明细见表 7.7。

表 7.7 土地征收成本算法参数明细

<table>
<tr><th colspan="4">参数名称</th><th>参数值</th><th>单位</th></tr>
<tr><td rowspan="14">单位土地征地补偿标准</td><td rowspan="7">一类区</td><td rowspan="7">谌家矶、武湖、阳逻</td><td>耕地</td><td>47250</td><td>元 / 亩</td></tr>
<tr><td>菜地</td><td>51975</td><td>元 / 亩</td></tr>
<tr><td>果园</td><td>51975</td><td>元 / 亩</td></tr>
<tr><td>茶园</td><td>51975</td><td>元 / 亩</td></tr>
<tr><td>精养鱼池</td><td>51975</td><td>元 / 亩</td></tr>
<tr><td>林地</td><td>51975</td><td>元 / 亩</td></tr>
<tr><td>未利用地</td><td>47250</td><td>元 / 亩</td></tr>
<tr><td rowspan="7">二类区</td><td rowspan="7">三里、六指、大谭、仓埠、汪集</td><td>耕地</td><td>43050</td><td>元 / 亩</td></tr>
<tr><td>菜地</td><td>47355</td><td>元 / 亩</td></tr>
<tr><td>果园</td><td>47355</td><td>元 / 亩</td></tr>
<tr><td>茶园</td><td>47355</td><td>元 / 亩</td></tr>
<tr><td>精养鱼池</td><td>47355</td><td>元 / 亩</td></tr>
<tr><td>林地</td><td>47355</td><td>元 / 亩</td></tr>
<tr><td>未利用地</td><td>43050</td><td>元 / 亩</td></tr>
</table>

7.2.3 智慧决策应用场景构建

结合城市管理与建设、规划管理与实施评估等需求，构建了规划综合决策与规划专题决策的智慧决策场景。

1. 应用场景一：规划综合决策

服务对象：规划决策者（市领导、局领导）。

决策场景：市（区）规委会、城建会等。

决策事项：对某一片区综合规划的正效应、负效应、成本等进行综合评判。

决策案例：长江新城总体规划、起步区规划。长江新城智慧决策分析平台成本清单见图 7.5，长江新城智慧决策分析平台方案比较场景见图 7.6。

2. 应用场景二：规划专题决策

服务对象：行业主管部门领导。

决策场景：规划专题会议（园林绿化、交通市政等）。（见图 7.7 至图 7.17）

决策事项：对某一专项规划的正效应、负效应、成本等进行综合评判。

决策案例：长江新城的产业规划、综合交通规划等专项规划。

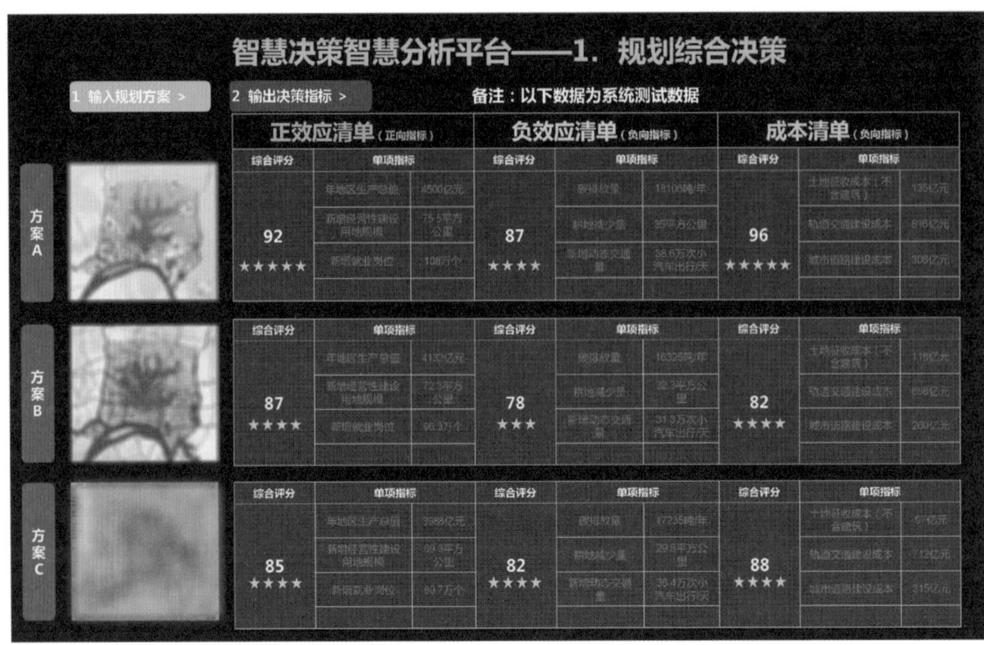

图 7.5 长江新城智慧决策分析平台成本清单

智慧决策智慧分析平台——1. 规划综合决策

方案A　方案B　方案C

一、正效应清单

指标	计算结果	单位
年地区生产总值	4500	亿元
年财政收入	900	亿元
经营性建设用地规模	75.5	平方公里
新建住宅用地规模	28	平方公里
就业岗位	108	万个
驻留人口	300	万人
人均公园绿地面积	19	平方米/人
公园绿地500米覆盖率	90	%
轨道交通站点800米半径覆盖率	95	%
中小学覆盖率	98	%
人均体育用地面积	0.8	平方米
千人医院床位数	8	床
百名老人养老床位数	4	床

二、负效应清单

指标	计算结果	单位
城市生活污水排放量	27835	万立方米/年
城市生活垃圾产生量	94.9	万吨/年
工业企业废水排放量	-	万吨/年
工业企业废气排放量	-	万立方米/年
工业企业废渣产生量	-	万吨/年
碳排放量（碳足迹）	18106	吨/年
总能耗	305	万吨标煤
总水耗	33945	万立方米
耕地减少量	-	万亩
水面减少量	0	万亩

三、成本清单

指标	计算结果	单位
征收土地规模	-	亩
拆迁建筑量	-	万平方米
“七通一平”场地面积	-	亩
建设周期	30	年
中小学建筑面积	900	万平方米
医疗卫生设施建筑面积	240	万平方米
文体设施建筑面积	180	万平方米
社会福利设施建筑面积	150	万平方米
轨道交通长度	186	千米
城区道路长度	1280	千米
停车泊位数	30	万个
客运枢纽场站个数	24	个
综合管廊长度	130	千米
给水管道长度	800	千米
污水管道长度	850	千米
110千伏以上电力线路长度	200	千米
燃气管网长度	450	千米

图 7.6 长江新城智慧决策分析平台方案比较场景

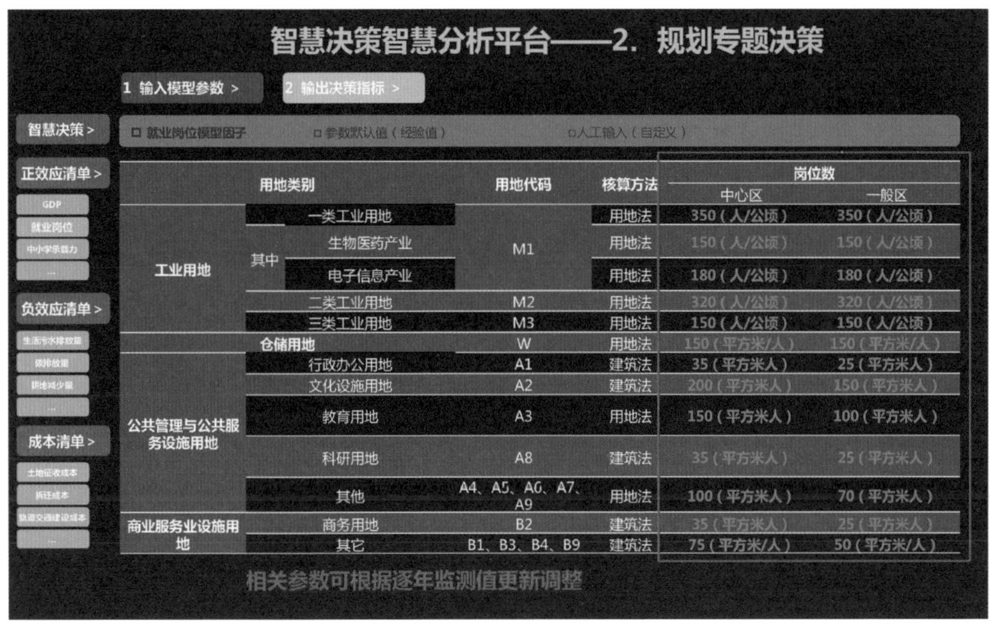

用地类别			用地代码	核算方法	岗位数 中心区	岗位数 一般区
工业用地	一类工业用地		M1	用地法	350（人/公顷）	350（人/公顷）
	其中	生物医药产业		用地法	150（人/公顷）	150（人/公顷）
		电子信息产业		用地法	180（人/公顷）	180（人/公顷）
	二类工业用地		M2	用地法	320（人/公顷）	320（人/公顷）
	三类工业用地		M3	用地法	150（人/公顷）	150（人/公顷）
仓储用地			W	用地法	150（平方米/人）	150（平方米/人）
公共管理与公共服务设施用地	行政办公用地		A1	建筑法	35（平方米人）	25（平方米人）
	文化设施用地		A2	建筑法	200（平方米人）	150（平方米人）
	教育用地		A3	用地法	150（平方米人）	100（平方米人）
	科研用地		A8	建筑法	35（平方米人）	25（平方米人）
	其他		A4、A5、A6、A7、A9	用地法	100（平方米人）	70（平方米人）
商业服务业设施用地	商务用地		B2	建筑法	35（平方米人）	25（平方米人）
	其它		B1、B3、B4、B9	建筑法	75（平方米/人）	50（平方米/人）

图 7.7 规划专题决策场景——输出决策指标

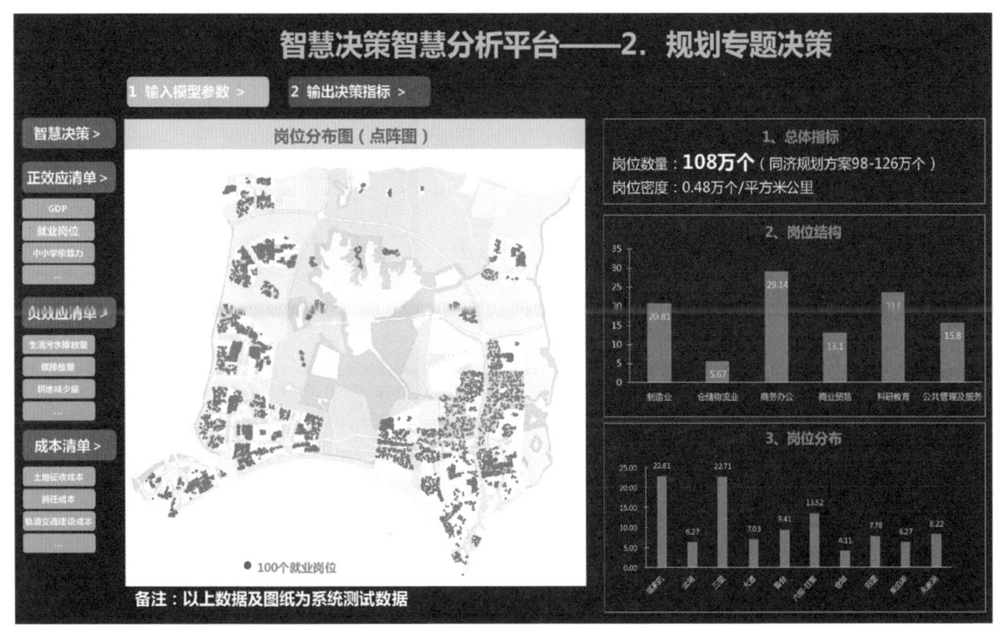

图 7.8 规划专题决策场景——岗位分布图示例

图 7.9 规划专题决策场景——岗位密度图示例

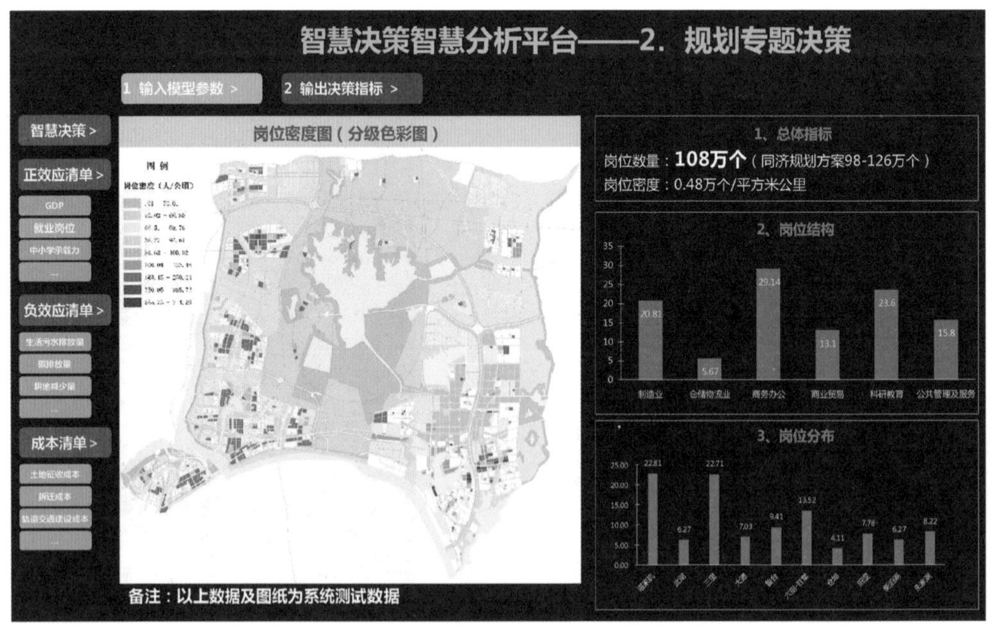

图 7.10 规划专题决策场景——GDP 分布图示例

图 7.11 规划专题决策场景——三张清单决策示例

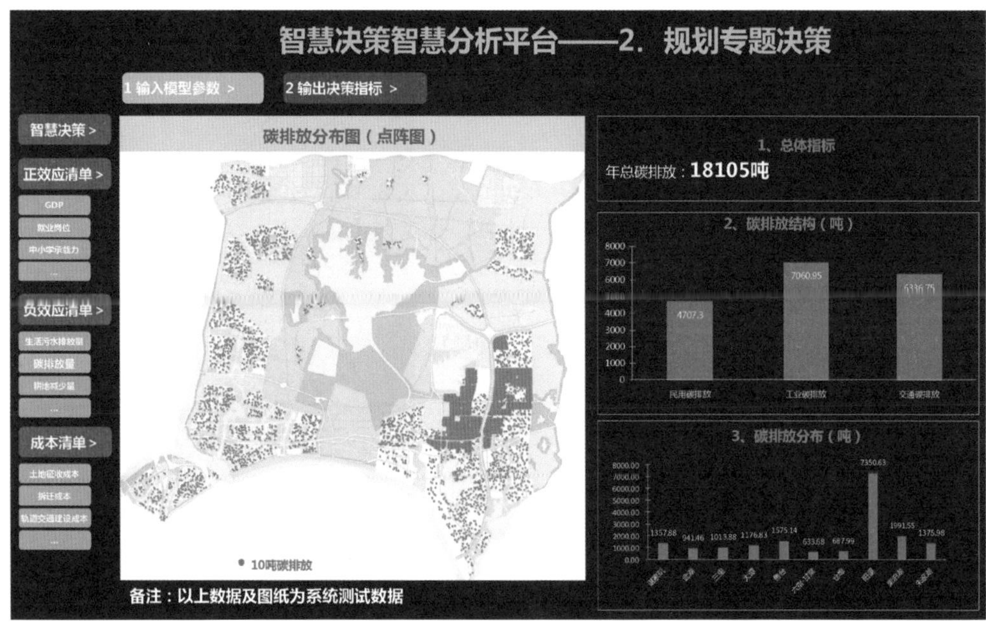

图 7.12 规划专题决策场景——碳排放分布图

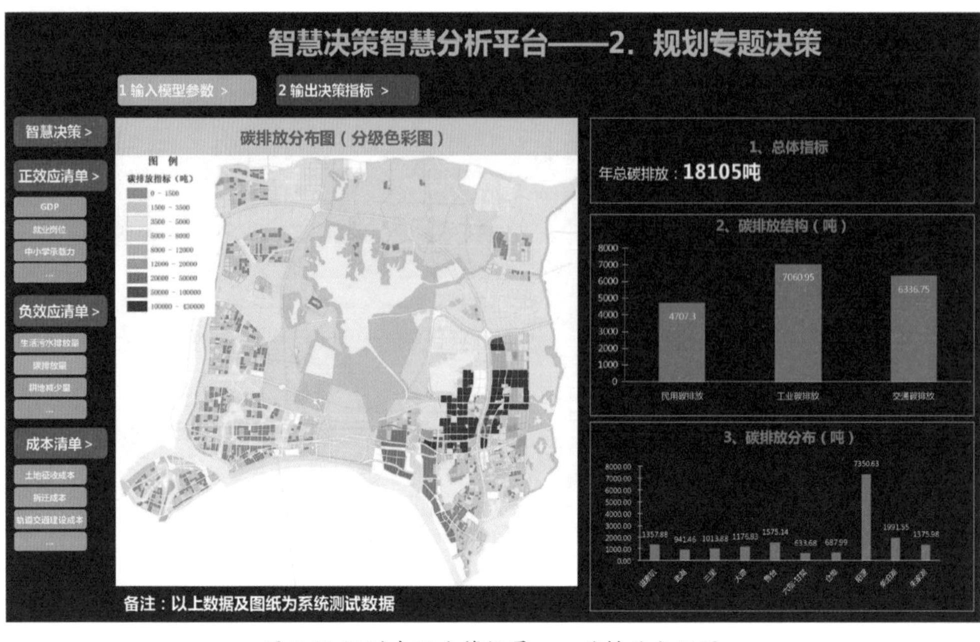

图 7.13 规划专题决策场景——碳排放分级图

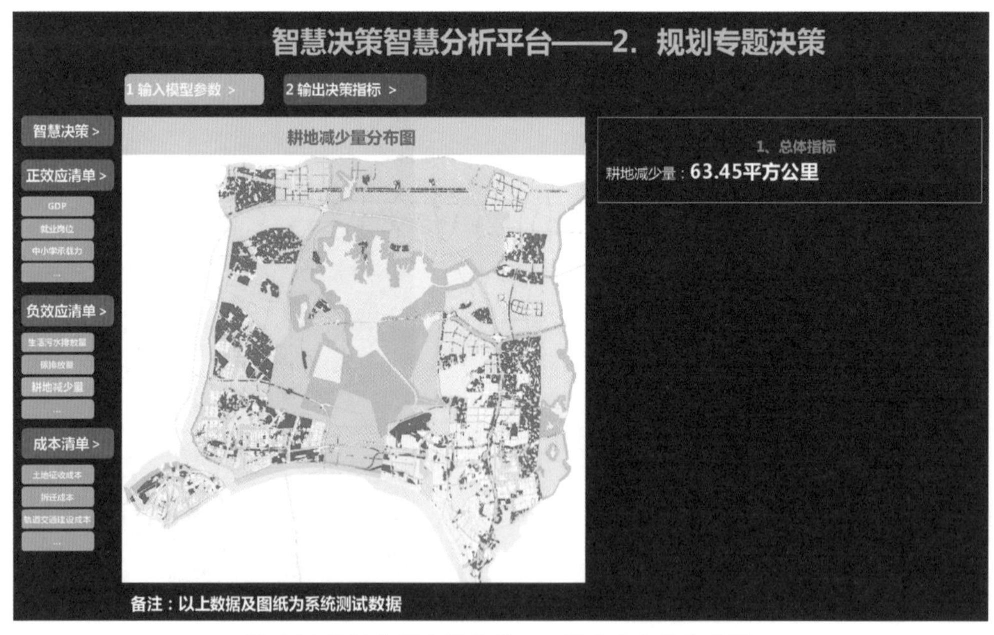

图 7.14 规划专题决策场景——耕地减少量分布图

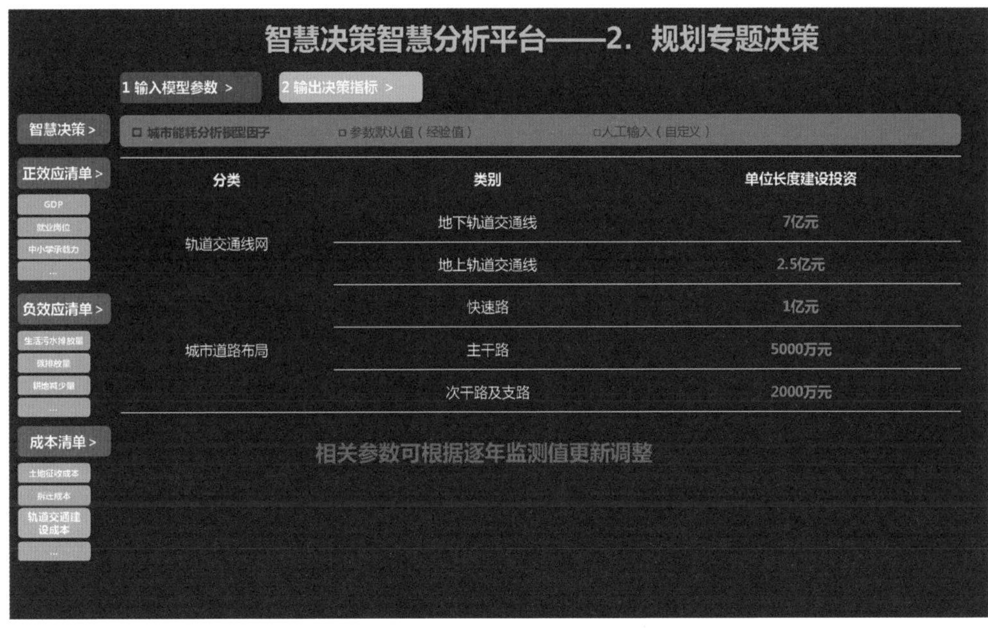

图 7.15 规划专题决策场景——城市交通成本清单

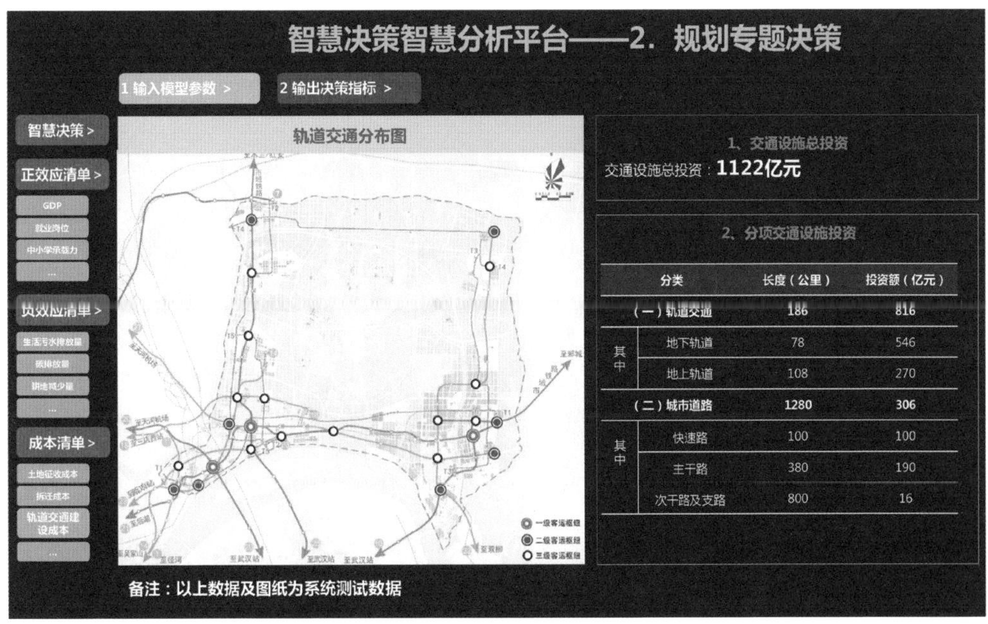

图 7.16 规划专题决策场景——轨道交通分布图

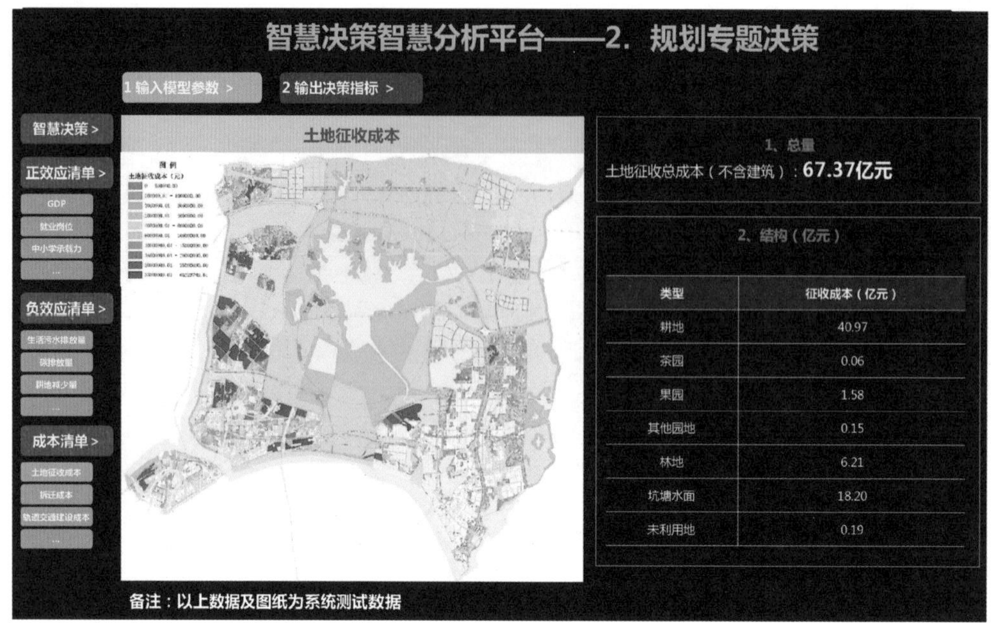

类型	征收成本（亿元）
耕地	40.97
茶园	0.06
果园	1.58
其他园地	0.15
林地	6.21
坑塘水面	18.20
未利用地	0.19

图 7.17 规划专题决策场景——土地征收成本清单

7.3 “智慧大脑”建设

“智慧大脑”是“计算式”城市仿真的重要组成部分，是服务国土空间规划编制、规划管理、监督实施的重要支撑，更是实现现代化治理的重要途径，为管理者提供决策支撑的重要依据。“智慧大脑”是开启探索“计算式”城市仿真的最高层次，本书主要从构建国土空间规划“机审”工具、建筑规划方案智能“图审”工具和规划设计条件自动提取工具三个方面，介绍武汉城市仿真实验室开展“智慧大脑”的探索与建设实际。

7.3.1 国土空间规划“机审”工具

国土空间规划“机审”工具主要是面向国土空间规划审查审批工作，发挥机器快速、精准的特点，开发软件工具，协助用地规划方案审查与管理；将可规则化、标准化的客观性审查内容，采用“机审”方式，进行快速比对与计算；与“人审”的专业判断相结合，完成用地规划方案的协审；促进用地规划成果的规范性、审查的精准性和管理的智能性，实现审查通过即入库。

1.“机审”工具实现思路

从规范性、符合性、合理性三个方面，开展国土空间规划“机审”工作。规范性是指对用地规划成果的数据完整性、规范性和图数一致性进行审查；符合性是指以“一张规划蓝图”为依据，利用机器对上位规划中的强制性、约束性和引导性内容进行比对，研判用地规划方案的符合性；合理性是指从指标合理性、布局合理性、结构合理性等方面审查用地规划方案的合理性（以指标合理性为主，布局和结构合理性有待探索）。国土空间规划“机审”工具实现思路见图 7.18。

图 7.18 国土空间规划“机审”工具实现思路

2. 梳理机审对象，拟定机审模板

对接新的规划编制体系，根据武汉市正在开展的规划编制体系的构建工作，以及规划方案审查需求，以总体规划、分区规划、控规导则、控规细则、专项规划为重点目标，分别梳理各类型规划和建设项目的审查内容，形成审查清单。

总体规划审查的重点内容包括人口与用地规模、空间布局和功能分区、交通布局、基础设施和环境保护、规划实施、技术规范与标准等。

分区规划审查的重点内容包括上位规划要求、人口与用地规模、空间布局和功能结构、技术规范与标准等。

控规导则审查的重点内容包括上位规划要求、人口与用地规模、公共服务设施与市政公用设施配套标准、绿地系统、交通系统、专业或专项规划的衔接、技术规范与标准等。

控规细则审查的重点内容包括上位规划要求、人口与用地规模、公共服务设施与市政公用设施配套标准、绿地系统、交通系统、开发强度密度与设施承载力、专业或专业规划的衔接、技术规范与标准等。

专项规划审查的重点内容包括根据各类专项规划的特点分别制定的内容。

针对不同类型规划，从规范性、符合性、合理性等方面提出规划机审模板，并按照人机互补的方式确定人审、机审的内容与边界。

3. 梳理形成审查规则

审查规则主要分为技术性规则和管理性规则两类。其中技术性规则是以总体规划、详细规划、专项规划（根据工作实际，包括三区三线、法定规划、专项规划、一张蓝图、其他规划等）的分类，形成上位规划与待审规划之间的比对规则；管理性规则包括有关的政策、法规、技术标准和规范的梳理与转译。

按照“符合、兼容、不符合”等原则（不限于此），逐一穷举被审查对象的每类用地与上位规划中每类用地的相互对应规则、依据、处置建议等内容，形成审查规则清单和建立完整的审查规则库指导后续软件工具的开发。国土空间规划“机审”工具规则依据见图7.19。

4. 软件功能开发与实现

按照总体规划、分区规划、控规导则、控规细则和专项规划分别建立应用场景，开展规划方案及建设项目“机审”软件功能设计，将各项审查规则逐一转译为机器语言，并进行软件功能开发和数据接入。“机审”工具软件架构图见图 7.20，仿真实验室平台“机审”工具审查结果示例见图 7.21。

图 7.19 国土空间规划“机审”工具规则依据

图 7.20 “机审”工具软件架构图

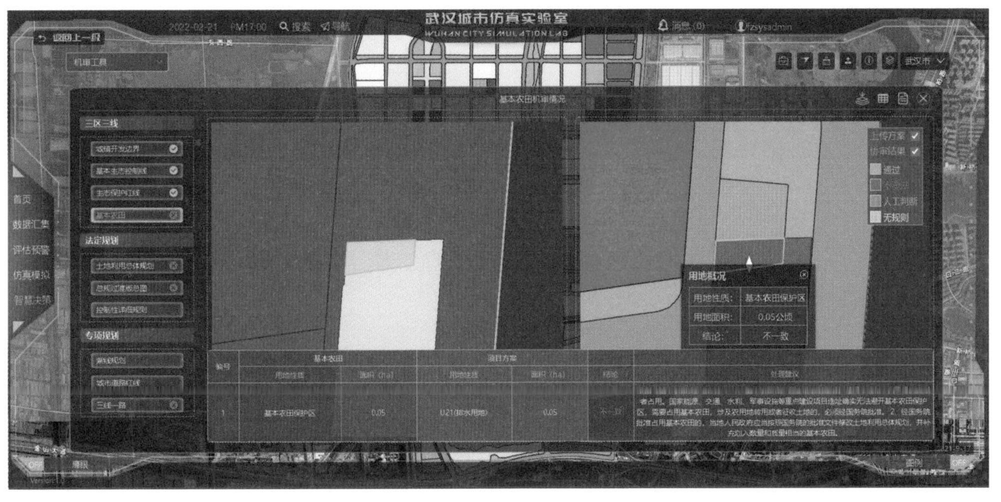

图 7.21 仿真实验室平台“机审”工具审查结果示例

7.3.2 建筑规划方案智能“图审”工具

在“计算式”城市仿真总体框架下，通过技术创新和流程优化，开展建筑规划方案“图审”模块建设，采用“机器代人”的方式，提升建筑规划方案审查的精准性，提升规划工作的智能化、精细化管理水平。

1. 建立审查清单

研究解读“汉十条”“248 号令”、《武汉市建设工程建筑面积计算规则》等相关规范，梳理经济技术指标、强条审查要点和上位依据等内容，形成建筑规划方案的审查清单，并建立校核指标库和强条审查要素库。如指标校核库中的用地面积、建筑量、建筑单体面积、容积率、绿地率、车位数等指标，强条审查要素库中的建筑高度、建筑退距、日照、天际线等审查要素。

2. 建立审查规则库

针对地上、地面、地下空间的组成要素特点，梳理建筑规划方案中的各类审查指标、要素的审查规则，明确审查要素的审查依据、审查要求和审查流程，建立地上、地面、地下空间的审查规则库。如高度管控中黄鹤楼保护规划、机场净空、历史街区保护等管控规则。

3. 制定规划符合性审查模板

根据审查清单，按照审查内容和审查规范，制定审查流程和审查报告等模板。

4. 建立审查模型

1）审查规则数字化转译

按照审查清单和审查规则内容，梳理宜量化的审查指标或要素，将量化规则转译为机器可识别语言，实现审查规则的量化计算。

2）建立数学模型

按照各项指标计算规则、上位规划依据和强条审查等管控要求，建立审查指标或要素的量化数学模型。

3）构建审查模型库

按照可扩展性、可维护性的要求，建立审查模型库，兼容未来管控政策调整和技术发展，实现审查模型可增加、模型参数可调整。

5. 研发机器“图审”工具

采用“双模双待”的模式开展模块建设，迅速完成 CAD“图审”，预留数据和模型调用接口，接入 BIM 成果数据，实现 BIM“图审”。

1）基于 CAD“图审”工具研发

按照可操作性、简便性原则，从 CAD 文件的坐标系、图层命名、注记、线型及填充、图件配饰等方面，制定制图标准技术规范，明确成果文件中各项要素的规范，并与制图审查工具衔接，便于审查成果快速入库。

2）研发制图审查工具

按照 CAD 制图标准，提供制图成果规整软件，便于数据质检、校核和入库。按照制图标准，对报建项目的 CAD 文件进行规范性检查，自动输出检查报告，提醒成果修改完善，确保成果符合审查标准。基于 CAD 的图审示例图见图 7.22。

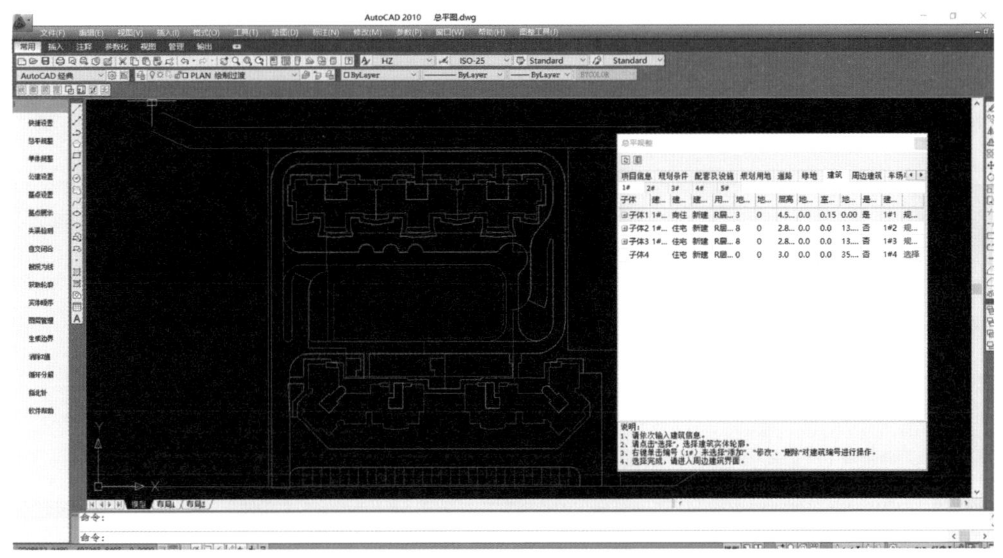

图 7.22 基于 CAD 的图审示例图

3）研发审查工具

研发指标校核和强条性审查工具。基于交付成果，进行数据可视化展示，按照审查内容、规范流程，实现建筑规划方案各项指标高效、精准校核和强条智能化审查，并生成审查报告。按照仿真实验室的数据标准，对审查通过的方案成果进行入库管理。指标校核审查结果示例图见图 7.23。

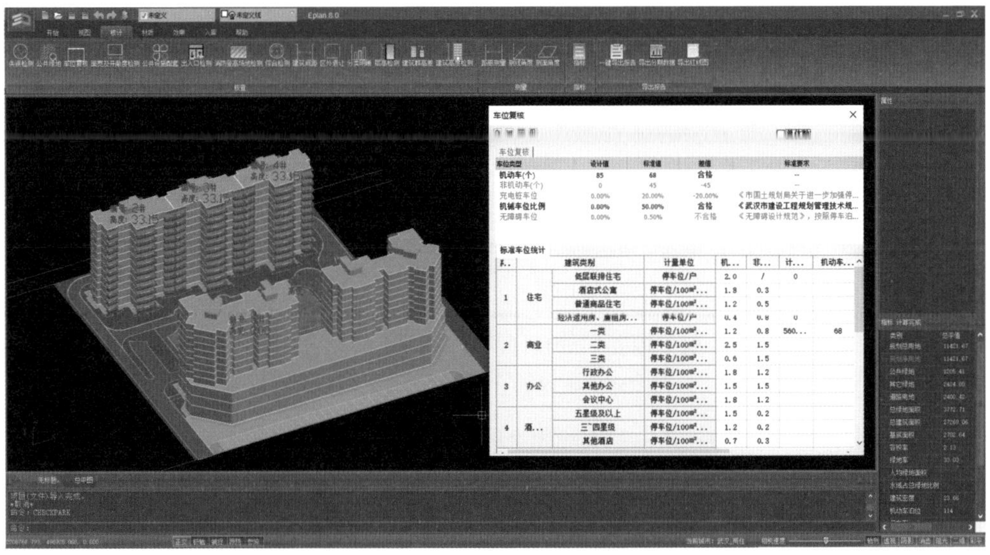

图 7.23 指标校核审查结果示例图

4）基于BIM的“图审”工具研发

基于BIM的“图审”涉及BIM建模技术研究、BIM模型轻量化研究、BIM数据标准研究和BIM要素识别，实现BIM成果数据的接入。基于BIM的“图审”工具见图7.24。

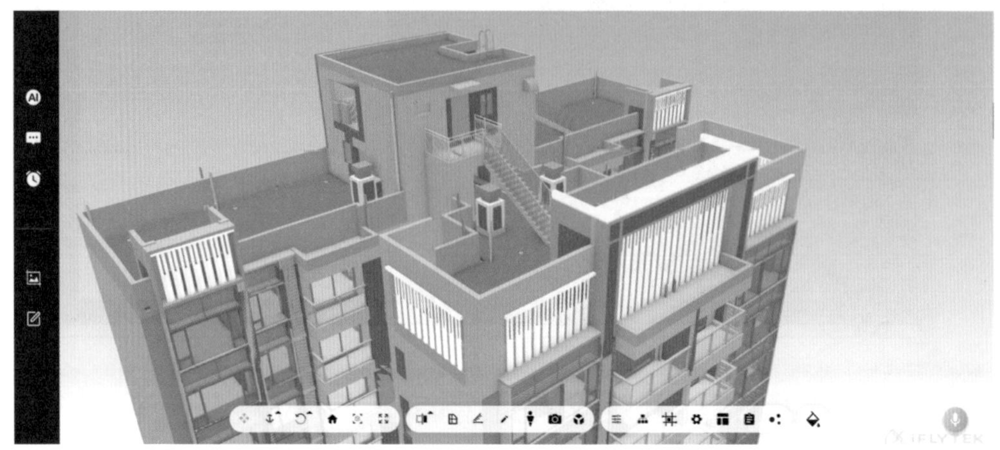

图7.24 基于BIM的“图审”工具

7.3.3 规划设计条件自动提取工具

在“计算式”城市仿真的总体框架下，研究建立自动化、智能化的规划设计条件生成工具，提供自动生成规划设计条件并全过程管理的“机器代人”工具，提高规划设计条件生成工作的公正性和高效性，提升规划行政许可的标准化和智能化水平。

1. 实现思路

（1）梳理现有规划设计条件、有关规划及研究成果、政策法规等，总结并形成现有工作基础。

（2）全面梳理规划设计条件所涉及的管控要素，并根据不同类型的建设项目研究设计规划设计条件机器提取模板。

（3）基于上述工作，梳理形成规划设计条件要素清单，确定各项要素的数据来源和计算规则，提出各类数据遵循的技术要求。

（4）根据要素清单开展管控要素的转译与入库；同时，结合实际需求，开展规划设计条件自动提取模块的框架设计与工程化开发。

（5）结合现有规划设计条件和实际建设项目，对上述成果进行验证与试运行。规划设计条件自动生成模块主要思路见图7.25。

2. 规划设计条件管控要素梳理与模板研究

根据已有规划设计条件模板和不同类型建设项目的特点，从规划用地情况、土地使用强度、公共服务设施配套、建筑与城市设计、市政交通控制、特殊要求等方面，梳理规划设计条件的条目和内容，形成规划设计条件要素清单，并明确每项要素的数据来源和计算规则。针对不同类型建设项目，提出规划设计条件的内容、呈现形式，分类设计规划设计条件机器提取模板。规划设计条件管控要素梳理与模板见图 7.26。

3. 规划设计条件管控要素转译与入库

基于规划设计条件要素清单和不同类型建设项目的规划设计条件模板，研究管控要素的转译与入库机理和方法。

1）规划成果依据库建设

结合规划设计条件要素清单和模板，梳理确定所需要的规划成果和相关依据，分类形

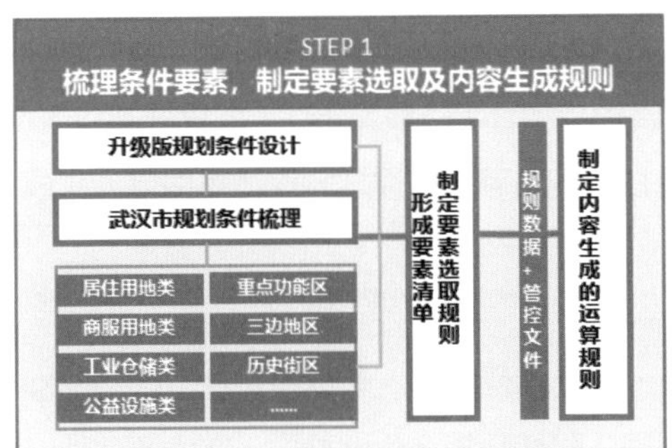

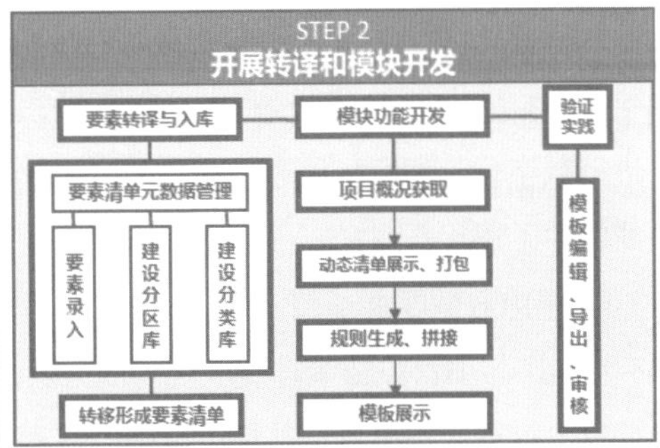

图 7.25 规划设计条件自动生成模块主要思路

类别	内容	R（居住用地）				B（商服用地）				M+W		公益性设施用地			
——	——	一般地区	三边地区	重点功能区	历史风貌区	一般地区	三边地区	重点功能区	历史风貌区	一般地区	三边地区	一般地区	三边地区	重点功能区	历史风貌区
规划用地情况	规划用地面积	√	√	√	√	√	√	√	√	√	√	√	√	√	√
	规划用地性质	√	√	√	√	√	√	√	√	√	√	√	√	√	√
	用地位置	√	√	√	√	√	√	√	√	√	√	√	√	√	√
土地使用强度	建筑面积	√	√	√	√	√	√	√	√	√	√	√	√	√	√
	容积率	√	√	√	√	√	√	√	√	√	√	√	√	√	√
	建筑密度	√	√	√	√	√	√	√	√	√	√	√	√	√	√
	建筑高度	√	√	√	√	√	√	√	√	√	√	√	√	√	√
	绿地率	√	√	√	√	√	√	√	√	√	√	√	√	√	√
	附属建筑物	--	--	--	--	--	--	--	--	√	√	--	--	--	--
公共服务设施	总体要求	√	√	√	√	--	--	--	--	--	--	--	--	--	--
	社区工作服务用房	√	√	√	√	--	--	--	--	--	--	--	--	--	--
	养老服务用房	√	√	√	√	--	--	--	--	--	--	--	--	--	--
	幼儿园	√	√	√	√	--	--	--	--	--	--	--	--	--	--
	其他设施	o	o	o	o	o	o	o	o	--	--	o	o	o	o
建筑与城市设计	总体要求	√	√	√	√	√	√	√	√	√	√	√	√	√	√
	建筑退距	√	√	√	√	√	√	√	√	√	√	√	√	√	√
	开敞度	o	√	√	√	o	√	√	√	--	√	o	√	√	√
	公共空间	o	o	√	√	o	o	√	√	--	--	o	o	√	√
	建筑立面	o	o	√	√	o	o	√	√	--	--	o	o	√	√
	建筑形态、贴线率、色彩等控制要求	o	o	√	√	o	o	√	√	--	--	o	o	√	√

注：公服总体要求是满足《武汉市居住区公共服务设施配套标准》等相关要求。
建筑与城市设计总体要求指满足《武汉市建设工程规划管理技术规定》（市政府248号令）《关于印发武汉市建筑管理审批指导意见的通知》（武土资规发〔2017〕99号等要求

图 7.26 规划设计条件管控要素梳理与模板

成规划成果清单，应包括管控要素分类、管控要素名称、来源规划名称、规划类别、编制单位、批复时间、批复层级及文号、建库情况等信息。

依据规划成果清单，清理现有规划成果，形成规划成果的分期建设计划，逐步研究和构建规划成果依据数据库。

2）管理规则依据库建设

根据规划设计条件要素清单和模板，系统梳理规划设计条件中涉及的政策、管理规定、技术标准等内容，形成管理规则依据库，应包含文件名称、发文机构、文号、有效期、文本内容等信息。将管理规则逐一转译为数字化语言，形成逻辑清晰、计算机可识别的数字化管理语言，指导模块的软件工程化开发。

3）项目审批流程库建设

梳理不同类型建设项目的行政许可流程，形成计算机逻辑规则。包括梳理规划设计条件生成及接入审批平台的流程图，梳理每个节点的上下环节、触发条件、处置规则和依据，并进行数字化、规则化处理，建立项目审批流程库等内容，支撑规划设计条件自动生成模块的软件工程化开发。

4）提出数据要求规范

为确保各项管控要素涉及的规划成果数据、建设项目数据能够进行快速、顺利、准确的计算，梳理并提出各项数据应遵循的基本规则，包括数据名称、格式、字段及属性、空间拓扑规则等系列要求。管控数据要求规范见图 7.27。

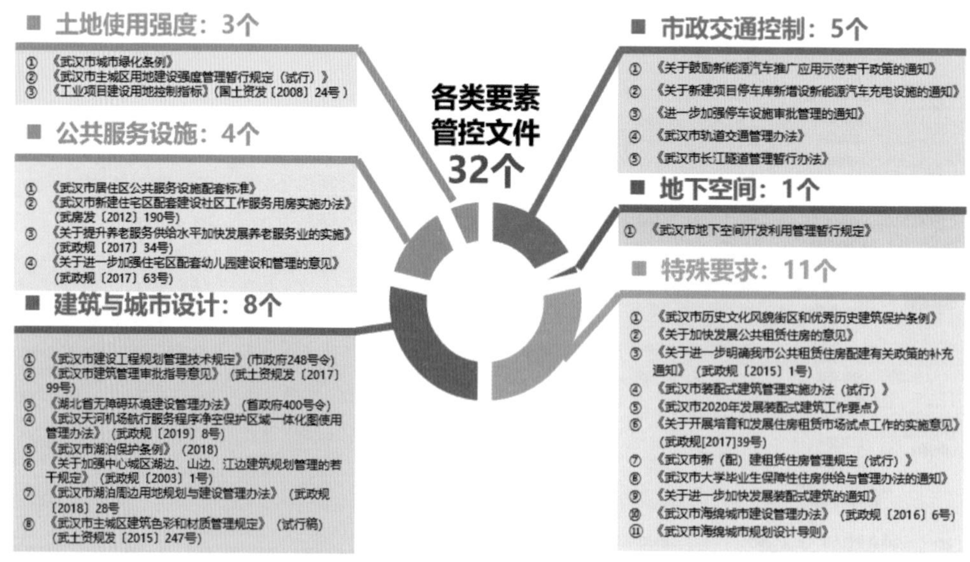

图 7.27 管控数据要求规范

4. 规划设计条件自动提取模块开发

根据规划设计条件模板、要素清单、规划成果依据和管理规则依据，以及项目审批流程，开展自动提取软件工程化开发，实现不同类型建设项目规划设计条件的机器自动提取、人工审核和数据打包功能。规划设计条件自动提取模板见图 7.28。

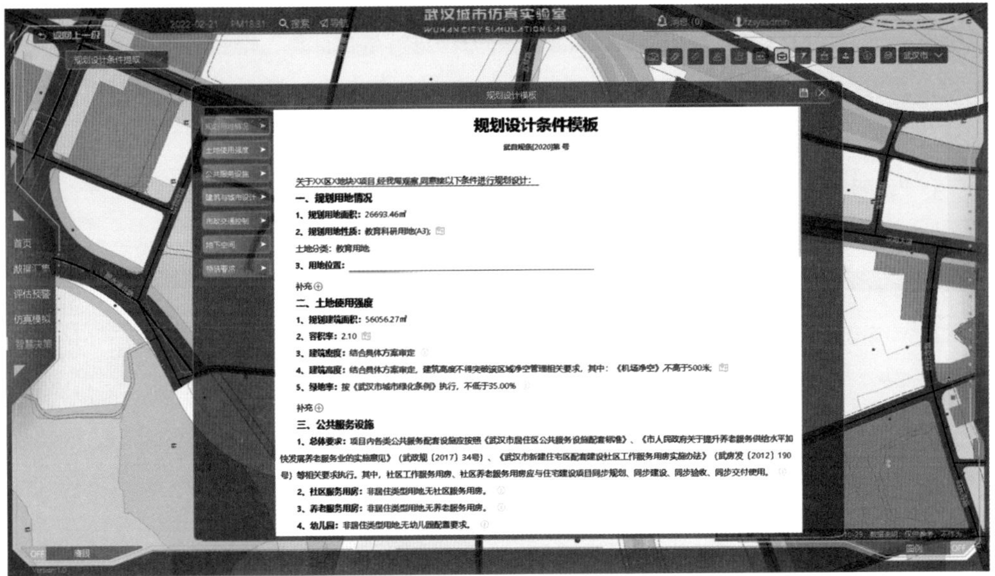

图 7.28 规划设计条件自动提取模板开发

7.4 小结

1. 智慧决策需要严密的逻辑体系

信息时代意味着决策者需要掌握海量信息，与之相伴的则是信息的“混乱”与“过载”，也称之为“信息爆炸”。因此，会造成两方面的结果：一是有效信息与无效信息相互交织，准确地对这些信息进行筛选和“去伪存真”的过程需消耗很多精力，同时对决策者也是巨大的考验；二是决策辩证双方对信息的掌握程度严重不对称，使得决策者难以进行科学决策。在信息时代，高效智慧的决策模式需要有完善的价值取向、知识框架和逻辑思维，由此建立起全面、完善和可靠的智慧决策逻辑支撑体系。本书从正效应、负效应和成本等多个维度，探索构建了数据、指标、模型和应用场景的智慧决策逻辑体系，并以“三张清单”的方式，将决策内容进行分级分类、条目化、空间化表达，为决策者提供全方位的、精确的信息支撑，以便在不同价值引领下更加科学地做出决策，实现了智慧决策理论、方法和实践应用的闭环。

2. 量化计算是决策智慧化的基础

从人们决策经验中可以了解到，在面对重要决策时，需要从源头收集更多的信息，保持理性的判断能力，通过敏锐的洞察力、准确的控制力和有效的决断力，才能全面把握决策过程，做出最有利的合理的决策。在这个决策的场景中，很重要的一环便是对海量信息的分析与结果比对和不断矫正。与此类似，智慧决策之所以智慧，其根本是在严密的决策逻辑体系下，对海量的数据和信息按照既定的方法进行量化计算，得到各类决策要素的指标值，并与指标的对标值进行反复对标，权衡利弊，在不同价值取向下，快速做出多方案定量化比对，为决策者提供全面精准的判断依据。

3. "机器代人"是智慧决策的基本方法

近年来，以数字化、网络化、智能化制造为标志的新一轮技术革命，成为推动制造业升级的重要力量。以机器人为代表的智能制造已经成为制造业转型的标志之一。"机器代人"已经成为各行各业在新时代转型升级的重要标志，其本质则是自动化，运用"机器"标准、客观、高效、公平、公正等特点，将人的意志经过信息处理、分析判断、操纵控制，形成一套替代人工的生产工具，以此来提高工作效率。在本书智慧决策论述当中，已经构建了国土空间规划"机审"工具、建筑规划方案智能"图审"工具和规划设计条件自动提取工具，并推向国土空间治理工作的相关环节，在规划审查、建筑图审、规划条件核提等专业领域发挥了重要作用。由此可见，将人的智慧转化为机器能够识别、运行与执行的逻辑规则和机器语言，从而实现"机器代人"是构建智慧决策体系的基础。

8 结语

8.1 结束语

可以看出，“计算式”仿真有别于传统的“情景式”仿真。“情景式”仿真是基于大量的案例（或者样本），按细分要素对案例进行情景解析，然后通过细分要素对模拟对象进行相似度“匹配”，推演形成仿真结论。而“计算式”仿真是将影响模拟对象的各要素，建立专业化模型进行模拟计算，然后将各要素的专业运算结果叠加，形成综合性、复合性的仿真结论。

两者相比较，“情景式”仿真重在相似场景的比选，要以海量案例作为支撑，以保证模拟的准确性。而“计算式”仿真重在专业化计算和过程推演，一是需要精细地分解影响要素，特别是要抓住决定模拟对象发展趋势的主要要素。二是需要建立精准的专业化计算模型和参数。三是要科学地处理好各专业要素之间的叠加效应。鉴于城市的复杂性、多变性和开放性，“计算式”城市仿真的难度极其之高。但是，“计算式”城市仿真具有的本质特征，即随着计算要素的不断增加、计算模型的不断精准，仿真模拟结果总是不断接近于真实，使之具有很高的科学性和长久的生命力。

在中央提出“推进国家治理体系和治理能力现代化”的大背景下，武汉市自然资源和规划局决定成立武汉城市仿真实验室，并大力推进“计算式”城市仿真技术，正是基于需要精准把握城市发展脉络和城市演进规律，以便实施现代化城市治理的初衷，旨在运用大数据和仿真技术，对城市进行动态感知、科学引导和系统把控，提前科学管理，让城市更加智慧。经过三年来的思考和实践，武汉城市仿真实验室在信息汇交、评估预警等方面取得一定成绩，在智慧工具和管理应用等方面进行了有益尝试，得到业内认可，但是在模拟仿真、智慧决策等方面还需要大量积累。

未来，武汉城市仿真实验室将在二三维一体化、城市信息模型建设、“计算式”交通仿真、自动评估预警、“机器规划”、辅助审批管理等方面积极探索，为全国自然资源和国土规划现代化治理工作提供武汉样本。

8.2 未来展望

无论是国家对城市治理的现代化要求，还是当前城市发展阶段的转型发展需求，亦或是科学技术成就对城市治理方式转变带来的机遇，都表明对城市自然资源和空间的规划、建设、管理等治理工作都需要摆脱粗放式的、低效率的方式，逐步推进数字化转型，向科技要动力、要方法、要效益，通过数据驱动的城市计算、感知、决策，以及智能化和精细化治理，实现城市更高质量发展和更加宜居。

本书全面阐述了通过“计算式”城市仿真探索超大城市现代化治理路径的设想、方法和实践。为我们开展新时期的城市工作打开了一扇窗，为亟待转型发展的城市和社会经济建设带来了新的可能。就“计算式”城市仿真而言，它是一项系统性和多学科交叉的工作，是以计算机、数据科学和城市为基础，与空间规划、社会、经济、交通、能源、环境、管理和地理等学科交叉融合的新兴领域。具体而言，“计算式”城市仿真是一个通过汇聚、整合多源异构的城市时空数据，研究模型算法来计算模拟城市运行，以此感知城市现象、反映城市问题，进而预演人类活动和决策对城市未来产生的影响，并及时干预矫正的过程。这一过程涉及多学科的交叉融合，多种技术的协同应用，多源数据的综合治理，多要素的模拟仿真和多需求的应用场景构建，以此帮助人们理解城市现象，预演城市未来。为了实现这一过程，需要从理论研究、技术探索、人才队伍建设等方面进行系统性创新。

在理论研究方面，“计算式”城市仿真还缺乏较为全面的理论指导，需要面向复杂的城市系统，构建“计算式”城市仿真的基础理论，逐步形成全面的、完善的理论体系，为开展全方位的城市计算提供可遵循的、普适性的基本原理。

在技术探索方面，需要借助信息技术的不断进步与创新，既要在时空数据采集、整理、融合、挖掘方面实现突破，支撑城市时空数据质量，形成数字化生态本底，也要在城市感知能力、算法模型研究能力和决策支撑场景构建能力等方面厚积薄发，形成城市计算的综合能力体系。

人才是推动“计算式”城市仿真的根本和关键，因此在人才培养方面，还需要着力培养更多具有数字化思维、城市视野和多学科交叉融合的复合型人才，构建形成更多具有数字化创新能力的技术团队，才能有效推动城市计算这一复杂工程的稳步快速发展。

参考文献

[1] 王志英．马克思恩格斯城市理论及其当代价值 [D]. 镇江：江苏大学，2016.
[2] 曹钢，曹大勇，何磊．论马克思的城市发展思想与国际城镇化百年革命——兼论中国特色城镇化道路的创新问题 [J]. 陕西师范大学学报（哲学社会科学版），2013，42（1）：5-17.
[3] 藏金明．马克思恩格斯城市思想研究 [D]. 保定：河北大学，2018.
[4] 苗圃．马克思和恩格斯的城市观 [D]. 北京：中共中央党校，2014.
[5] 金景芳，吕绍纲，黄中业．生产力与生产关系的矛盾是社会历史发展的根本动力 [J]. 吉林大学社会科学学报，1980（4）：1-11.
[6] 刘奇．种业变革与农业革命 [J]. 群言，2021（5）：8-10.
[7] 米哈伊·德勒格内斯库，水金．第二次工业革命与工人阶级 [J]. 国外社会科学，1979（6）：68-81.
[8] 马克思，恩格斯．马克思恩格斯选集 [M]. 中共中央马克思恩格斯列宁斯大林著作编译局，译．北京：人民出版社，1979.
[9] 杨烨．马克思恩格斯城乡关系思想及其当代价值 [D]. 锦州：锦州医科大学，2016.
[10] 李邦铭．论马克思、恩格斯的城乡关系思想 [J]. 河北学刊，2012，32（2）：172-176.
[11] 方可，章岩．简·雅各布斯关于城市多样性的思想及其对旧城更新的启示 [J]. 城市问题，1998（3）.
[12] 蒋敏．宜居城市·宜居街道：艾伦·B·雅各布斯人本主义城市设计理论及实践研究 [D]. 重庆：重庆大学，2017.
[13] 高家骥，李雪铭，张英佳．马克思恩格斯城乡关系思想对中国城镇化道路的启示 [J]. 辽宁师范大学学报（社会科学版），2015，38（6）：726-731.
[14] 赵剑芳．当代中国的“城市病”及其防治 [D]. 长沙：中南大学，2007.
[15] 潘宝才．“城市病”与可持续发展研究 [J]. 城乡建设，1999（1）：26-27.
[16] 谢文惠．我国实现四化过程中城市化道路的初探 [J]. 城市规划研究，1981（2）：1-8.
[17] 习近平．全面贯彻落实党的十八大精神要突出抓好六个方面工作（2012 年 11 月 15 日）[J]. 求是，2013.
[18] 国务院发展研究中心课题组．中国新型城镇化 [M]. 北京：中国发展出版社，2014.
[19] 信息、信息工业和信息化社会 [Z]. 社会科学，1984（1）：72.
[20] 贾苏颖．信息、“信息革命”与“信息化社会”[J]. 学习与研究，1984（3）：26，27.
[21] 信息工业和信息化社会 [Z]. 浙江金融研究，1984（4）：12.
[22] 董晓霞，吕廷杰．云计算研究综述及未来发展 [J]. 北京邮电大学学报（社会科学版），2010，12（5）：76-81.
[23] 戴元顺．云计算技术简述 [J]. 信息通信技术，2010，4（2）：29-35.
[24] 刘智慧，张泉灵．大数据技术研究综述 [J]. 浙江大学学报（工学版），2014，48（6）：957-972.
[25] 洪学海，汪洋．边缘计算技术发展与对策研究 [J]. 中国工程科学，2018，20（2）：20-26.
[26] 金吾伦．全球化、信息化时代的创新特征 [J]. 华中科技大学学报（人文社会科学版），2002（6）：12-16.
[27] 吴杉．加快建设新型智慧城市路径与对策研究 [J]. 行政事业资产与财务，2021（14）：52-53.
[28] 肖志辉．移动互联网研究综述 [J]. 电信科学，2009，25（10）：30-36.
[29] 杨鑫，时晓厚，沈云，等 .5G 工业互联网的边缘计算技术架构与应用 [J]. 电子技术应用，2019，45（12）：25-28，33.

[30] 周去疾 . 新时代物联网技术在移动运营商网络优化和维护工作中的应用 [D]. 南京：南京邮电大学，2018.
[31] 李德仁，姚远，邵振峰 . 智慧城市的概念、支撑技术及应用 [J]. 工程研究——跨学科视野中的工程，2012，4（4）：313-323.
[32] 欧阳日辉 . 从“+ 互联网”到“互联网 +”——技术革命如何孕育新型经济社会形态 [J]. 人民论坛·学术前沿，2015（10）：25-38.
[33] 裴亮 .5G 时代的物联网发展与技术分析 [J]. 电子世界，2021（2）：5-6.
[34] 马洪源，肖子玉，卜忠贵，等 .5G 边缘计算技术及应用展望 [J]. 电信科学，2019，35（6）：114-123.
[35] 聂衡，赵慧玲，毛聪杰 .5G 核心网关键技术研究 [J]. 移动通信，2019，43（1）：1，2-6，14.
[36] 刘陈，景兴红，董钢 . 浅谈物联网的技术特点及其广泛应用 [J]. 科学咨询（科技·管理），2011（9）：86.
[37] 刘越 . 云计算综述与移动云计算的应用研究 [J]. 信息通信技术，2010，4（2）：14-20.
[38] 李德仁，姚远，邵振峰 . 智慧城市中的大数据 [J]. 武汉大学学报（信息科学版），2014，39（6）：631-640.
[39] 李国杰 . 对大数据的再认识 [J]. 大数据，2015，1（1）：8-16.
[40] 李涛，曾春秋，周武柏，等 . 大数据时代的数据挖掘——从应用的角度看大数据挖掘 [J]. 大数据，2015，1（4）：57-80.
[41] 曼纽尔·卡斯特，杨友仁 . 全球化、信息化与城市管理 [J]. 国外城市规划，2006（5）：88-92.
[42] 陶佩琮 . 日本信息化、信息社会的发展水平和展望 [J]. 科学学研究，1987（3）：95-102.
[43] 林志群 . 对城镇化历史进程的几点认识 [J]. 城市规划，1984（5）：29-37.
[44] 张兰廷 . 大数据的社会价值与战略选择 [D]. 北京：中共中央党校，2014.
[45] 邱立臻 . 大数据在智慧城市研究与规划中的应用 [J]. 科技视界，2019（1）：237-238.
[46] 贺倩 . 人工智能技术的发展与应用 [J]. 电力信息与通信技术，2017，15（9）：32-37.
[47] 梁瑜 . 我国大城市交通拥堵治理中的地方政府行为分析 [D]. 广州：暨南大学，2010.
[48] 李鸿雁，刘寒冰，苑希民，等 . 人工神经网络峰值识别理论及其在洪水预报中的应用 [J]. 水利学报，2002（6）：15-20.
[49] 罗名海，秦思娴，谭波，等 . 基于大数据的武汉封城效果与疫后恢复分析 [J]. 地理空间信息，2020，18（9）：5-14，19，141.
[50] 王志乐 .“产业革命”和“工业革命”的含义和译法 [J]. 东北师大学报，1981（4）：99-103.
[51] 张彦涛 . 马克思主义城市发展理论及其当代价值 [D]. 开封：河南大学，2015.
[52] 胡瑞法 . 农业科技革命：过去和未来 [J]. 农业技术经济，1998（3）：2-11，50.
[53] 王民同 . 英国经过工业革命发展成为近代工业强国 [J]. 昆明师范学院学报，1979（1）：52-59.
[54] 谷凯 . 城市形态的理论与方法——探索全面与理性的研究框架 [J]. 城市规划，2001（12）：36-42.
[55] 周春山，叶昌东 . 中国城市空间结构研究评述 [J]. 地理科学进展，2013，32（7）：1030-1038.
[56] 李德仁，龚健雅，邵振峰 . 从数字地球到智慧地球 [J]. 武汉大学学报（信息科学版），2010，35（2）：127-132，253-254.
[57] 林举岱 . 英国工业革命的后果 [J]. 历史教学，1964（7）：29-32.
[58] 陈占祥 . 马丘比丘宪章 [J]. 城市规划研究，1979（00）：1-14.
[59] 李永胜 . 论创新型城市的涵义、特征及其实现途径 [J]. 天府新论，2008（1）：98-101.
[60] 戚湧 . 创新型城市建设对策研究 [J]. 科学学与科学技术管理，2006（11）：12-15.
[61] 干春晖，余典范 . 城市化与产业结构的战略性调整和升级 [J]. 上海财经大学学报，2003（4）：3-10.

[62] 肖士恩 . 基于创新型社会的地方科技创新政策评估理论研究 [J]. 科技进步与对策，2010，27（1）：103-105.
[63] 李德仁，邵振峰，杨小敏 . 从数字城市到智慧城市的理论与实践 [J]. 地理空间信息，2011，9（6）：1-5，7.
[64] 徐冠华，孙枢，陈运泰，等 . 迎接“数字地球”的挑战 [J]. 遥感学报，1999（2）：2-6.
[65] 张凯 . 中国国际数字城市技术研讨会暨 21 世纪数字城市论坛和中国国际数字城市建设技术博览会在广州隆重开幕 [J]. 中国建设信息，2001（27）：61-62.
[66] 郭华东 . 数字地球 :10 年发展与前瞻 [J]. 地球科学进展，2009，24（9）：955-962.
[67] 李德仁 . 信息高速公路、空间数据基础设施与数字地球 [J]. 测绘学报，1999（1）：3-7.
[68] 陈述彭 .“数字地球”战略及其制高点 [J]. 遥感学报，1999（4）：247-253.
[69] 习近平 . 在第二届世界互联网大会开幕式上的讲话 [J]. 中国信息安全，2016（1）：24-27.
[70] 解树江，叶中华 . 中国智慧城市发展报告（2015）[M]：北京：中国金融出版社 .2016.
[71] 郭伟娜，田大江，张胜雷 . 美国旧金山发展智能交通的经验及其对我国智慧城市建设的启示 [J]. 智能建筑与智慧城市，2018（1）：26-31，41.
[72] 胡小明 . 从数字城市到智慧城市资源观念的演变 [J]. 电子政务，2011（8）：47-56.
[73] 许德毅 . 可持续发展城市建设设计探讨 [J]. 四川建筑科学研究，2012，38（6）：343-346.
[74] 温家宝 . 政府工作报告：2004 年 3 月 5 日在第十届全国人民代表大会第二次会议上 [R].2004.
[75] 朱建春，赵楠 . 近十年国内资源枯竭型城市研究的文献综述 [J]. 商场现代化，2011（32）：81-83.
[76] 贾小明，赵曙明 . 对马斯洛需求理论的科学再反思 [J]. 现代管理科学，2004（6）：3-5.
[77] 向春玲 . 中国城镇化进程中的“城市病”及其治理 [J]. 新疆师范大学学报（哲学社会科学版），2014，35（2）：45-53.
[78] 陆大道 . 我国的城镇化进程与空间扩张 [J]. 城市规划学刊，2007（4）：47-52.
[79] 朱灿阳 . 城市交通拥堵问题研究 [D]. 西安：长安大学，2009.
[80] 张友伦，李节傅 . 浅谈英国工业革命的历史意义 [C]// 南开史学（1980 年第 1 期），1980：250-264.
[81] 王贵祥 . 中国古代人居理念与建筑原则 [M]. 北京：中国建筑工业出版社，2015.
[82] 高洁，王列生 . 规划体系引领国土空间永续利用 [J]. 居舍，2019（25）：3，193.
[83] 姚士谋，张平宇，余成，等 . 中国新型城镇化理论与实践问题 [J]. 地理科学，2014，34（6）：641-647.
[84] 胡序威 . 对我国城镇化水平的剖析 [J]. 城市规划，1983（2）：23-26.
[85] 陈亦清 . 试谈城镇化规划问题 [J]. 建筑学报，1983（4）：30-32.
[86] 徐丽 . 从马克思主义城市思想看中国新型城镇化道路 [J]. 农业科技与信息，2016（20）：24.
[87] 张占斌 . 新型城镇化的战略意义和改革难题 [J]. 国家行政学院学报，2013（1）：48-54.
[88] 薛枫 . 城市化对近郊型回族乡村经济影响研究 [D]. 北京 : 中央民族大学，2012.
[89] 王明浩，高薇 . 城市经济学理论与发展 [J]. 城市，2003:15-23.
[90] 周建明，岳凤珍 . 试析城市规划在城市旅游发展中的作用 [J]. 国外城市规划，2000:7-9+43.
[91] 钱学森 . 一个科学新领域——开放的复杂巨系统及其方法论 [J]. 上海理工大学学报，2011;33:526-532.
[92] 国务院 . 国务院关于调整城市规模划分标准的通知 [EB/OL].http://www.gov.cn/zhengce/content/2014-11/20/content_9225.htm:2014.
[93] 马勇 . 基于城市管理视角的上海城市管理现状与优化分析 [J]. 全国商情，2016:62-66.

[94] 长江网 . 武汉城市仿真实验室上线，未来可对城市“体检”形成报告 [EB/OL].2020.
[95] 万勇 . 推动武汉早日建成国内首家城市仿真实验室 [N]. 长江日报，2018.
[96] 熊伟 . 武汉仿真实验室：城市智能信息化的“诗和远方”[EB/OL].https://www.sohu.com/a/447085902_120179158:2021.
[97] 李宗华，彭明军，黄新 . 武汉市国土资源大数据应用研究与实践 [J]. 国土资源信息化，2016:3-7.
[98] 何伟，彭清山，李海亭 . 在线地图和功能服务共建平台设计与实现 [J]. 地理空间信息，2020;18:92-95+98.
[99] 黄赛，张翼峰，付雄武，等 . 大数据时代土地利用综合管理信息系统建设研究 [C]// 第十七届中国科协年会论文集 . 广州，2015.
[100] 沈费伟 . 大数据时代“智慧国土空间规划”的治理框架、案例检视与提升策略 [J]. 改革与战略，2019（35）:100-107.
[101] 张帅权 . 大数据在城市规划中的应用探讨 [J]. 美与时代（城市版），2020:33-34.
[102] 汪泽宇 . 并行计算视域下大数据挖掘技术的实现 [J]. 信息记录材料，2021（22）:138-139.
[103] 孟大淼 . 计算机网络安全存储中云计算技术的应用 [J]. 电子技术与软件工程，2021:243-244.
[104] 范芳东 . 云计算及其关键技术 [J]. 电脑知识与技术，2021（17）:130-131.
[105] 汪泽宇 . 基于大数据处理的并行计算性能研究 [J]. 信息记录材料，2021（22）:181-182.
[106] 李辉 . 计算机网络安全与对策 [J]. 潍坊学院学报，2007:54-55+42.
[107] 黄倩怡，李志洋，谢文涛，等 . 智能家居中的边缘计算 [J]. 计算机研究与发展，2020(57):1800-1809.
[108] 王璐，张健浩，王廷，等 . 面向云网融合的细粒度多接入边缘计算架构 [J]. 计算机研究与发展，2021（58）:1275-1290.
[109] 甄峰，张姗琪，秦萧，等 . 从信息化赋能到综合赋能：智慧国土空间规划思路探索 [J]. 自然资源学报，2019（34）:2060-2072.
[110] 王富臣 . 论城市结构的复杂性 [J]. 城市规划汇刊，2002:26-28+78-79.
[111] 邓黔垚 . 基于移动互联网环境下的学习模式探讨 [J]. 现代职业教育，2021:168-169.
[112] 中新经纬 . 再创新高！中国网民 9.89 亿城乡互联网普及率再缩小 [EB/OL].2021.
[113] 张旭军，朱汉夫 . 移动互联网：知识英雄的新大陆 [J]. 中国计算机用户，1999:55-56.
[114] 姚雨秋，闫育芸，靳倩，等 . 互联网环境下移动支付发展及对策研究 [J]. 网络安全和信息化，2021:25-26.
[115] 吴吉义，李文娟，曹健，等 . 智能物联网 AIoT 研究综述 [J]. 电信科学，2021（37）:1-17.
[116] 徐艺娜 . 基于区块链与物联网对智能物流产业应用的解决方案分析 [J]. 数码世界，2018:604-605.
[117] 陈文静 . 物联网中光纤传感技术的专利分析 [J]. 电子技术与软件工程，2019:40+160.
[118] 王宁，王煜，张志雄 . 区块链技术航空应用与发展展望 [J]. 航空科学技术，2020（31）:7-13.
[119] 谭跃 . 数据湖赋能城市交通管理 [J]. 道路交通管理，2021:90-91.
[120] 王健宗，何安珣，李泽远 . 人工智能的十大应用 [EB/OL].https://ai.51cto.com/art/202011/631864.htm: 华章科技 ;2020.
[121] 王利军 . 云计算技术在计算机安全存储中的应用研究 [J]. 科技视界，2021:146-147.
[122] 杨秀芳 .OpenStack 在学校教学私有云搭建中的应用 [J]. 电脑编程技巧与维护，2019:97-98+110.
[123] 蔡胜良，刘敏 . 探析电子信息工程与人工智能关系 [J]. 科技风，2020:90.
[124] 百度百科 . 阿尔法围棋 [EB/OL].https://baike.baidu.com/item/%E9%98%BF%E5%B0%94%E6%B3%95%E5%9B%B4%E6%A3%8B/19319610:2016.
[125] 季秀怡 . 浅析人工智能中的图像识别技术 [J]. 电脑知识与技术，2016（12）:147-148.

[126] 邓开艳，关春秋，李雪艳 . 基于地理国情普查数据的综合统计分析研究——以哈尔滨中心城区基本公共服务为例 [J]. 测绘与空间地理信息，2019.
[127] 周晓东 . 区块链对会计行业发展的影响 [J]. 农村经济与科技，2018（29）:92+94.
[128] 区块链老梵 .2019 年中国区块链产业园市场投资前景研究报告 [EB/OL].https://finance.eastmoney.com/a/201909061230847575.html: 中商产业研究院 ;2019.
[129] 梅娇，刘冲，黄国豪 . 基于 VR/AR 的融媒体展示系统分析——以雄安新区为例 [J]. 视听，2019:247-248.
[130] 王学伟，周晓东 . 基于增强现实的动态红外视景生成研究 [J]. 红外与激光工程，2008（37）:358-361.
[131] 王涌天，林俍，刘越，等 . 亦真亦幻的户外增强现实系统——圆明园的数字重建 [J]. 中国科学基金，2006:76-80+86.
[132] 师国伟，王涌天，刘越，等 . 增强现实技术在文化遗产数字化保护中的应用 [J]. 系统仿真学报，2009（21）:2090-2093+2097.
[133] 王珊，萨师煊 . 数据库系统概论 [M].5 版 . 北京：高等教育出版社，2014.
[134] 吴志强，李德华 . 城市规划原理 [M].4 版 . 北京：中国建筑工业出版社，2010.
[135] 范明，叶阳东，邱保志，等 . 数据库原理教程 [M]. 北京：科学出版社，2008.
[136] 崔静，赵昕 . 数据仓库和数据挖掘 [J]. 价值工程，2011（30）:166-166.
[137] 张宁，贾自艳，史忠植 . 数据仓库中 ETL 技术的研究 [J]. 计算机工程与应用，2002:213-216.
[138] 刘子龙 . 数据湖——现代化的数据存储方式 [J]. 电子测试，2019:61-62.
[139] 史宝山 . 大数据湖存储模式建设探讨 [J]. 广播电视信息，2018:101-103.
[140] 徐曼莉，杨文兵 . 大数据时代政府行政决策智慧化现实之道 [J]. 人间，2016（212）100-101.
[141]2020 年中国行业大数据市场现状及发展前景分析未来五年市场规模或将近 2 万亿元 [EB/OL].https://bg.qianzhan.com/trends/detail/506/210406-fdd9ad3d.html: 前瞻产业研究院 ;2020-04-06.
[142] 李曼寻 . 数据湖技术在档案信息资源共建中的应用 [J]. 山西档案，2018:18-21.
[143] 陈永南，许桂明，张新建 . 一种基于数据湖的大数据处理机制研究 [J]. 计算机与数字工程，2019（47）:2540-2545.
[144] 丁强 . 以数据湖架构建设安防云存储 [J]. 中国安防，2018:89-93.
[145] 翟志勇 . 数据安全法的体系定位 [J]. 苏州大学学报（哲学社会科学版），2021（42）73-83.
[146] 陈光 . 信息系统信息安全风险管理方法研究 [D]. 长沙：国防科学技术大学，2006.
[147] 刘雅辉，张铁赢，靳小龙，等 . 大数据时代的个人隐私保护 [J]. 计算机研究与发展，2015（52）:229-247.
[148] 陈怀文 . 基于模型构建器的三调地类变化类型标注方法研究 [J]. 国土资源导刊，2021（18）:7-11.
[149] 周俊超，彭正涛 . 基于国土三调的城乡建设用地分类转化方法研究 [J]. 农村经济与科技，2021（32）:32-34.
[150] 詹龙圣 . 从“三调”分类到市县国土空间总体规划用地用海分类转换技术方法探索 [J]. 智能城市，2021（7）:1-3.
[151] 崔海波，曾山山，陈光辉，等 .“数据治理”的转型 : 长沙市“一张图”实施监督信息系统建设的实践探索 [J]. 规划师，2020（36）:78-84.
[152] 张吉康，罗罡辉，钱竞 . 深圳市国土空间规划实施监督思路和方法探讨 [J]. 城乡规划，2019:47-54.
[153] 何曦露，向驰 . 空间治理视域下国土空间规划体系构建思考 [J]. 居舍，2020:103-104.
[154] 林坚，赵晔 . 国家治理、国土空间规划与“央地”协同——兼论国土空间规划体系演变中的央地关系发展及趋向 [J]. 城市规划，2019（43）:20-23.

[155] 林坚，吴宇翔，吴佳雨，等 . 论空间规划体系的构建——兼析空间规划、国土空间用途管制与自然资源监管的关系 [J]. 城市规划，2018（42）:9-17.
[156] 彭力，王巍 . 利用改进型遗传算法实现两路口交通灯控制 [J]. 计算机应用，2007（027）：994-996.
[157] 舒伟 . 信息资源规划在企业数字化仪表盘项目中的应用研究 [D]. 长沙 : 湖南大学，2006.
[158] 李梦丹 . 学习者画像可视化仪表盘设计与研究 [D]. 上海 : 上海师范大学，2019.
[159] 赵雅婷 . 数据可视化大屏艺术设计 [J]. 艺术品鉴，2020（27）:106-107.
[160] 包昊罡，邢爽，李艳燕，等 . 在线协作学习中面向教师的可视化学习分析工具设计与应用研究 [J]. 中国远程教育，2019（6）:13-21+92-93.
[161] 王铁柱 . 数据分析助力西北电力监管事业 [J]. 信息化建设，2011（1）:52-54.
[162] 胡民锋，杨昔，徐放 . 构建全国国土空间规划纲要指标体系的思考 [J]. 中国土地，2019(12):20-23.
[163] 刘庆丰，罗枫，周显武 . 循环经济产业园规划与产业政策和相关规划的协调性分析 [J]. 再生资源与循环经济，2020（13）：13-16.
[164] 王小军，高娟，于义彬，等 . 关于构建城市总体规划水资源论证控制性指标框架体系的思考 [J]. 中国水利，2016（9）:1-3.
[165] 曹阳，甄峰 . 智慧城市仿真模型组织架构 [J]. 科技导报，2018（18）:47-54.
[166] 万励，金鹰 . 国外应用城市模型发展回顾与新型空间政策模型综 [J] 述 . 城市规划学刊，2014（1）:81-91.
[167] 巴蒂 . 新城市科学 [M]. 刘朝晖，吕荟，译 . 北京：中信出版社，2019.
[4] 孙晓光，庄一民 . 介绍两个城市数学模型 [J]. 城市规划，1984（1）:29-34.
[168] 张军红 . 城市仿真，如何让梦想照进现实 ?[J] 经济，2019（12）:87-89.
[169] 伍艳春，何宝珠 . 数学与数学建模 [J]. 广西大学学报（自然科学版），2003（28）:66-68.
[170] 陈科委，王新艳 . 浅议数学模型 [J]. 教育教学论坛，2011（8）:227-227.
[171] 廖为鲲 . 刍议数学模型分类和建模步骤 [J]. 科技视界，2013（13）:20.
[172] 王义康 . 数学建模竞赛提升研究生科研创新能力的探索与实践 [J]. 教育探索，2021:45-48.
[173] 沈翔，肖德榕 . 数学模型的分类 [J]. 中学数学教学参考，1996（7）:30-31.
[174] 牛强，胡晓婧，周婕 . 我国城市规划计量方法应用综述和总体框架构建 [J]. 城市规划学刊，2017.
[175] 郑朝洪 . 基于 GIS 的县级市医疗机构空间可达性分析——以福建省石狮市为例 [J]. 热带地理，2011（6）:598-603.
[176] 刘李霞，毕华兴，孔宪娟，等 . 基于改进层次分析法的 GIS 公共服务设施选址 [J]. 地理与地理信息科学，2011（5）:50-53+117.
[177] 重庆市质量技术监督局，重庆市规划局，重庆市城乡公共服务设施规划标准：DB 50/T 543-2014[s].
[178] 吴亚伟，代晓辉，张超荣，等 . 安徽城市公共服务设施综合规划编制导则思路探讨 [J]. 规划师，2017（12）38-44.
[179] 董正哲，牛强 . 基于 GIS 的公共服务设施评价分析——以上海市普陀区社区城市更新项目为例 [J]. 城市建设理论研究 : 电子版 2017（5）:27+29.
[180] 黄萌 . 基于 GIS 的北京市中心城、新城公共服务设施现状分析 [J]. 测绘与空间地理信息，2018（41）:46-49，52.
[181] 封振华 . 控规层面城市公共服务设施规划评估研究 [D]. 长沙 : 中南大学，2013.

[182] 杨丽婷，刘大均，赵越，等 . 长江中游城市群森林公园空间分布格局及可达性评价 [J]. 长江流域资源与环境，2016（25）:1228-1237.
[183] 黄生辉，王存颂 . 街道城市主义：武汉市街道活力量化及影响因素分析 [J]. 上海城市规划，2020（1）:113-121.
[184] 武煜博 . 图像识别技术发展与应用 [J]. 电子技术与软件工程，2017（4）:86-86.
[185] 郝新华，龙瀛，石淼，等 . 北京街道活力：测度，影响因素与规划设计启示 [J]. 上海城市规划，2016（3）:37-45.
[186] 黄娅 . 社区碳排放评估体系的研究进展 [J]. 环境与发展，2019（31）:200-202.
[187] 魏伟，任小波，蔡祖聪，等 . 中国温室气体排放研究——中国科学院战略性先导科技专项 " 应对气候变化的碳收支认证及相关问题 " 之排放清单任务群研究进展 [J]. 中国科学院院刊，2015（30）:839-847.
[188] 国务院 . 中共中央国务院关于建立国土空间规划体系并监督实施的若干意见 [EB/OL].2019-05-23.http://www.gov.cn/zhengce/2019-05/23/content_5394187.htm.
[189] 自然资源部 . 自然资源部关于全面开展国土空间规划工作的通知 [EB/OL].2019-05-28.http://gi.mnr.gov.cn/201905/t20190530_2439129.html.
[190] 王秋红，赵乔 . 我国 35 个中心城市综合发展水平研究 [J]. 生产力研究，2017:97-101+111.
[191] 中华人民共和国国务院办公室 . 关于 2018 年度国家级开发区土地集约利用评价情况的通报 [EB/OL].2019-01-21.http://www.gov.cn/xinwen/2019-01/21/content_5359606.htm.
[192] 中华人民共和国住房和城乡建设部 . 生活垃圾产生量计算及预测方法 [EB/OL].2016-06-14.http://www.mohurd.gov.cn/wjfb/201607/t20160722_228274.html.
[193] 湖北省人民政府 . 湖北省人民政府关于公布湖北省征地统一年产值标准和区片综合地价的通知 [EB/OL].2009.14-42.http://www.hubei.gov.cn/zfwj/ezf/201910/t20191028_1712135.shtml.
[194] 国务院办公厅 . 城市总体规划审查工作规则 [EB/OL].1999-04-12.http://www.gov.cn/xxgk/pub/govpublic/mrlm/201011/t20101114_62700.html.
[195] 武汉市国土资源和规划局 . 武汉市建设工程规划管理技术规定 [EB/OL].2014-03-04.http://zrzyhgh.wuhan.gov.cn/zwgk_18/zcfgyjd/cxghl/202001/t20200107_591729.shtml.
[196] 武汉市住房保障和房屋管理局 . 武汉市建设工程建筑面积计算规则 [EB/OL].2018-09-21.http://zrzyhgh.wuhan.gov.cn/zwdt/tzgg/zxwj/202001/t20200107_613696.shtml.

后记

十九届四中全会提出“坚持和完善中国特色社会主义制度、推进国家治理体系和治理能力现代化”的新时代目标，现代化的治理体系与治理能力，成为了当前城市规划与建设、发展与管理的重要命题。城市治理现代化是城市工作的方向引领，也是推进政府管理和社会治理模式的创新之路。

在过去的工作中，武汉在数字城市、智慧城市等方面起步较早，积累了一些经验。为此，武汉市自然资源和规划局启动了城市仿真实验室建设，依托国土空间规划体系，探索现代化城市治理的数字化方法。并利用云计算、大数据和人工智能等高新科技，探索和实践符合自身变革需求的城市治理现代化建设之路。

随着智慧城市逐步发展，城市仿真计算日益受到国内外行业领域的广泛关注，但是目前在城市治理、智慧规划与城市计算方面缺少实践型的相关书籍，在面向城市建设与管理方面尚未有系统性、实践性的城市计算方面的书籍。武汉城市仿真实验室经过多年从事城市计算方面的探索与实践，得到了自然资源部的亲切关心和大力支持；在城市问题剖析、规划痛点、城市计算的数据湖、仪表盘、仿真模拟和智慧决策等方面做了一些创新实践，形成了一批研究成果。本次系统性提出 “计算式”城市仿真体系，构建了面向超大城市治理的城市仿真工作框架，经过了武汉市地方实践和验证。《“计算式”城市仿真探索与实践》系统地阐述了团队在武汉规划方面的最新研究成果和实践经验，是全国第一部关于城市规划仿真的系统性专著。

该书系统地阐述了智慧城市治理、智慧规划实践方面涉及的核心方法与创新研究成果。该书撰写的内容是在空间规划、建设和管理中的关键技术与前沿方法，为武汉智慧城市治理、智慧规划奠定了现实基础；书中内容源于武汉城市仿真实验室团队近些年的潜心研究和业务工作实际的提炼总结，提出了“计算式”城市仿真方法，解决了在城市管理中数据自动汇集、集成和融合；书中案例结合了武汉的空间规划、建设和管理工作实际，提出了一系列仿真模型和智慧决策工具，如街道空间品质模型、设计条件自动提取和“图审”工具等，对智慧城市治理具有重要的参考作用。

该书的出版将会在智慧治理、城市建设管理等方面，为大家提供一个交流的样本。后续，我们还将进一步推进计算式城市仿真的各项研究与建设工作，为超大城市的现代化治理提供武汉样本。

周强

2021 年 11 月